室内
设计与施工
完全手册

斯不拉图陈 戴家骏 胡鸿 赵晓宇 李茹　编著

人民邮电出版社

北　京

图书在版编目（ＣＩＰ）数据

室内设计与施工完全手册 / 斯不拉图陈等编著. -- 北京 ：人民邮电出版社，2021.4
ISBN 978-7-115-54357-8

Ⅰ．①室… Ⅱ．①斯… Ⅲ．①室内装饰设计－手册②室内装饰－工程施工－手册 Ⅳ．①TU238.2-62②TU767-62

中国版本图书馆CIP数据核字(2020)第120094号

内 容 提 要

这是一本讲解室内设计与施工的专业教程。全书共 10 章，包括对室内设计行业的介绍、成为优秀的室内设计师需要掌握的方法、室内装修施工流程与工艺、家装辅材、家装主材、量房与报价预算、项目成本控制方法、室内设计中的人体工程学、软装搭配技巧、设计方案与平面布局优化分析。此外，附录中还列出了 135 个家装设计与施工的专业术语及释义。

本书适合硬装设计师、软装设计师、全案设计师、家装施工人员和准备装修的业主阅读，也可以作为相关院校室内设计专业学生及室内装饰公司员工的参考书。

♦ 编　著　斯不拉图陈　戴家骏　胡　鸿　赵晓宇
　　　　　　李　茹
　　责任编辑　王振华
　　责任印制　马振武

♦ 人民邮电出版社出版发行　　北京市丰台区成寿寺路 11 号
　　邮编　100164　　电子邮件　315@ptpress.com.cn
　　网址　https://www.ptpress.com.cn
　　北京九天鸿程印刷有限责任公司印刷

♦ 开本：700×1000　1/16
　　印张：18.5　　　　　　　2021 年 4 月第 1 版
　　字数：560 千字　　　　　2025 年 3 月北京第 20 次印刷

定价：79.80 元

读者服务热线：**(010)81055410**　印装质量热线：**(010)81055316**
反盗版热线：**(010)81055315**

前言

几年前我在网上分享了一些室内设计课程，有幸得到了很多学习者的认可。这次很幸运能与人民邮电出版社合作，便邀请了设计圈内的几个新锐设计师朋友，一起写了本书。

在设计方面，我们想通过本书把多年的项目实践经验和感悟分享给读者，给一些刚入行的新人和在校大学生提供一些我们认为值得分享的经验和学习方法。

在室内设计的漫长从业过程中，虽然每位设计师在各个阶段都有自己的困惑和迷茫，也都经历过非常多的挣扎与痛苦，但是我们从来都没有想过放弃，这是因为对室内设计的无限喜爱，热爱是我们坚持不懈的原动力。

从学设计，到参加设计工作；从完成第 1 个落地项目，到后面解决无数个项目中数不清的问题，每一位设计师从入门到成熟都有一段辛酸史。在这个过程中，设计师会遇到迷茫、瓶颈和困惑。在接到新的项目时，我满脑子都是这个项目如何才能更好地落地，经常为了解决其中的问题彻夜难眠、费尽心思。当设计方案得到居住者的认可时，在看到他们住进新家的笑容时，我都会非常欣慰，感觉自己所做的一切都是值得的。

我希望室内设计行业越来越好，希望新入行的设计师能够快速成长，更好地发挥自己的设计能力，以设计能力代替更多的营销能力，能够在设计中表达对空间的更多想法，能够从居住者的角度考虑空间的实用性和功能性，让空间充满人性化，让居住者享受空间。

正是因为有过和大多数设计师一样的经历，在编写本书的时候我们更加注重基础知识的讲解，以新手设计师为主要读者对象，针对他们遇到的问题进行解答，让他们可以快速地成长，少走弯路，确保落地作品的准确性。本书所有内容都是来自一线设计师的亲身感悟，希望读者在阅读和学习书中的内容时能感受到我们的良苦用心，将从书中所学的知识真正运用到实际工作中，并在实践中深入理解。

最后送各位室内设计师一句话："成长的每一步路都很艰辛，但却很值得。"

目录

第 1 章
全面解答室内设计行业 9

1.1 认识室内设计 10

1.2 认识室内设计师 11

1.3 室内设计工作划分 13

1.4 室内设计师必备的设计工具 14

1.5 室内设计师需要掌握的软件 16

1.6 室内设计师的职业规划.........17

1.7 家装室内设计装饰公司.........19

1.8 纯室内设计公司 20

1.9 室内设计理论与施工工艺 21

1.10 摆脱实习生、助理和绘图员
　　 的现状 22

1.11 室内设计师的待遇 24

1.12 室内设计师职业晋升知识.......26

1.13 设计出有竞争力的作品 28

1.14 更系统地学习室内设计 29

1.15 室内设计的未来发展 31

第 2 章
成为优秀的室内设计师 33

2.1 设计功底的培养与提升 34

2.2 了解施工材料 35

2.3 了解施工工艺 36

2.4 提升软装搭配能力 37

2.5 形成自己的设计风格 38

2.6 积累项目经验 39

2.7 积累人脉资源 40

第 3 章
室内装修施工流程与工艺 41

3.1 开工前的准备工作 42

3.2 墙体改造工程 43

　　3.2.1 砌墙注意事项 43

　　3.2.2 工程验收 44

3.3 水路改造工程 45

　　3.3.1 水路布管工艺 45

　　3.3.2 水压检测 46

　　3.3.3 防水测试 47

　　3.3.4 工程验收 47

3.4 电路改造工程 47

　　3.4.1 电路配管 47

　　3.4.2 强弱电布线 50

　　3.4.3 电路改造遵循的原则 51

　　3.4.4 工程验收 51

3.5 泥工改造工程 52

　　3.5.1 贴砖流程与要点 52

　　3.5.2 沉箱二次排水 53

　　3.5.3 排水管的包扎 54

　　3.5.4 工程验收 55

3.6 木工改造工程 55

　　3.6.1 天花板吊顶 55

　　3.6.2 木质家具制作 57

　　3.6.3 工程验收 58

3.7 墙面改造工程 58
   3.7.1 刮腻子及乳胶漆施工细节......58
   3.7.2 涂刷木器漆施工要点 60
   3.7.3 墙纸施工常见问题 62
   3.7.4 内墙乳胶漆验收 63

3.8 杂项安装工程 65
   3.8.1 房间门的安装检测 65
   3.8.2 灯具安装 66
   3.8.3 开关面板安装 67
   3.8.4 橱柜安装 68
   3.8.5 窗帘安装 70
   3.8.6 定制衣柜安装.................71
   3.8.7 卫生间洁具安装 72

3.9 软装摆场工程 74

第 4 章
家装辅材详解.................... 75

4.1 拆砌类 76
   4.1.1 水泥 76
   4.1.2 沙 77

4.2 水电改造类 77
   4.2.1 总配电箱 77
   4.2.2 弱电箱 78
   4.2.3 强电线 79
   4.2.4 弱电线 82
   4.2.5 底盒 83
   4.2.6 PVC 穿线管 84
   4.2.7 PVC 排水管 85
   4.2.8 PP-R 水管和配件 87
   4.2.9 水龙头和角阀 89
   4.2.10 防水涂料 92

4.3 泥水工类 93
   4.3.1 膨胀螺丝和铜丝 93
   4.3.2 云石胶和瓷砖胶 94
   4.3.3 填缝剂和美缝剂 96
   4.3.4 地面保护 97

4.4 木工制作材料类 98
   4.4.1 木工天花板类...............98
   4.4.2 木工类 102
   4.4.3 五金件 119

4.5 油漆类 123
   4.5.1 底漆 123
   4.5.2 清漆 123
   4.5.3 色漆 123

4.6 墙面工程类 124
   4.6.1 腻子粉 124
   4.6.2 砂纸 125
   4.6.3 防开裂胶 125
   4.6.4 网格布 126
   4.6.5 阴阳角线 127
   4.6.6 硅藻泥 128
   4.6.7 墙纸 128
   4.6.8 墙布 129
   4.6.9 液态壁纸 130
   4.6.10 乳胶漆 131
   4.6.11 墙裙 132

4.7 装饰玻璃类 133
   4.7.1 灰镜和茶镜 133
   4.7.2 烤漆玻璃 133
   4.7.3 玻璃砖 134
   4.7.4 钢化玻璃 135
   4.7.5 雾化玻璃 136
   4.7.6 艺术玻璃 136

4.8 胶水类 137
  4.8.1 AB 胶 137
  4.8.2 玻璃胶 137
  4.8.3 结构胶 138
  4.8.4 热熔胶 139
  4.8.5 发泡胶 139

4.9 杂项类 140
  4.9.1 槽钢 140
  4.9.2 工字钢 140
  4.9.3 方管 140
  4.9.4 水泥钉 141
  4.9.5 自攻螺丝钉 141
  4.9.6 钢排钉 142

第 5 章
家装主材详解 143

5.1 地砖类 144
  5.1.1 通体砖 144
  5.1.2 抛光砖 145
  5.1.3 仿古砖 147
  5.1.4 全抛釉瓷砖 148
  5.1.5 柔光砖 149
  5.1.6 大板砖 150
  5.1.7 微晶石瓷砖 151
  5.1.8 木纹砖 152

5.2 墙砖类 153
  5.2.1 瓷片 153
  5.2.2 马赛克瓷砖 153
  5.2.3 金属砖 154
  5.2.4 布纹砖 155
  5.2.5 皮纹砖 155
  5.2.6 文化石 155

5.3 装饰砖类 156
  5.3.1 踢脚线 156
  5.3.2 波导线 158
  5.3.3 腰线 158

5.4 装饰石材类 159
  5.4.1 人造石 159
  5.4.2 花岗岩 160
  5.4.3 大理石 161
  5.4.4 水磨石 161

5.5 收边条类 162
  5.5.1 PU 线条 162
  5.5.2 石材线条 163
  5.5.3 不锈钢线条 164

5.6 地板类 164
  5.6.1 PVC 地板 164
  5.6.2 实木地板 165
  5.6.3 强化地板 166
  5.6.4 竹地板 166
  5.6.5 软木地板 167

5.7 厨卫天花板类 168
  5.7.1 铝扣板 168
  5.7.2 PVC 吊顶 169

5.8 开关控制类 169
  5.8.1 开关面板 169
  5.8.2 网络插座 170
  5.8.3 Wi-Fi 增强器 170

5.9 门类 171
  5.9.1 推拉门与谷仓门 171
  5.9.2 谷仓门 171
  5.9.3 原木门 172
  5.9.4 实木复合门 172
  5.9.5 免漆门 173

5.9.6 烤漆门 173

5.9.7 塑钢门 174

5.9.8 折叠门 174

5.9.9 铜门 175

5.10 窗类 175

5.10.1 隐形纱窗 175

5.10.2 隐形防护网 176

5.10.3 铝合金窗 176

5.11 橱柜类 177

5.11.1 实木橱柜 177

5.11.2 石材橱柜 178

5.11.3 不锈钢橱柜 178

5.11.4 铝合金橱柜 179

5.12 卫浴洁具类 179

5.12.1 洗手盆 179

5.12.2 马桶 181

5.12.3 蹲盆和水箱 182

5.12.4 花洒 183

5.12.5 淋浴房 184

第 6 章
量房与报价预算 185

6.1 量房工具 186

6.2 快速掌握量房技巧 187

6.2.1 量房步骤 187

6.2.2 量房注意事项 188

6.3 认识报价预算表 188

6.4 入户报价预算及材料整合 189

6.5 客厅、餐厅、过道报价预算
及材料整合 191

6.6 厨房报价预算及材料整合 196

6.7 卫生间报价预算及材料整合 197

6.8 卧室报价预算及材料整合 199

6.9 阳台报价预算及材料整合 201

6.10 电安装报价预算及材料整合 ... 203

6.11 水安装报价预算及材料整合 ... 205

6.12 杂项报价预算及材料整合 205

6.13 费率提取报价预算
及注意事项 209

第 7 章
项目成本控制方法 211

7.1 成本控制 212

7.1.1 成本控制的意义 212

7.1.2 成本控制包含的内容 212

7.1.3 前期要做的准备工作 214

7.1.4 节省成本的方法 217

7.2 基础施工单价参考表 219

第 8 章
室内设计中的人体工程学 ... 221

8.1 人体工程学的概念 222

8.2 室内空间尺度关系 222

8.2.1 入户空间 222

8.2.2 客厅 224

8.2.3 厨房 224

8.2.4 餐厅 225
8.2.5 卫生间 226
8.2.6 卧室 226

8.3 室内家具常用尺寸 227

第 9 章
软装搭配技巧 229

9.1 空间配色方式 230
9.1.1 红色搭配 230
9.1.2 橙色搭配 231
9.1.3 黄色搭配 232
9.1.4 绿色搭配 232
9.1.5 青色搭配 233
9.1.6 蓝色搭配 234
9.1.7 紫色搭配 234
9.1.8 灰色搭配 234

9.2 布艺陈设 236
9.2.1 布艺分类 236
9.2.2 布艺应用 237

9.3 灯光设计 247
9.3.1 门厅 247
9.3.2 餐厅 248
9.3.3 厨房 250
9.3.4 客厅 250
9.3.5 卫生间 251
9.3.6 阳台 252
9.3.7 卧室 253

9.4 家具搭配 254
9.4.1 门厅 254
9.4.2 餐厅 255
9.4.3 厨房 256
9.4.4 客厅 256
9.4.5 卫生间 257
9.4.6 阳台 258
9.4.7 卧室 259

9.5 花艺绿植 259

9.6 软装清单 262

第 10 章
设计方案与平面布局
优化分析 271

10.1 案例分析一 272

10.2 案例分析二 274

10.3 案例分析三 277

10.4 案例分析四 279

10.5 案例分析五 281

10.6 案例分析六 283

10.7 案例分析七 286

附录
135 个家装设计专业术语 ... 289

第 1 章
全面解答室内设计行业

1.1 认识室内设计 ┃ 1.2 认识室内设计师 ┃ 1.3 室内设计工作划分 ┃ 1.4 室内设计师必备的设计工具

1.5 室内设计师需要掌握的软件 ┃ 1.6 室内设计师的职业规划 ┃ 1.7 家装室内设计装饰公司 ┃ 1.8 纯室内设计公司

1.9 室内设计理论与施工工艺 ┃ 1.10 摆脱实习生、助理和绘图员的现状 ┃ 1.11 室内设计师的待遇

1.12 室内设计师职业晋升知识 ┃ 1.13 设计出有竞争力的作品 ┃ 1.14 更系统地学习室内设计 ┃ 1.15 室内设计的未来发展

扫码看视频

1.1 认识室内设计

关于什么是室内设计，每一位室内设计师或者室内设计专业的学生都有自己的想法和见解。提到室内设计，大多数人想到的是装修，其实这种理解是不全面的。

设计是为人服务的。无论是家装室内空间设计还是工装室内空间设计，设计的核心思想都应该是合理地解决需求和优化空间，使空间在居住、生活、享受和活动等方面都比较完整舒适。

从设计的角度来讲，室内设计并不是对空间进行单纯的搭配与堆积，而是通过对空间的视觉、功能和心理等方面的再创造来满足人们对空间的需求。

从商业的角度来讲，室内设计需要满足使用者和甲方的需求及要求。

新入行的室内设计从业者往往对室内设计的认识存在一些误区，认为空间不是创造而是拼凑，其实拼凑的空间缺乏对设计的思考。很多设计师单纯为了美观而盲目堆砌，缺乏对优秀的室内设计作品的分析，不知道每个室内空间设计作品的亮点和设计的目的是什么。

酒店和餐饮空间：设计的目的是满足甲方的商业竞争需求和消费者对使用舒适度的需求。

家装空间：设计的目的是设计出舒适且具有品质感的居住空间。

地产样板房：设计的目的是通过样板房空间的设计提升销售业绩，给地产商带来更大的利益，因此以展示性为主。

虽然不同室内空间设计的目的不同，但是任何一个室内空间的设计都需要满足两个基本功能：使用功能和心理功能。

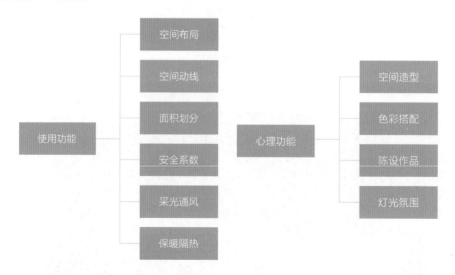

室内设计的基础源于对生活的理解和体验。一名优秀的室内设计师应该非常热爱生活，善于观察生活中的细节，对生活的品质也非常讲究。一个不热爱生活，或是不讲究生活品质的人，很难做出好的设计。室内设计的本质是因地制宜、以人为本，为人们提供更优化的空间设计方案。

优秀的室内设计师往往善于观察世界各地的空间设计，能够看到他人设计作品的细节。他们对生活极为讲究，对于生活中的美观察得细致入微。

那么，回归到最初的问题，室内设计究竟是什么？

其实室内设计就是用独特的眼光和经验去解决空间中存在的问题，提出改造空间的设计方案，而这些设计方案的最终的目的是满足甲方和受众方的需求。

1.2 认识室内设计师

室内设计师是解决空间问题的承担者，关于空间问题的解决，设计师们都有自己的见解和方法。

室内设计师一般要通过大量的学习和积累，深入研究空间问题的解决方案，因此比非专业人士更能够看出空间中存在的问题，并通过艺术设计的处理方式满足甲方对空间的使用需求。

室内设计师是一个综合性的大概念，按照工作类型可以分为家装设计师和工装设计师。

家装设计和工装设计是两个不同的方向，两者既有区别也有联系。工装设计师转做家装设计师比较容易，但是家装设计师转做工装设计师需要学习的东西有很多。很多优秀的设计师对工装和家装都比较擅长，能把两者兼顾得非常好。

虽然家装设计师和工装设计师是两种不同的类型，但是从专业角度来看，家装设计师和工装设计师都可以划分为两个大方向，即硬装设计师和软装设计师。

近年来，随着软装设计的快速发展，很多设计公司陆续成立软装部门并逐渐完善。空间设计需要软装设计与硬装设计完美结合，下面用表格来清晰地表述这几种设计师的具体工作内容。

家装设计师和工装设计师的工作内容如表 1–1 所示。

表 1–1 家装设计师和工装设计师的具体工作内容

分类	具体工作内容
家装设计师	以家装项目为主，包括不同大小户型的住宅设计和别墅设计等
工装设计师	以工装项目为主，包括酒店设计、KTV 设计、样板间设计、办公室设计、会所设计、餐厅酒吧设计、健身房设计、学校设计、医院设计和博物馆设计等

硬装设计师和软装设计师的工作内容如表 1–2 所示。

表 1–2 硬装设计师和软装设计师的具体工作内容

分类	具体工作内容
硬装设计师	1. 分割空间，从而使空间合理化，包括需要拆砌、改变的位置。 2. 对空间平面进行深入的规划布置，使平面布置完整、合理。 3. 确定设计风格。 4. 设计不能移动的装饰界面，如天花板造型、墙面造型和地面造型等
软装设计师	1. 在硬装设计完成后，结合其设计风格和室内空间的需求，利用软饰品进行搭配设计，对室内设计进行补充和完善。 2. 对家具、灯具、地毯、装饰画、窗帘、布艺、花卉绿植和装饰摆件等进行设计搭配

不同的设计方向对设计师的能力和技能的要求也不同，对硬装设计师和软装设计师的具体技能要求如表 1-3 所示。

表 1-3 对硬装设计师和软装设计师的具体技能要求

分类	具体技能要求
硬装设计师	1. 掌握基本软件的操作。 2. 对整体空间的把控。 3. 对造型的掌握能力。 4. 对空间面积进行合理划分。 5. 具有良好的沟通能力，与甲方保持密切、细心的沟通，保证项目的顺利推进，熟练使用 SketchUp、AutoCAD、Photoshop 和 PowerPoint 等软件。 6. 独立制作平面布置图、概念设计思路、立面设计方案和细部节点设计方案，并指导绘图人员绘制整套设计方案，以及审核施工图纸。 7. 熟悉施工原理，能负责相关图纸变更事宜。 8. 能把控硬装方面的整体统筹工作，监督项目施工进度和施工质量，保证按设计工艺和设计风格施工，保证材料与样板一致。 9. 对硬装效果进行维护，及时发现并整改硬装问题，优化室内空间的整体效果。 10. 完成工程验收。 11. 完成报价预算。 12. 身体素质良好，能够加班、熬夜、出差和改稿，心理素质过硬
软装设计师	1. 具有一定的美学基础、艺术修养、审美水平、艺术鉴赏力和审美触觉，对设计流行趋势具有深刻的认识。 2. 善于与甲方沟通。 3. 熟悉基本的搭配技法，掌握室内空间、灯光、色彩和风格的搭配关系，能完成室内整体配饰设计工作，如家具、饰品、灯具、织品和挂饰等各方面的设计。 4. 了解市场上家居类产品的材质和颜色等。 5. 熟练使用 Photoshop、AutoCAD 和 Office 系列软件，能独立制作彩色平面图。 6. 擅长计算软装面料、饰品、家具定制产品的使用数量和价格。 7. 对尺寸有很高的敏感度。 8. 熟识材质的属性，能把握材质在空间中的表现效果。 9. 能对室内空间的生活方式进行深入的解析。 10. 及时与定制工厂对接，确保不出差错。 11. 体力好，随机应变能力较强。能配合采购员进行市场购材及现场摆设，参与软装项目现场实施，配合安装部进行安装摆放，把控整体配饰的现场效果，及时解决现场发生的设计问题

家装设计师和工装设计师需要具备的基本技能如表 1-4 所示。

表 1-4 家装设计师和工装设计师需要具备的基本技能

分类	需要具备的基本技能		
家装设计师	1. 掌握软件操作。 2. 把控设计风格。 3. 把控施工流程。	6. 掌握室内量房及报价预算。 7. 了解人体工程学。 8. 掌握设计手法。	11. 具备良好的沟通能力、理解能力及创造性思维能力
工装设计师	4. 了解材料的优缺点。 5. 掌握施工工艺。	9. 具备软装搭配能力。 10. 具备解决工程问题的能力。	

提示　以上分类的室内设计师按照经营方向又可以划分为营销型设计师和技术型设计师两大类。营销型设计师的工作以谈单、签单为主，技术型设计师的工作则以项目设计为主。

1.3 室内设计工作划分

一个完整的室内设计项目需要很多人参与并负责相应的工作，其工作划分大致包括概念设计、方案设计、硬装报价预算、效果图制作、施工图制作和软装设计六大部分。

一般而言，概念设计、方案设计和硬装报价预算由方案设计师完成。效果图制作由专业的效果图绘图人员完成。施工图制作由方案设计师或者专业的施工图绘图人员完成，也可以由外包团队完成。软装设计由软装设计师配合完成。不同阶段所要做的具体工作内容如表 1-5 所示。

表 1-5 不同阶段所要做的具体工作内容

阶段	具体工作内容
概念设计	概念设计指的是对项目的理解和初步的设计思考，这一阶段的主要工作包括平面方案的制作和设计理念的表达。一般会制作一个包含平面布置图和项目意向图在内的汇报方案，将设计的基本概念汇报给甲方，与甲方确定平面方案和意向图概念设计，确认完毕后方可进行方案设计。 主要使用工具：AutoCAD（制作平面布置图）、Photoshop（制作彩色平面图）、PowerPoint（制作项目汇报方案）
方案设计	概念设计阶段通过后，开始进行方案设计。2005—2015 年，大多数设计公司在方案设计阶段都用 3D 效果图或者手绘效果图进行方案设计。从 2016 年开始，很多设计公司开始使用 SketchUp 进行方案设计，SketchUp 在方案设计过程中具有简单、精准、直观的表现效果，近年来在设计行业应用较广。 在进行方案设计时，设计师会通过 SketchUp 将空间划分、硬装造型、材质设计、灯光设计和空间尺度等一系列的概念在方案设计里表现出来，利用制作好的 SketchUp 模型向甲方进行汇报，甲方确认通过后即可进行施工图制作及报价预算。 主要使用工具：SketchUp（进行全空间造型设计）、PowerPoint（制作项目汇报方案）

阶段	具体工作内容
硬装报价预算	方案设计通过后，按照公司固定的报价预算表计算整个空间的硬装预算报价，主要包括硬装材料费和人工费（如果有固定的施工单位，由施工单位来报）。与甲方确定好硬装预算价格，然后方案设计师选取几个具有代表性的角度，完成效果图制作。 主要使用工具：Excel（制作报价预算表）
效果图制作	将制作好的 SketchUp 模型传送给效果图绘图人员，并与效果图绘图人员进行有效的沟通，阐述基本的设计理念。效果图制作阶段中，方案设计师要负责审图、挑选模型、选取材质和测试灯光等一系列工作，出小样并进行调整，调整完成即可渲染大图。方案设计师需要制作 PPT 向甲方汇报，确认后便可同步进行施工图制作和软装设计。 主要使用工具：3ds Max（制作效果图）、PowerPoint（制作项目汇报方案）
施工图制作	将制作好的 SketchUp 模型和效果图交给施工图绘图人员，也可以由方案设计师先绘制好施工图扩初（扩初是指主要空间的立面）。施工图绘图人员根据 SketchUp 模型、效果图和扩初进行空间平面、立面、剖面和大样详图的绘制。制作完毕的空间施工图，由方案设计师和施工图审图师进行审核，审核完毕后交给甲方。 主要使用工具：AutoCAD（制作施工图）
软装设计	软装设计师需要将平面布置图、SketchUp 模型和效果图进行汇总，给出对应的软装方案和软装报价预算，并向甲方汇报，与甲方达成共识后再挑选、采购和定制家具饰品，最后在项目硬装完毕后进行摆场。 主要使用工具：Photoshop（制作家具搭配方案和彩色平面图）、PowerPoint（制作项目汇报方案）、Excel（制作报价预算表）、各类软装设计软件

通过上面的表格可以发现，室内设计工作是非常细致的，其分工也是非常明确的。室内空间的设计及与甲方的沟通需要各部门的成员相互配合才能高效地完成。

在一些小规模的装饰公司或者是小型的设计工作室，设计师可能要身兼数职；但是对分工较为完善的大规模设计公司而言，设计人员不需要精通不同阶段的设计工作，只要履行好自己的职责，完成某个节点的工作任务即可。

1.4 室内设计师必备的设计工具

作为一名室内设计师，并不需要每天坐在电脑旁边苦思冥想设计方案。设计方案的创意及落地是一个非常漫长的过程，一名室内设计师要有自己常用的设计工具，不管是对于刚入行的设计师还是有几年工作经验的设计师，设计工具对于方案的形成及落地都会有很大的帮助。下面详细介绍一下设计师必备的设计工具、常用素材和激发灵感的一些渠道，如表 1-6 至表 1-8 所示。

表 1-6 测量工具

种类	使用介绍
激光测距仪	虽然在家装空间中卷尺基本上能够满足空间的测量需求，但是在工装类大空间中卷尺可能不够用，并且使用卷尺时稍有不慎数据便会发生错误，影响测量的精确度和工作效率。激光测距仪就可以很好地解决这些问题，所以对室内设计师而言，激光测距仪是室内设计必备的工具之一。 主要功能：长度测量、高度测量、面积测量和角度测量等。 使用场景：室内空间量房。 便利度：★ ★ ★ ★ ★
卷尺	卷尺的主要用途是测量空间数据。例如，设计师在空间设计中，需要一个尺度数据，不拉开尺子测量具体的大小容易造成误判，几厘米都会对设计的落地产生严重的影响。用卷尺与激光测距仪配合，可以使设计师对空间的尺度把握得更加准确。 主要功能：设计时把握精准的尺寸。 便利度：★ ★ ★ ★ ★

表 1-7 常用素材

种类	使用介绍
模型	对于室内设计方案，无论是用 SketchUp 软件还是用 3ds Max 软件表现，都需要寻找很多模型，以辅助完成空间效果的制作。 以前各种模型网站还处于萌芽期时，设计师会搜集大量模型并存储。随着模型网站的完善和发展，现在可以在各种模型网站下载所需的模型资源，减少了模型搜集与汇总的时间，相对比较便捷。 SketchUp 模型：知末网、SketchUp 吧和欧模网等。 3ds Max 模型：建 E 室内设计网、知末网、欧模网和 3D 溜溜网等。 便利度：★ ★ ★ ★
色卡	对于室内空间设计，往往需要把控多种颜色，因此建议设计师准备一本色卡，根据色卡搭配空间的颜色，这样更加标准和具体。 对于空间乳胶漆的颜色搭配，每家乳胶漆公司都有自己的色卡本，建议设计师购买一本，以便在设计的时候可以很方便地知道自己需要什么样的色系与型号，也可以通过乳胶漆公司制作的软件或者是微信公众号内的电子色卡来进行选择。 色卡本：国际标准色卡本。 乳胶漆色卡：多乐士色卡、立邦色卡、都芳色卡和芬琳色卡等。 便利度：★ ★ ★ ★
材料模板	随着新材料不断更新，材料的款式也越来越多。设计师可以将材料商所提供的纸质版或电子版的材料及实物样板进行汇总，这样在设计的时候寻找材料就会变得非常便利，甲方日后选购可直接报品牌和型号，设计的落地性和效果都能得到保证。设计师也可以在办公室内摆放材料小样，方便甲方看到实物的效果。 便利度：★ ★ ★ ★

表 1-8 设计灵感来源

种类	使用介绍
设计类 微信公众号	室内空间设计并不是闭门造车，设计师一定要关注各种设计类的微信公众号推荐的优秀设计作品，多看看前辈和同行的新设计理念、新材料应用和新的设计手法，这样自己设计的作品的效果才能得到很大的提升。 学习别人的作品不是抄袭，而是思考这些作品的设计思维，做设计就是要多看、多感悟和多学习。室内设计是一门活到老学到老的专业，只有不断地学习和探索，才不会被时代淘汰。设计师也可以通过阅读与室内装修设计相关的书，以及浏览设计论坛、网站来获取灵感，不过相比而言都没有看微信公众号上的内容来得方便快捷。 推荐的微信公众号：设计腕儿、环球设计、美国室内设计中文版和 A+ 设计师联盟等。 便利度：★ ★ ★ ★ ★

1.5 室内设计师需要掌握的软件

作为一名室内设计师，除了要掌握设计理论以外，还需要掌握基本的设计工具。常用的设计软件非常多，设计师要通过对众多设计软件的学习和了解，筛选出必须掌握的设计软件。下面介绍一些常用的设计软件，如表 1-9 所示。

表 1-9 室内设计常用软件

软件名称	使用介绍
AutoCAD	AutoCAD 是室内设计必备的软件之一，其主要的作用有以下两点。 第 1 点，通过 AutoCAD 绘制的平面图，可以精准地把控空间尺寸，使设计方案具有实践性和落地性。 第 2 点，AutoCAD 施工图纸是方案落地、工人施工的必备图纸。作为一名室内设计师，需要能理解并能绘制施工图纸的平面图、立面图、剖面图和节点大样图，且要确保施工图纸的准确性。 难易度：适中。 设计师：熟练使用 AutoCAD。 绘图员：精通 AutoCAD，了解施工工艺。 重要程度：★ ★ ★ ★ ★
3ds Max	3ds Max 主要用于制作室内空间效果图，这款软件相对比较复杂，操作较烦琐，但是空间效果表现力较强。 难易度：较难。 设计师：要求掌握，此软件属于一种设计表现工具，但要注意效果图并不是设计。 绘图员：3ds Max 是入行敲门砖，相对刚入行直接做设计师而言，做效果图绘图员的收入更高。 重要程度：★ ★ ★

软件名称	使用介绍
SketchUp	随着 SketchUp 在设计行业内普及，现在很多一线城市的设计公司都要求设计师必须掌握这款设计软件。 设计师使用 SketchUp 可以精准地把握空间尺寸、比例、造型和空间的延展性等。用 SketchUp 能判断整个空间设计的合理性，能完整暴露出空间中存在的问题，也更方便解决空间中存在的问题。 难易度：简单。 设计师：能熟练操作这个软件。 重要程度：★ ★ ★ ★ ★
SketchBook	使用数位板在 SketchBook 上进行手绘，可以提升设计效果，增强空间表现力。 难易度：适中。 设计师：可以选学。 重要程度：★ ★ ★
Photoshop	对室内设计师而言，Photoshop 的用途主要在于抠图和处理后期图纸等存在的一系列问题，建议掌握基础操作即可，毕竟不是平面设计师，在整体效果的表现上能达到基本审美要求就好了。 难易度：简单。 设计师：掌握基本功能和使用技巧。 绘图员：Photoshop 后期处理的好坏决定了一张效果图的品质，因此非常重要。 软装设计师：用于抠图和做彩色平面图等，是软装效果设计最基础的工具。 重要程度：★ ★ ★ ★
PowerPoint	PowerPoint 主要用于制作项目汇报方案。好的汇报方案设计，可以为整体设计加分。 难易度：简单。 设计师：精通。 软装设计师：精通。 重要程度：★ ★ ★ ★

　　除了掌握上述软件外，室内设计师还应该学习和掌握手绘技能。手绘是设计行业入门的基本技能，在设计方案的交流和设计思维的碰撞方面有极大的帮助作用。

1.6 室内设计师的职业规划

　　许多人对室内设计师这一职业有着无限的向往，下面讲解入行室内设计的新人应该如何做好职业规划。

■ 培养较强的空间审美能力

如果一个人的眼界很窄，则看到的东西会很少，自然无法判断设计作品的好坏。提高审美水平最重要的是多看、多想。很多新入行的设计师会说，要多看就得走出去，走出去就得花钱，没有钱该怎么办呢？那么在这种现实状态下，新人就要利用好互联网。互联网上每天都有新的作品推出，要多看前辈们的设计作品，并且要仔细分析他们设计的空间是如何满足大众审美需求的，是色彩搭配合理，还是空间构造设计合理。看的同时也要对好的设计进行归纳和总结，把这些好的理念在本子上记下来，时间久了会发现，好记性真的不如"烂笔头"，一定要做笔记。

新人应多利用网络看国内外优秀的设计作品，不要一想到设计，就去搜索引擎上搜图片（图片可能过于老旧），多看多思考，眼界自然就会拓宽。

新人应多利用淘宝看一些冷门但设计感十足的创意单品，一些设计感很强的装饰单品，原创性强、价格昂贵，但是比常见的爆款设计产品更能提高审美水平。新人多去看看那些不一样的创意设计，可以拓宽自己的眼界。此外要多归纳和总结，学会将看到的那些设计感强的装饰品用到自己的设计作品里面。

一座城市有很多酒店、餐饮空间和样板间设计，这些作品既然落地，说明它是经历过多个专业人士审核的。因此新人可以多看、多研究，把这些作品好的地方记录下来，以提升自己的审美水平并开阔眼界。

■ 提升软件操作的熟练度

新入行的室内设计师一定要勤加练习软件，达到非常熟练的程度。经济条件一般的可以在网上自学，经济条件允许的可以报一个好的培训班。两种学习方式各有利弊，但对于个人软件技能的提升都有很大的帮助。学习完基本操作以后，可以参照一些优秀设计公司的施工图、SketchUp 模型和效果图等进行模仿，从中学习规范与标准，进一步提升软件技能。

软件使用技能是入行的敲门砖，在没有工作经验的时候，熟练操作软件的能力对于成功入行是非常有帮助的。应该熟练掌握的软件按照重要程度依次是 AutoCAD、SketchUp、Photoshop 和3ds Max 等。

■ 培养对材料的熟识度

作为室内设计师，要非常熟悉材料，而新入行的室内设计师，在材料知识方面一般都非常薄弱。其实解决这个问题很简单，可以每周去逛一次材料市场，看到不懂的材料可以咨询卖家，也可以购买一些讲解材料的书，看看这些材料的系统讲解。学习是一种能力，只要想学，总会有很多的办法。

不懂材料是做不好落地的设计项目的，只有把材料这一部分提前熟悉了，才能够在运用的时候明白为什么使用这种材料，以及使用这种材料的利弊点是什么，这对于设计能力的提升有着极大的促进作用。

要提醒入行新人的是不要想着进了公司就可以学到很多材料知识。公司的设计工作很忙碌，没有人会认真地给你讲解每一种材料，所以只有提高自主学习的能力，才能在设计的道路上越走越远。

■ 理论知识的积累

这里的理论知识主要是指室内设计的发展史、人体工程学和设计美学等相关理论知识。

笔者读大学的时候曾觉得理论都是纸上谈兵，可是随着年龄和阅历的增加，才发现理论知识对设计的影响和帮助非常大。

学习室内设计发展史，能看到室内设计的发展历程和空间的变化，对当下室内空间的发展可以有自己的判断。

学习人体工程学能了解所有设计里最合理的尺寸与尺度，如空间尺度、家具尺度、开关面板尺度和心理安全尺度等。学习了这些理论知识，才能在设计中根据尺度来判断空间的需求和运用，才能使设计的作品更加合理。

■ 比赛的磨炼

入行的新人基本上没有实践项目的经验，公司一般也不会把项目交给新人来做，因此新人最好的实践方式就是多参加比赛，听听前辈们对自己作品的点评，从而不断地积累经验。

在参加比赛的时候要学会甄别，尽量参加一些含金量较高的比赛，或者是主办方会提供一些原始户型图进行设计的比赛。这种赛事的意义在于，如果得奖，可以得到前辈们对自己作品的评价和指导，增加信心并可以改正作品中存在的问题。如果没有得奖，可以看看获奖作品的优点并进行学习交流，思考和获奖者的差距，进行反思与总结。反复磨炼，个人技能才会提高得更快。

笔者读大学的时候，也经常参加各种现做方案的设计比赛，经常会反思为什么作品没被选上，并从中总结经验。其中有一个比赛连续参加了 3 年，直到第 3 年才拿到了全国总冠军。细细看来，当年从海选未中到得到前辈们的认可，经历了很多，同时自己也学到了很多。

总体而言，刚入行的新人对自己的设计之路要有合理的规划，以上 5 点是笔者给出的一些建议。新人一定要充分利用周边资源，靠这些资源让自己真正地投入设计，在实践项目中磨炼自己，快速提升自身的综合能力。

1.7 家装室内设计装饰公司

提起家装室内设计装饰公司，相信很多人心中都有一个基本的概念。做室内设计，一般有两个选择，一是家装室内设计装饰公司，二是纯室内设计公司。

大多数新入行的室内设计师会先选择家装室内设计装饰公司，因为其门槛比较低，相对比较好进入。家装室内设计装饰公司大多数以营销 + 设计 + 施工的模式运营，室内设计师的任务以营销和设计为主。

很多新入行的室内设计师会问，选择家装室内设计装饰公司好吗？

答案是前期相对还是比较不错的选择，可以磨炼自己，在自己没有什么工作经验的前提下，可以学习到很多技能，如谈单技巧、简单的空间设计、室内设计流程、施工工艺、材料和报价预算等，可以熟悉室内设计的一系列相关流程。

大多数的家装室内设计装饰公司以营销为主、设计为辅，相对设计而言，签单比较重要。

作为一名室内设计师，如果不了解这个行业的流程，则在这条路上是走不长远的，前期可以在家装室内设计装饰公司学习，提升自己的设计技术和谈单水平。如果想成为一名真正的设计师，其实不太建议以销售为主，可以选择从设计师助理慢慢做起，一点点地成长。在行业里磨炼4~5年，待各方面的技术相对成熟后，再考虑自己到底是适合家装室内设计装饰公司还是适合纯室内设计公司。

大约有80%的人会选择继续留在家装室内设计装饰公司，因为已经比较熟悉这个行业，各种设计规则、营销技巧已经牢记于心，并且家装赚钱的渠道有很多，收入相对稳定，甚至比纯室内设计公司的主案设计师收入高很多。大约有20%的人选择纯室内设计公司，开始接触工装的项目，提升设计水平。

家装室内设计装饰公司的运营模式是上述提到的营销＋设计＋施工，一般每平方米的设计费用为0~100元，也有很多公司免费设计，靠施工来赚钱。在家装室内设计装饰公司里，可以接触到各种风格的设计方案，可以设计那种简单到"四白落地"没有任何基础装饰的项目，也可以设计相对比较复杂的项目。

总而言之，家装室内设计装饰公司接触的业主比较复杂，业主的经济状况也各不相同，所要设计的效果也不同。

1.8 纯室内设计公司

纯室内设计公司以设计为主要目的，基本上不做施工，收取相对高昂的设计费，以高设计水准立足行业。纯室内设计公司是很多室内设计从业者都想进入的。

纯室内设计公司的室内设计师不需要谈业务，一般是公司接了业务后分给设计师，所以纯室内设计公司接的单基本上都是准甲方，室内设计师只需要跟甲方沟通好设计作品就行。纯室内设计公司以效果和预算为主，设计感为首要出发点。

纯室内设计公司一般有3种：设计工作室、设计事务所、设计公司。

一般而言，设计工作室规模比较小，是纯室内设计公司的起步阶段，人员一般在5人左右，可以满足基本项目的设计需求。设计费相对较低，但高于装修公司。设计工作室一般以小型设计项目为主，如住宅设计、别墅设计和店面设计等。

设计事务所的规模相对设计工作室要大一点，是纯室内设计公司的发展阶段，人员一般为10~30人，相对设计工作室来说，经营理念开始走向成熟，设计费在中等水平。设计事务所的创始人一般在设计行业内有一定的名气，设计水准和设计思想相对比较成熟。设计事务所一般以小型、中型设计项目为主，如住宅设计、别墅设计、民宿酒店设计、中小型餐饮店设计和中小型酒店设计等。

设计公司一般是纯室内设计公司发展的高端阶段，规模相对比较大，有着成熟的设计理念和设计团队，项目相对比较稳定，设计水平较高，设计费较高。设计公司的创始人一般是设计圈内的优秀室内设计师。一般而言，设计公司的设计人员为30~100人。设计公司一般是以大型、中型设计项目为主，如民宿设计、餐饮店设计、酒店设计和地产设计等。

纯室内设计公司的内部结构及相应的职能如表 1-10 所示。

表 1-10 纯室内设计公司内部结构及相应的职能

内部结构	职能
领导层	领导层一般由几名人员组成，基本都是室内设计的从业人员，有专门对接项目的高管和专门负责公司整体运营的高管
设计总监	设计总监有两种，一种是创始人兼设计总监，另一种是职业设计总监。设计总监的主要任务是把控设计的总体方向与质量
主案设计师	纯室内设计公司的主案设计师年龄一般在 38 岁以上，有 10 年以上的参与过大项目设计的经验。 主案设计师一般是组长，工作经验比较丰富，可以完成组内的项目推进，并保证项目的正常运转和最终效果
方案设计师	设计项目方案
设计师助理	辅助设计项目方案
软装设计师	设计项目的软装搭配
施工图绘图员	负责施工图的绘制工作
效果图绘图员	负责效果图的绘制工作

纯室内设计公司一般对设计师的设计水平要求较高，要求能够独立完成工作，能加快项目的推进，因此基本上不会聘用没有工作经验的人。

纯室内设计公司对设计师的审美水平、技能水平和教育水平要求较高，一般要求设计师的学历以大专学历为起点，有很多都是专业美院毕业的本科生和研究生，对有多年工作经验的人的学历要求会相对降低。

总之，纯室内设计公司专业性较强，加班较多，工资水平差距较大，但是发展前景更广阔。至于如何选择，就看你自己今后的设计之路想怎样发展了。

1.9 室内设计理论与施工工艺

很多室内设计师会问究竟是专业软件应用技能重要还是理论和施工工艺重要。其实，室内设计是一门系统的学科，不管是软件技术水平，还是理论和施工工艺，都是室内设计必不可少的要素。软件和理论学习基本上大学课堂都会涉及，而工艺技术却需要在设计实践中学习。

相比而言，在家装室内设计装饰公司工作了几年的设计师，对施工工艺的了解会更多一些，因为要系统地跟工地，看得多自然了解得多。对在纯室内设计公司工作的设计师而言，更擅长的是软件技能和设计理论，毕竟他们常年都在做设计，软件操作的熟练度和设计理论知识的应用都比较成熟。

一名全能型室内设计师，既要熟练操作软件，也要掌握设计理论和施工工艺。

设计理论知识决定的是设计师自身设计水平的高低，如果设计师的专业理论知识薄弱，那么所设计的作品大多数都是照猫画虎。例如，色彩搭配的关系、尺度的把控、空间的应用和造型的合理性，这些都决定了设计师设计水平的高低。

同理，施工工艺也是非常重要的。设计师设计出来的作品不论好坏，最重要的一点就是落地实施。如果设计师不懂施工工艺，忽略项目的施工工艺能否达到、工艺是否有安全问题、造型能否收口等一系列的问题，那他的设计只是纸上谈兵。室内设计师需要学习的设计理论知识如表 1-11 所示。

表 1-11 室内设计师需要学习的设计理论知识

知识分类	具体内容
风格划分	了解各种设计风格 掌握风格的设计要素 掌握风格的色彩搭配
施工流程	掌握基本施工步骤 判断工程验收标准
施工工艺	掌握基本施工工艺 了解工艺与施工的关系
施工材料	全面了解各种材料知识 掌握不同材料的作用 判断材料的好坏
常用主材	认识常见主材 判断主材类别 掌握主材的使用
量房技巧	掌握量房技能 在实践中快速无误量房
报价预算	掌握项目的预算 把控预算与价格的关系
人体工程学	把握室内空间尺度 懂得设计中使用者与家具的尺度关系
软装搭配	掌握软装知识 掌握软装搭配技巧

总而言之，不管是纯室内设计公司的设计师还是家装室内设计装饰公司的设计师，都应该明确设计理论和施工工艺的重要性。只有熟练掌握这一系列的设计知识，才能设计出好的作品，而且对自己未来的发展也有很大的帮助。

1.10 摆脱实习生、助理和绘图员的现状

很多入行的新人大多会在实习生、助理和绘图员的岗位停滞不前，下面介绍如何才能摆脱这种现状。

■ 实习生阶段

新入职的室内设计师，实习期一般是 3~6 个月，转正以后基本上是设计师助理或者绘图员。在实习生的阶段，工作内容以"打杂"为主。"杂"具体是指打印图纸、整理图纸、去工地考察和量房等一系列杂事。做这些杂事看似学不到太多东西，但只要用心还是可以学习到很多基础的室内设计入门技巧的。

那么怎样系统地学习呢？

例如，打印图纸和整理图纸时可以学习到很多 AutoCAD 的规范。一般装饰公司关于 AutoCAD 的规范并不是太多，基本规范都一样。如果是在纯室内设计公司，需要学习的图纸规范就比较多了，如线型、图层和阴阳面等。利用这个阶段的时间，快速学习公司的图纸规范并深入研究一些业内的规范，对于软件技能的提升是非常有用的。实习生也可以去工地辅助设计师完成前期的空间测量，可以多看、多问一些工地的基本结构，练习现场绘制平面图，还可以去已开工的工地，看看工人的施工工艺，不懂就多问，这对设计师的成长有很大的帮助。

实习生要多看多学，把一些基本的流程研究透彻，配合设计师完成项目时要勤快、积极，得到设计师的赞赏和认可后，基本上就可以摆脱实习生的现状了。

■ 设计师助理阶段

在家装室内设计装饰公司，设计师助理的工作时间一般是 2~3 年，基本的工作和实习生的工作大体相似。相对而言，设计师助理会多一些接触客户和跟工地等工作。建议各位设计师要利用现阶段工作的各种资源，快速提升自己的设计能力，如对图纸的预判能力、对设计效果的把握能力、了解材料的能力和与客户交流的能力等。如果各方面的能力都已经具备了，公司还是没有给升职，那么设计师助理就可以跳槽到别的公司去做设计师了。

在大型的纯室内设计公司，设计师助理的工作时间一般是 5 年。因为日常的工作以设计为主，所以设计师需要学习的知识和技能大概需要 5 年时间才能基本掌握，达到基础设计师的水平。这也是为什么大型设计公司招聘助理都要求有 3 年以上纯室内设计公司助理工作的经验。在纯室内设计公司还是得慢慢学习，到了一定的阶段可以提出升职，或者是换一个更适合自己的公司做设计师。

■ 绘图员阶段

转正以后，一般有机会选择做设计师助理或者继续选择做绘图员。绘图员的工作能提升自己的专业水平，如学习软件技术和系统规范等。如果做绘图员是为了给自己的设计之路积累经验，建议两年内转做设计师助理，期间可以自学一些设计方面的知识，这样既能培养绘图能力又能培养设计能力。

当然，也有很多绘图员不愿意做设计，因为他们把绘图作为一种工作技能，可以在擅长的领域完成相关设计工作，并且能够快速完成任务。如果到了能熟练绘图的阶段，建议成立一个绘图外包工作室，这样收入相对更可观。

做实习生、助理、绘图员这些都是学习室内设计所要经历的不同阶段，在这些阶段要去思考自己未来的工作走向，想做设计师就可以往设计师方向努力，想做独立绘图员就可以朝绘图员方向努力。

总之，每条路都能走出不同的精彩，关键是如何选择并把自己所做的选择坚持下去，朝这个方向去努力。如果觉得这个阶段的能力与职位和薪资不匹配，那么可以选择跳槽，这一行有个不成文的规则："选择跳槽也是对未来和自我的一种提升"。

1.11 室内设计师的待遇

室内设计师的待遇是很多人非常关心的问题。其实这个行业关于待遇划分并不明确，而且受到城市的影响，薪资水平波动较大，公司的情况不同，待遇也不同。下面介绍设计师的工资待遇及薪资结构，分别以家装室内设计装饰公司和纯室内设计公司为例，如表1-12和表1-13所示。

表1-12 家装室内设计装饰公司

工种	具体内容
实习生	待遇模式：底薪。 底薪：实习生一般为0~800元。有些公司实习生在3~6个月的实习期是没有底薪的，或者在800元以内。 提成：无。 私单：基本上很难接到，因为技术和人脉达不到。 生活状态：较艰难
设计师助理	待遇模式：底薪＋提成＋私单。 底薪：一般为0~1500元。有的公司给设计师请助理，这样助理的工资一般较低。有的公司是设计师自己请助理，助理的工资相对高一些，但底薪基本在这个范围内。 提成：1%（项目总价）。 私单：小型项目的简单设计可以接，设计费非常低，千元左右，如画基础施工图和效果图，赚图纸费。 生活状态：温饱
绘图员	待遇模式：底薪＋提成＋私单。 底薪：一般为1500~2000元，底薪比较稳定。 提成：1%（项目总价）。 私单：主要接完整的施工图和效果图绘制，施工图的收费大概为10~20元/㎡，效果图大概200~400元/张（具体看绘制水平、效果图表现和项目类型等）。 生活状态：私单较多时生活质量较高
设计师	待遇模式：底薪＋提成＋私单＋其他。 底薪：一般为1500~2500元。 提成：2%~3.5%（项目总价）。 私单：小型家装设计项目，设计费为20~50元/㎡。 其他收入：有。 生活状态：一般生活
软装设计师	待遇模式：底薪＋提成＋私单＋其他。 底薪：一般为1500~2500元。 提成：1%~2%（软装定制总价）。 私单：小型住宅软装设计，一般按照项目软装定制费用收取。 其他收入：有。 生活状态：一般生活

工种	具体内容
首席设计师 主任设计师	待遇模式：底薪＋提成＋私单＋其他。 底薪：一般为 2000~3000 元。 岗位优势：可优先承接中端项目。 提成：3%~4%（项目总价）。 私单：家装设计和简单的店面设计，一般设计费为 50~80 元/m²。 其他收入：有。 生活状态：生活质量较高
设计总监	待遇模式：底薪＋提成＋私单＋员工提成＋年底分红＋其他。 底薪：一般为 3000~5000 元。 岗位优势：可优先承接中高端项目。 提成：5% 以上（项目总价）。 私单：家装设计、别墅设计和店面设计，一般设计费为 80~150 元/m²。 员工提成：有设计师项目点数提成。 年底分红：达到公司年度任务量，有一定的点数分红。 其他收入：有。 生活状态：生活质量较高

表 1-13 纯室内设计公司（中型以上规模）

工种	具体内容
实习生	待遇模式：底薪＋私单。 底薪：纯设计公司的实习生的底薪一般为 1500~2000 元。 提成：无。 私单：较少。 其他收入：无。 生活状态：勉强维持
设计师助理	待遇模式：底薪＋提成＋私单＋其他。 底薪：一般为 2000~2500 元。 提成：1%~1.5%（设计费总价）。 私单：基础设计，一般设计费为 50~80 元/m²。 其他收入：无。 生活状态：一般生活
绘图员	待遇模式：底薪＋提成＋私单。 底薪：一般为 2000~3500 元。 提成：3%~5%（设计费总价）。 私单：主要接完整的施工图和效果图绘制，施工图大概 30~80 元/m²，效果图大概 400~800 元/张（具体看绘制水平、效果图表现和项目类型等）。 生活状态：专业水平较高的绘图员生活相对富裕

工种	具体内容
设计师	待遇模式：底薪＋提成＋私单＋其他。 底薪：一般为 3000~5000 元。 提成：3%~7%（设计费总价）。 私单：中小型设计项目，设计费为 100~200 元 / ㎡。 其他收入：无。 生活状态：生活质量较高
软装设计师	待遇模式：底薪＋提成＋私单＋其他。 底薪：一般为 3000~5000 元。 提成：1%~2%（软装定制总价）。 私单：软装设计项目，一般以项目软装定制费用收取。 其他收入：有。 生活状态：生活质量较高
主案设计师	待遇模式：底薪＋提成＋私单＋其他。 底薪：一般为 6000~10000 元。 提成：7% 以上（设计费总价）。 私单：各种设计项目，一般设计费为 200 元 / ㎡。 其他收入：有。 生活状态：生活富裕
设计总监	待遇模式：底薪＋提成＋私单＋员工提成＋年底分红＋股份分红＋其他。 底薪：一般待遇为 10000~30000 元。 提成：7% 左右（设计费总价）。 私单：各种设计项目，一般设计费为 300 元 / ㎡。 员工提成：有设计师项目点数提成。 年底分红：达到公司的年度任务量，有一定的点数分红。 股份分红：年底有股份分红。 其他收入：有。 总体收入：百万以上，上不封顶，具体看是怎样的设计公司，一般都有股份。 生活状态：生活富裕

1.12 室内设计师职业晋升知识

无论哪个行业，当能力到达一定的水平后，当然希望职位也有所提升。因为随着职位的提升，人脉和机遇等都会增多，室内设计行业也不例外。

关于室内设计师如何晋升，不同的职位所面临的问题也不同，下面来具体分析每种职位该如何晋升，如表 1–14 所示。

表 1-14 不同职位的晋升方法（以中型规模以上的公司为例）

工种	晋升方法
设计师助理	设计师助理这一职位是每个室内设计师入行的必经之路，这个阶段一般都会想怎样可以快速成长为设计师。想要晋升就要提升自己的设计能力、画图能力、谈单能力等，只要把这几个方面的基础能力提升上来，做设计师基本上就是时间问题了。 主要任务：学习基本技能，有预判项目的能力。 职位时间周期：家装室内设计装饰公司最多不超过两年，纯室内设计公司为 5 年左右
绘图员	绘图员的职位一般是公司分配和自己选择两种模式。如果一直做绘图员，可以晋升为绘图员组长，待遇相对不错，但还是要自己动手画图。不过有的绘图员机遇非常好，干了十几年变成知名公司的股东。就大多数情况而言，绘图员的晋升比较艰难。因此，当各方面的技术和能力可以独当一面的时候，最好选择自立门户，组建绘图工作室，收入还是非常可观的。 主要任务：提升绘图技能，能解决各种绘图中遇到的问题。 职位时间周期：施工图绘图员在家装室内设计装饰公司最多不超过两年，在纯室内设计公司为 3~5 年；效果图绘图员在家装室内设计装饰公司最多不超过两年，在纯室内设计公司为 2~4 年。 最佳职位：公司合伙人、绘图组负责人和绘图工作室创始人
设计师	设计师算得上是熬过实习生、绘图员和设计师助理阶段，终于可以看得到希望的职位了。在这个阶段设计师要快速提升自己，一是提升设计能力，二是提高客户积攒量，三是提高材料商积攒量，四是提高自身综合素质。 设计师一定要戒躁戒傲，要多学习，多看好的设计作品。下一个目标是首席设计师、主任设计师或主案设计师。因为不同的职位，薪资水平和项目资源差距还是比较大的。 主要任务：提升综合技能。 职位时间周期：家装室内设计装饰公司最多不超过 3 年，纯室内设计公司为 3~5 年
首席设计师 主任设计师 主案设计师	这个阶段的设计师熬过了前面几个阶段，基本上属于各方面资源和收入相对稳定的群体，但这个时候还有极大的提升空间。首先，还是提升设计能力，设计师没有设计能力就会停滞不前；其次，是扩大视野，可以参加一些正规的设计比赛，看看自己的设计作品（落地）有没有提升空间，是否能获得专业人士的认可。 主要任务：提升设计水平、积累荣誉和人脉。 职位时间周期：家装室内设计装饰公司最多不超过 5 年；纯室内设计公司为 3~6 年
设计总监	这个阶段的设计师经历过很多，看过太多的好与不好的作品，相对而言个人设计能力不错（大型公司，小公司没参考价值）。要明确未来的发展方向，能力很强的设计师可以在这个阶段进入设计管理层，成为公司合伙人、股东和公司创始人等。但是，在创业前要思考自己是否适合创业，毕竟创业有风险，能力和资源是非常重要的。前期可以建立自己的设计品牌，进行适当的包装，这对未来发展有很大的帮助。 主要任务：提升设计水平、积累荣誉、积累人脉和包装品牌。 职位时间周期：家装室内设计装饰公司为 5 年左右；纯室内设计公司为 5~10 年。 最佳职位：公司合伙人、股东、管理层和创业者

1.13 设计出有竞争力的作品

作为一名室内设计师，不管是设计装饰行业还是纯设计行业，主要还是看设计作品。好的设计作品，不管经过多少年，依然会被市场认可。

那么怎样才能设计出好的设计作品呢？首先要提升自我的设计竞争力，相信很多设计师在这方面都很迷茫，笔者认为可以从以下 5 点出发。

■ 定位

这里的定位具体是指设计定位、风格定位和客户群体定位 3 个方面。

首先，设计定位是指设计作品走的路线，即是低端、中端还是高端。定位不同，需要的设计表现不同，需要达到的效果也不同。

其次，是设计方向的定位，是住宅方向、餐饮方向、酒店方向还是娱乐方向等。方向不同，所要发展的设计路线也不同。很多设计师是有项目就做，什么方向都能做，这样会使自己的所有方向都只是停留在"知"的层面，而达不到"精"的程度。只有把自己的方向确定下来，才能把这个方向做精，才会有更好的发展。

风格定位中的风格是指设计风格。室内设计风格有很多种，很多设计师往往各类设计风格都做。这样会出现一个严重的问题，即看似什么风格都会，其实什么风格都不精通。

室内设计的市场是非常大的，每种风格都有着大量的需求。很多优秀的室内设计师自身就是一种标签，代表着某种设计风格。所以室内设计师要选定自己擅长的设计风格进行设计，建议选择两种擅长的风格，并把这两种风格做到极致。

客户群体定位中所指的客户群体是决定设计作品好坏的关键。这里面包含着客户的经济实力、审美能力和空间需求等。设计师要知道自己想培养哪个方向的客户，因为客户有自己的圈子，做好这个方向的一个客户，通过客户的推荐，就会有很多这个方向的客户，然后慢慢地在这个方向的客户群体里做设计。

■ 自我反思

自我反思主要是看自己缺什么，查漏补缺。

没有一个设计师敢说自己是全能的，因为设计是一个无限发展的行业，快速的发展必然伴随着大量的淘汰。因此，明白自己缺什么才能让自己不断成长。

如果缺设计经验，就要不断地研究好的设计作品，多思考为什么，而不是简单看着漂亮就完了。

如果缺施工经验，就要多去工地，和工人交流施工的一些方法。

如果缺色彩搭配能力，就要多看与色彩搭配相关的书，学习别人的色彩搭配技巧。

有的设计师容易满足现状，但这样是对的，要谦虚，多看多学。

有的设计师说擅长日式风格，但他做出的日式风格可能只是他自以为的日式风格，而真实的日式风格并不是他所想的那样。

多反思才能进步，在设计的道路上千万不要走得太快太急，以免忘记了设计的初心。

■ 生活阅历

生活阅历是提升设计水平的重要因素之一。

观察生活中的细节，研究生活中每一处设计的美学。一名优秀的设计师，往往对周围看到的事物都有细致的记录。

有些优秀的室内设计师非常喜欢用表格记录看到的一些设计细节和风土人情，当有项目需要设计时，就会看一看自己记录的这些内容中有没有可以运用到设计中的素材。

阅历和生活经验会影响设计师设计出来的作品的"质与感"，以及作品的竞争力。成熟且具有魅力的设计作品，是设计师的阅历不断积累所呈现的结果。

■ 有格局

设计要有格局，设计师也要有格局。

这里的格局是指要用心对待每个设计作品，而不是单纯为了挣钱，使用"套路"快速地完成作品。

设计作品无好坏之分，只有合不合适。很多优秀的设计师为了表现出好的设计作品，只收取很少的设计费，把钱用在作品的表现上。这种格局可以让设计师通过这个好的设计作品，获取更宽广的平台与机遇。

很多刚入行的新人天天喊着不做免费的设计，但其实一个好作品的落地，能带来很多意想不到的收获。有格局并不是说做设计不收费，而是明白通过这个设计项目能收获什么，不为短浅的利益，为的是设计的长远发展。

■ 突出个性

室内设计师要有自己的个性，这里的个性不仅指自身的性格，更多是指设计表现。

很多设计师不分好坏，盲目遵循客户的想法，看上去是很好地为客户服务，其实是对客户不负责。

有个性的设计师设计出来的作品，是对空间的量身定制，赋予了空间个性和张力。

以上5点是增强设计作品竞争力的方式，还有像创新与创意、新技术的应用等方式早已深入人心，在此就不一一介绍了。设计师只有不断地学习、自我培养、自我反思，才能使自己的设计作品具有很强的设计竞争力。

1.14 更系统地学习室内设计

■ 学习计算机软件

SketchUp：用于把握整体空间效果、尺寸比例和空间搭配。

AutoCAD：用于施工图、剖面图和立面图的绘制，最好是学会基础的制图规范，包括图层及整体完成面的细节。

Photoshop：用于效果图、实景图、PPT 汇报文件的效果表现和 SketchUp 表现等后期处理。

3ds Max：用于制作效果图，如建模、灯光、材质和渲染等。

■ 学习手绘技法

手绘效果图：简单的基础效果表现，方便及时沟通设计方案。

SketchBook 辅助手绘：主要与数位板配合使用，绘制基础平面布置图，也可以画效果图和施工图等。

■ 学习理论知识

室内设计风格：当下流行的设计风格种类繁多，选择喜欢的风格进行定位，风格是设计的基础，每种风格的表现效果有很大的差别，因此需要对风格有较强的把控能力。

室内施工工艺：施工工艺主要包括拆墙、砌墙、电路、水路、泥工、木工、墙面和杂项等，只有掌握了施工工艺，才能对设计作品落地有一定的预判。

室内装修材料：装修材料的种类也很多，经常有新材料出现，只有熟练掌握最常见的装修材料，了解最新的材料，才能把控设计的效果。

报价预算：作为设计师要熟知所用材料的数量、价格、运费、损耗费和人工费等费用。

人体工程学：人体工程学是通过尺寸的度量和计算，增强人们居住的舒适性，减少人们因长期使用空间和家具所产生的疲劳感。

软装设计：空间里硬装是精髓，软装是灵魂，好的设计作品需要软装和硬装的配合，设计师最好把软装和硬装一起设计，这样空间效果才能得以完美呈现。

■ 学习优秀案例

要多学习好的设计案例，赏析优秀设计案例的关键在于观察设计师的设计手法、平面布置、色彩搭配和材料应用等。

作为一名入行已久的设计师，建议初学者多看实景案例，因为实景案例是将设计理念落地后的效果，这中间解决问题的方法和设计的思路，不是效果图所能表现出来的。

对于案例的学习，一定要研究平面布置图。一张好的平面布置图，基本上确定了设计的大方向，只有掌握了平面布置的设计手法，才能理解设计作品后期整体效果的表现。

■ 进行实践练习

完成上述的学习后，便可以开始系统地实践练习了，深入思考每个空间里面甲方所提的需求。

刚入行的设计师没有那么多案例的实践机会，可以找一些平面案例自己设计，从概念、方案、效果图和施工图等方面多加练习。

如果有机会，可以参加一些提供原始结构图的比赛，完成一整套设计，如果有机会得奖，还可以听听优秀的设计师给的意见，这样对自己的发展会有很大的帮助。

1.15 室内设计的未来发展

■ 设计规范性更高

设计市场会逐渐变得规范，这样将直接导致设计的成本上升。

例如，一家纯室内设计公司设计一套100 ㎡的住宅项目，出5张效果图的成本为3000~4000元，出全套施工图的成本为4000~6000元，这样图纸成本就在10000元左右，再加上设计师的方案开支，这套项目的成本就在20000元左右，那么报价就得是40000~50000元。

就设计而言，现在大多数家装室内设计装饰公司的流程、手法和标准都不规范，没有严谨的施工图，效果图的完整度也相对较低，后期软装设计跟不上，细节和节点基本靠施工解决，整体效率偏低，效果达不到图纸效果。随着大众对设计需求的增加，设计市场会逐渐规范化，设计成本也会逐渐上升，层次划分也会更加鲜明。

■ 设计师的门槛更高

当下设计师入行门槛较低，回想几年前，很多家装室内设计装饰公司的设计师几乎没有经过系统的学习，很多人是跨行到设计行业。有的人是十五六岁中学毕业开始做设计，有些大学毕业生的基础技能还不如在外面上过几个月软件培训班的人好，这些情况导致很多人认为设计师的门槛很低。

有一些高校新入职的老师，根本没有设计实践的作品和经验，研究生毕业就去教授室内设计专业的学生，这也是造成很多高校学生毕业后设计与实践脱轨的一个原因。

一个成熟的设计市场，对设计师的综合素质要求会越来越高，使得整个设计行业的门槛也高了。

随着室内设计市场的成熟，施工和材料的价格越来越透明，一些吃回扣的设计师未来几乎吃不到回扣，因此大量销售型设计师会被淘汰。

优秀的室内设计不是选用一些流行的爆款材料、家具和灯具往空间一放就叫作设计，而是要去解析空间真正的结构、关系和甲方的需求，充分了解材质和施工工艺等，然后再进行设计。

随着市场的规范，设计师的门槛会逐渐提高，淘汰大量低端装饰公司和部分销售型设计师，完善市场设计规范，让技能型设计师有更大的发挥空间。

■ 设计分工更精细

随着设计市场的完善，设计分工会更细化。如今，一般的家装室内设计装饰公司，其业务、方案设计、效果图绘制、施工图绘制和软装设计往往都是同一个人负责。当设计成本提升、分工明确时，这些工作都会进行更精细的划分，甚至还会出现照明设计、艺术品陈设设计和高端定制设计等一系列的分工，这样的分工会提升设计效率，进一步完善设计效果。

■ 软装市场份额会快速增加

随着精装房的普及，会有一些销售型的设计师转做软装设计。

软装设计是室内设计的分支，主要是通过合理布置可移动物件来营造符合空间功能的氛围，在预算允许的范围内，最大化提升空间的品质。

随着精装房的普及，软装在打造个性化的家居空间上显得尤其重要。那些有能力追求个性化美好生活的客户，将越来越需要专业的软装设计。

随着人们审美水平的进一步提升，软装市场的前景不容小觑，软装设计的发展将会逐渐风格化、个性化和唯一化。

第 2 章
成为优秀的室内设计师

2.1 设计功底的培养与提升 ｜ 2.2 了解施工材料 ｜ 2.3 了解施工工艺 ｜ 2.4 提升软装搭配能力

2.5 形成自己的设计风格 ｜ 2.6 积累项目经验 ｜ 2.7 积累人脉资源

扫码看视频

2.1 设计功底的培养与提升

室内设计师在每一个阶段都会遇到瓶颈期，每一个瓶颈期都是对设计师各方面能力的考验和提升。俗话说活到老学到老，因此对于设计师来说，提高设计功底的过程，是一个漫长而又有阶段性的过程。

培养与提升设计功底可以从以下几个方面入手。

■ 明确设计目标和个人目标

设计目标：包话设计风格的确立、色彩方向的确立和对于室内空间的把控能力等。

个人目标：明确自己想成为一个怎样的设计师，是想在商业上获得成功还是想提高自己的知名度等。

■ 研究他人的设计作品

随着自媒体的快速发展，每天都有大量的设计图纸涌现出来。想要提升自我的设计能力，就要不断地看新作品，多看最新的设计图纸，研究这些图纸的设计理念、空间布局、色彩搭配和技术应用等方面的知识。只有不断地研究成熟落地的项目，才能使自己的设计水平得到进一步的提升。

■ 多加练习

大部分室内设计师都有一定的绘画功底，做设计和绘画在原理上是一样的，基础功底要扎实，前期都要多去练习设计的技术，包括图纸设计表达和 CAD 施工图绘制等。

想要成为一名成熟的设计师，就要从基本技术练起。可以找一些优秀设计师的设计图纸进行临摹，在临摹的过程中要思考设计结构、表现方式和节点制作等处理技巧。思考他们为何这样设计，以此激发自己的设计灵感。

这里所说的练习是指对自己能力的培养和提升，并不是一味地临摹实际案例，设计师要保证自己作品的原创性和独立性，要在实际操作中应用学习到的知识，这样才能更好地提升自己的设计水平。

■ 总结分析过去的作品

经常总结和分析以前完成的设计作品，并从中发现问题，也是提升设计能力的有效手段。例如，之前的设计思考得不够全面，现在会如何处理；或者之前的色彩处理不当，现在应该如何进行色彩搭配；又或者是以前收口处理得不够完美，现在该如何收口。

设计是不断思考与总结的过程，多看以前的设计作品，并不断总结和反思，才能设计出更好的作品。

■ 感受生活中的设计

在前面的章节中讲过要多去感受生活中的设计，设计源于生活，设计也是为了改善生活环境。

生活中有太多的自然美和设计美学，如一些老房子的格局和造型，一些酒店客房的设计，一些地产样板房的设计搭配，一些餐厅的设计理念等。天天待在一个地方闷头做设计，犹如井底之蛙，对提高自己设计能力的帮助是很小的。应该多去外面走走看看，感受一下别人的设计手法、材料应用和设计理念，感受生活中的小细节，并把这些拍照记录下来，每当困惑的时候打开看一看，可能就会有新的体会和感受。

2.2 了解施工材料

室内设计师要了解市面上常用材料的基本功能和属性，这样才能充分掌握材料给设计带来的功能特征和审美表现。对于材料的把控不仅仅是现有的材料，还包括正在推出的新材料。如果设计师不去学习和了解新材料的功能和属性，仅限于使用传统材料，那他的设计就可能会停滞不前。

对于材料的认知和了解，有以下几种方法。

■ 在材料市场中学习

大多数材料在市面上都可以见到，设计师应该多去材料市场询问材料的功能和尺寸，观察材料的质地和特征。与材料代理商沟通，了解材料的标准和优缺点。

因为在交流和沟通的环境中学习，可以看到材料本身，所以比看书学习更加透彻易懂。直观的视觉效果和触感有助于设计师更好地了解材料。

建议在了解材料时，以电子笔记或手写的形式记录成册，以方便在日后的设计中使用。

■ 向材料商学习

对于设计师而言，经常有材料商上门推销宣传，设计师可以整理收集材料商提供的图册和一些小样本，对于不清楚的信息可以咨询材料商。这样设计师可以接触到更多新材料，而且能够深入了解材料的性能和价格。

■ 通过材料书籍学习

市面上有很多关于材料的书籍，设计师可以根据书中记录的性能去查找相应的图片。这些具有归纳性质的书籍，有利于设计师在遇到空间材料的应用问题时进行快速查找。

■ 通过网络平台学习

设计师可以多从网上看一些关于材料和设计的文章，了解大众对材料的真实评价。一种材料的诞生和发展，肯定有利有弊，多看看使用过这些材料的消费者的客观评价和理性分析，并且要做好记录。这样可以知道各方的建议，之后对于材料的全面运用才能更加精准。

■ 通过材料销售网店学习

随着网络销售系统的逐渐完善，大部分材料都有销售网店，这些销售网店会把材料的各种特征和使用方法表述得非常详细。设计师可以通过浏览网店和网络销售员的介绍，了解到材料的具体规格及材料的组成材质，进而通过这些资料对材料进行进一步探究。

■ 向施工人员学习

在开工的工地上，要多和施工工人沟通交流。他们与施工材料的接触时间较长，对材料的性能了如指掌，多与他们交流，可以从施工工艺方面了解材料的性能、安装方法和保养方法。

■ 与设计师交流

在设计师聚会时可以多和其他设计师交流，从聊天中获取自己不知道的知识，站在设计的角度去思考材料的应用，这对提高设计能力是很有帮助的。

2.3 了解施工工艺

施工工艺一般是指某个工程实施过程中的具体规范。室内设计师只有了解施工工艺方面的知识，才能在设计过程中更好地发挥实力，同时增加设计完美落地的可能性，这也是在与甲方沟通时展现专业功底的一项基础技能。

如果有机会，建议设计师先在工地上学习1年左右，亲自去施工现场跟进项目，这样就能清楚地了解具体的施工规范。不愿意去工地的设计师可以多看一些讲解施工工艺的书和视频，或者与材料商进行一些安装工艺的交流。设计师只有充分了解施工工艺，才能更精准地增加设计图纸的落地性，并且能够避免业主在后期使用过程中出现问题。

以家装为例，施工工艺方面一般包含水、电、瓦、木和油这几大类。

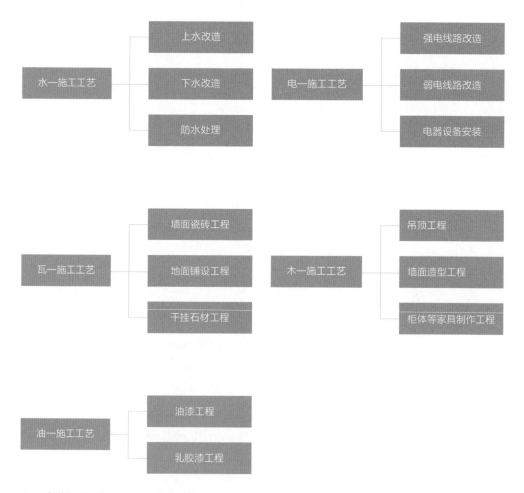

家装设计师需要了解这几大类的施工工艺，以及其他施工过程中要用到的工艺技术，并且要理解这些工艺流程。

2.4 提升软装搭配能力

　　室内空间的硬装设计完成后，就该软装设计登场了。对室内空间而言，装修的质量是靠硬装设计，而最终呈现出来的设计美感和视觉效果大多数是依靠软装设计。

　　对空间而言，软装的搭配尤为重要，只有好的软装配饰，才能更好地提升空间的完整度。

　　设计师的软装搭配能力可以从以下 5 个方面进行提升。

2.5 形成自己的设计风格

　　室内设计师想要在设计行业中有自己独特的设计表现，就要形成自己的设计风格，并在实践中不断地磨炼技术。首先要选择自己最擅长或者最感兴趣的设计方向，其次要在项目设计中坚持深入研究，要在设计思想上有所突破，而不是一味地重复和效仿其他设计作品。具体可以从以下 4 个方面进行提升。

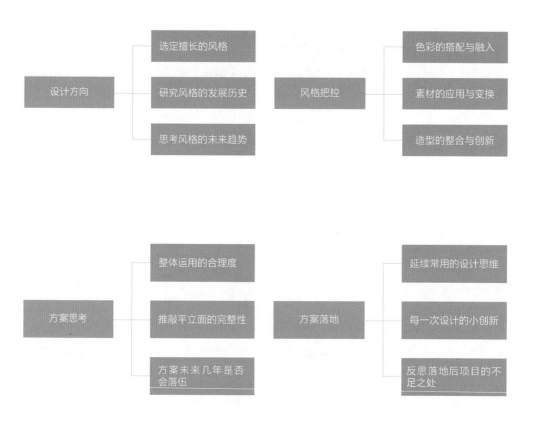

　　以上是笔者和身边的设计师朋友对形成自己特有设计风格的方法的总结。每位设计师一路走来都有自己的思考和研究，以上 4 点是对想要形成自己风格的设计师提供的一些建议，希望每位设计师都能在实践与总结中逐步形成自己的设计风格，在行业里打造自己独有的竞争优势。坚持是非常重要的，只有把喜欢的设计做到了极致才会得到更多人认可。

2.6 积累项目经验

室内设计师想要更快速地成长，需要不断地积累项目经验，具体可以从以下 3 个方面入手。

■ 公司项目积累

无论是家装室内设计装饰公司还是纯室内设计公司，设计师都要积极参与项目设计，在与客户沟通到方案落地的过程中，不断地积累经验。公司里的设计项目都是由几个部门配合完成的，设计师首先要把自己负责的部分认真做好，其次与其他部门核对项目的进度和效果，并在其中积极调控，保证落地效果良好。

很多设计师在做公司项目时，只是为了完成这个项目，很少主动积极地思考，往往会被甲方和领导左右，导致最后完成的项目达不到自己所期盼的效果。因此建议设计师对待项目要认真，在适当的时候坚持自己的设计想法，不要只是为了完成项目。

公司项目一般推进得比较快，设计师可以积累很多项目经验，这对于设计师今后的发展也有很大的帮助。

■ 友情项目积累

所谓友情项目，大多数是指为亲戚朋友所设计的项目。虽然这些项目很难收取设计费，也很难拒绝，但是自己可以独立掌控，还可以积累整体把控项目的经验。

笔者在成长阶段也遇到过很多友情项目，刚开始的态度非常消极，后来认真地把每一个项目都当成落地的探索性项目大胆尝试，做一些有意思的探索，设计了一些平时不常用但很出效果的造型。最关键的是这些项目从开始到结束都是笔者独自一人完成，虽然很辛苦，但能够把握整体效果。不管是项目宣传还是发表，都可以作为自己完整的作品，这对于项目经验积累非常有用。

从设计到落地，从软装选购到跟踪拍摄，都是自己独立完成，但这种项目一般除了耗费时间还会贴钱，如拍摄的费用。对于年轻的设计师而言，友情项目的积累，还要看自身的实际情况。

■ 商业项目积累

在设计师从青涩到成熟这一漫长的过程中，一般会有很多商业私单可以设计，而且有相对不错的收入。对于这种项目，设计师不用自己独立完成，可以自己先设计平面图，做出全屋草图模型，然后把效果图和施工图外包。设计师只要把控最终的图纸效果和落地的效果即可。

因为是商业项目，所以和甲方的沟通很重要。另外设计师可以尝试一些空间设计的创新，完成一套出色的设计作品。最后不要忘了找专业摄影师拍照，给甲方一份实景照，让他可以多宣传，从而带来更多客户；自己保留一份，用于自己的作品宣传和以后项目的反思。

以上 3 个方面是积累项目经验的一些建议，只有不断地积累项目经验，才能提高自身的设计水平，对未来的发展才会有更大的帮助。

2.7 积累人脉资源

每个行业的从业者都需要积累人脉资源，只有编织好人脉关系网，才能接触到更多的项目，进而将自己好的设计作品推广出去。人脉资源的积累可以带来以下好处。

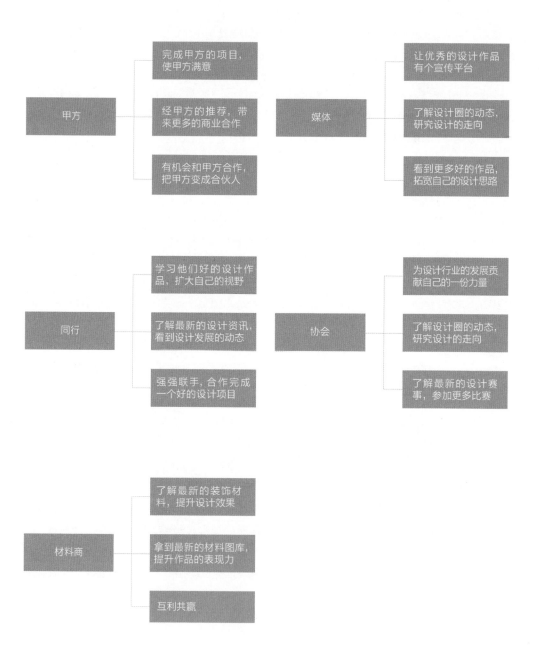

第 3 章

室内装修施工流程与工艺

3.1 开工前的准备工作 | 3.2 墙体改造工程 | 3.3 水路改造工程 | 3.4 电路改造工程

3.5 泥工改造工程 | 3.6 木工改造工程 | 3.7 墙面改造工程 | 3.8 杂项安装工程 | 3.9 软装摆场工程

扫码看视频

3.1 开工前的准备工作

■ 确认设计图纸

效果图确定后，需要让业主签字确认，然后按照 3D 效果图展示的方案进行下一步工作，深化施工图。施工图一式四份，公司留档一份、业主一份、设计师一份、工长一份，每份都需要签字确认。

■ 确认开工日期

图纸确认后就可以与业主商定开工的日期了，并且要在开工前跟业主沟通好当日的工作流程。家庭装修动工是一件喜事，通常会准备一个"开工大吉"的仪式。为了活跃开工的喜庆气氛，也可以向业主"讨要"开工红包。

■ 办理开工手续

装饰公司需要带上营业执照复印件、墙体拆改图纸和平面图纸，与业主一起到物业公司办理开工手续。办理开工手续时需要交付装修押金，一般金额是 2000 元，业主与装饰公司各交 50%。除此之外还需要交纳物业管理费、物业垃圾清运费和水电费，另外装饰公司最好办理好施工人员出入证。

如果是在当天收房，物业公司应该派人来进行打压、试水、试电和测空鼓等验房流程。如果验收有问题可以及时让物业公司维护，以免影响工程工期。

■ 与工程部对接

在开工第 1 天，设计师需要带上全套设计图纸去工地，与项目监理进行交底。项目监理一般现场经验比较丰富，在设计交底的过程中项目监理往往会发现设计上的一些疏漏。对于这些疏漏，设计师应做出相应的修改。工人是严格按照设计图纸进行施工的，一旦发现设计错误与疏漏，设计师必须立即修改设计，修改以后，预算也应该做出相应调整。

水电部分一般需要重新进行改造，水电改造的基本原则是水路从水表以后彻底进行改造，重新铺设管道；电路一般尽量利用原有线路，只进行局部改造或增补。

水路改造一般比较简单，能够满足卫生间、厨房和日常用水的需要即可，关键是要注意电路的改造能否满足业主的需要。

3.2 墙体改造工程

3.2.1 砌墙注意事项

1 砌墙准备工作

第 1 点，按"墙体拆除图"把需要拆除的墙体拆除，然后准备"砌墙图"，这是一张可以指出具体砌墙位置的设计图。

第 2 点，根据"砌墙图"在现场跟泥工师傅确认砌墙位置，并进行现场弹线定位。

第 3 点，购买砌墙需要的水泥、沙和砖，一般购买"中河沙"和"325 水泥"，标准黏土砖尺寸（长 × 宽 × 高）为 240mm×115mm×53mm。

2 砌墙工艺

■ 墙体厚度

家装常见的墙体厚度有 18cm、12cm 和 6cm，一般普通墙体厚度为 12cm（中）；有特殊承重要求的可以做 18cm 墙；6cm 墙比较薄，稳定性差，除非是空间非常小，否则不建议砌 6cm 墙。

■ 砌墙拐角砖的交接

T 字形结构的墙体或者 L 字形结构的墙体，在墙体交接处应每隔一层砖就错开交接，以增加交接处的稳定性。

■ 新旧墙 T 字形交接处的处理

砌墙中比较常见的交接是新旧墙 T 字形交接，这个交接处若施工不规范，后期新墙缩水或倾斜会导致墙体开裂。因此在新墙与旧墙 T 字形交接的地方，需要在旧墙开槽，并将新砌的砖卡到槽里。

■ 新旧墙一字形或 L 字形交接处的处理

对于新旧墙是一字形或 L 字形交接的，可以用"拉结筋"固定连接，即在新旧墙体交接处植入钢筋加固。建议植入的钢筋长度在 60cm 以上，植入旧墙 10cm 并用植筋胶固定，植入钢筋的密度大概为每 60cm 高度植入两根 L 形钢筋。条件允许的情况下，在植入"拉结筋"的基础上还可以在旧墙里挖插槽，采用双重保险的连接方式。

■ **新旧墙交接的批荡**

在砌墙完成之后批荡之前，还要铲除大概 15mm 的旧墙批荡层，在新旧墙体之间挂钢丝网后重新批荡，防止新旧墙连接处后期开裂。T 字形新旧墙交接处若采用开槽卡砖的方式处理，可不用挂网。

挂网尺寸：宽 30cm，新旧墙各占 15cm 左右，网径 ≥ 10mm×10mm。

> **提示**　批荡即"抹灰"，指用石灰砂浆、混合砂浆、水泥砂浆和聚合物水泥砂浆等在建筑物的面层抹上厚度为 20mm 左右的一层物质，使得建筑物表面平整便于铺贴或扇灰，同时也起到保护墙体或柱体的作用，还可以用于防水、隔热和隔音等。

■ **轻质墙挂网再批荡**

新砌的轻质砖墙，在批荡前建议做挂网，以加固墙面，防止墙面开裂。挂网孔径需要在 10mm×10mm 以上，太密的网孔容易造成空鼓。

■ **门洞要做过门梁**

因为门洞是空的，如果门框上方不做处理，后期门框与门就会成为被压迫的对象，轻则开门不顺，重则开裂变形，所以在门洞顶部，一定要用预制的钢筋水泥板做过门梁，并且两边应该长于门洞 12cm 以上，门洞越大，两边留出的距离越大。

■ **卫生间防水梁**

卫生间的新砌墙还应该浇注防水梁，避免卫生间的水渗透到相邻的空间。做法是在地面切割出浅槽，再浇注水泥，防水梁高度大概在 15cm 以上。

■ **养砖处理**

如果砖太干燥，则吸水就快，尤其是轻质砖。为了避免水泥砂浆干得太快而不稳定，在砌墙之前可以先给砖浇水。此外，批荡后也可以给墙淋水，原理都一样。

■ **延时封顶**

水泥砂浆由砌好到干的过程中，在重力的影响下，新砌的墙会有一定的压缩，若一次性砌到顶，后期天花板与墙体交接处容易出现裂缝。因此在砌墙的时候，可以先砌好底部的，留出顶部的几层砖过一两天再砌；封顶的那层砖，可以采用 45° 斜着砌的方式作为缓冲，有利于抵消变形，增加抗震性。注意，砌墙高度一天不要超过 1800mm。

3.2.2 工程验收

第 1 点，墙体应平整，砖缝不得同缝，灰缝应饱满。

第 2 点，检查墙面是否有空鼓时，可以使用空鼓锤（10g）垫上几层纸后敲击墙面。若敲击墙面时发出的声音不实，就要做好标记并切割掉批荡层重新批荡。

空鼓锤

第3点，按照国家规范，使用2m靠尺测量墙面平整度和垂直度，误差应在±3mm以内。如果误差较大，则对后期的装修会有很大影响。

第4点，新砌墙体应与原墙上、下、左、右的厚薄保持一致，误差不得超过5mm，如果超过需要返工。

第5点，新砌墙体上、下垂直误差不得超过3mm，阴阳角方正度（方正度为90°）误差不得大于3°。

第6点，没达到以上要求的，按不合格处理，返工费由泥工负担。

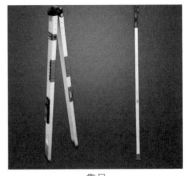

靠尺

3.3 水路改造工程

3.3.1 水路布管工艺

■ 水路改造方法

水路改造有两种方法，一种是"上天"，一种是"入地"。这两种方法各有千秋。

所谓"上天"，就是将管道安装在天花板上，此方法适合管道安装路线中有安装吊顶的设计方案，方便日后检修。但是管道长期暴露在空气中，容易老化，会影响使用寿命。

所谓"入地"，就是将管道全部埋在地下，缺点是一旦发生渗漏，检修比较困难。目前大部分水路改造工程采用"入地"的方法。

■ 管道走向

管道走向有两种，一种是走最短直线，另一种是讲究横平竖直。一般情况下后者居多。

■ 加装总阀

有的楼盘水表位置统一安装在楼下，因此应该在入户后加装一个总阀，方便以后检修。一般将总阀安装在橱柜洗菜盆下面，方便操作。

截止阀

■ 热水管道保温

热水管道一般会加装保温层，但是保温层不要安装在厨房和卫生间，因为这些区域经常有水，容易通过保温层渗透到其他区域，这是在实际使用过程中总结出来的经验。

■ 管道直径

主水管一般采用25mm管径，分水管一般采用20mm管径。管道全部采用热水管是一种流行趋势，热水管道与冷水管道的唯一区别是管壁厚度不一样。

■ **冷热水布管原则**

热水管道与冷水管道之间的距离一般为150mm，安装时遵循左热右冷、上热下冷的布管原则，并用水平尺确认接口在一个平面上。

■ **管道连接方式**

管道连接采用热熔方法，关键技术是控判热熔温度。热熔时间如表3-1所示。

表3-1 热熔时间表

管径 /mm	20	25	32	40	50	63	75	90	110
热熔时间 /s	5	7	8	12	18	24	30	40	50

热熔机

■ **内牙弯头位置**

内牙弯头是指连接管道以后水龙头的内丝弯头，它的位置特别重要，一是不能歪，二是应该与瓷砖持平。为了保证位置正确，水电工在安装完毕以后不要马上用水泥固定，可暂时用木方固定，待泥工铺贴墙砖的时候自行定位后再用水泥固定。

■ **管道相交位置的处理**

管道相交处应该做过桥弯处理，这样处理以后始终只占一根水管的高度，不会额外抬高地面。

■ **排水管选择**

排水管尽量使用存水弯，防止水流倒灌。

▌3.3.2 水压检测

管道全部安装完毕以后，必须通过加压测试。试压不可在水路完工后立即测试，应该过12h再进行测试。这12h是水路焊接后的保养期，此时如果压力过大，有可能损伤焊接处。相比不试压，完工后立即试压是更普遍的不规范操作。

试压的压力并不是越高越好，国家标准要求是工作压力的1.5倍。自来水的压力不会超过0.4MPa，也就是试压时至少要加压到0.6MPa，最高不能超过0.8MPa，通常水电工会加压到0.8MPa。有些业主会要求增压再进行测试，这样可能会损伤管道，一时看不出来，时间久了就可能会出现问题。

加压20min后，压力下降不超过0.05MPa为合格。一般可以加压到10kg，连续2h以上，如果压力基本不减小，说明工程质量合格。

打压机

3.3.3 防水测试

第 1 点，基层表面应平整，不得有空鼓、起砂和开裂等缺陷，基层含水率应符合防水材料的施工要求，防水层应从地面延伸到墙面，高出地面 250mm。

第 2 点，浴室墙面的防水层高度不得低于 1800mm。防水水泥砂浆找平层应与基础结合密实，无空鼓，表面平整光洁，无裂缝和起砂，阴阳角做成圆弧形。

第 3 点，防水层应涂刷均匀，厚度需满足产品技术规定的要求，一般厚度不小于 1.5mm，不露底。使用施工接茬应顺水流方向搭接，搭接宽度不小于 100mm，使用两层以上玻纤布上下搭接时应错开幅宽的 1/2。

第 4 点，涂膜表面应不起泡、不流淌、平整无凹凸，与管件、洁具地脚、地漏、排水口接缝严密，收头圆滑，不渗漏。

第 5 点，保护层水泥砂浆的厚度、强度必须符合设计要求，操作时严禁破坏防水层。根据设计要求做好地面泛水坡度，排水要畅通、不得有积水倒坡现象。

第 6 点，防水工程完工后，必须做 24h 蓄水试验。

3.3.4 工程验收

第 1 点，把水龙头开到最大，看水流和水质情况，观察有无堵塞和渗水现象，水压是否足够等。如果发现问题，应立即向开发商反映，并进行整改。

第 2 点，看水表是否出现空走、阀门关不严和连接件漏水等问题。如果水表空走，说明室内有漏水情况，或者可能是水表坏了，应及时找维修工进行整改。

第 3 点，对厨卫、阳台进行 24h 闭水测试。如果漏水，说明防水没做好，要求装修工人重新修补防水层，避免给以后的居住生活带来不必要的麻烦。

第 4 点，检查地漏的坡度。用一个乒乓球放在地上，如果球顺势滚到地漏位置，则说明合格。

第 5 点，注意检查下水管道是否畅通。如果发现下水不畅，一般原因是在建设过程中，下水管道中掉入了水泥砂浆，造成了堵塞，可去楼下打开下水检修口进行疏通。

3.4 电路改造工程

3.4.1 电路配管

1 电路改造工艺流程

电路改造的工艺流程：划线（确定插座和开关位置）→开槽→埋设暗盒并铺设 PVC 电线管→穿线→安装开关、面板、插座和强弱电箱→工程验收→设计师绘制电路布线图（需存档备案）。

② 安装开关和插座

墙体改造完成后将线槽切割好，在开关和插座的位置埋放好底盒，选用家庭通用接线底盒即可，用"325 水泥"与细河沙搅拌之后将其固定在墙面上。底盒外口要与墙面齐平，保持水平和端正。表 3-2 所示为插座开关面板高度表，表 3-3 所示为家装各空间插座及开关运用表。

底盒　　　　　　安装现场

表 3-2 插座开关面板高度表

插座	高度 /mm
普通插座	300
开关面板	1300
床头插座及开关	750
挂式空调插座	2200
厨房插座	高于橱柜高度 300
抽油烟机插座	2300

> **提示**　厨房的插座一般选用带开关的，避免使用厨房电器时来回拔插。

表 3-3 家装各空间插座及开关运用表

空间类型	插座 / 开关	用途
入户	插座	烘鞋器 / 充电代步工具
	开关	鞋柜装饰光源 / 穿衣镜照明 / 空间照明
餐厅	插座	火锅 / 咖啡机 / 榨汁机
	开关	酒柜装饰光源 / 空间照明
客厅	插座	电视机 / 影音设备 / 网线 / 手机充电（沙发两侧预留两个插座）/ 落地灯 / 加湿器 / 空调
	开关	投影仪 / 电视背景墙装饰光源 / 沙发背景墙装饰光源 / 电动窗帘 / 空间照明
过道	插座	预留（清洁插座和夜灯）
	开关	空间照明
书房	插座	电脑 / 充电设备 / 落地灯 / 空调
	开关	书柜装饰光源 / 壁灯 / 电动窗帘 / 空间照明
卧室	插座	手机充电（床头柜两侧）/ 书桌 / 梳妆台 / 加湿器 / 落地灯 / 电视机 / 投影仪 / 空调 / 夜灯
	开关	床头双控开关 / 吊线灯 / 衣柜内部照明 / 电动窗帘 / 空间照明 / 情景模式开关
衣帽间	插座	挂烫机 / 扫地机
	开关	衣柜内部照明 / 空间照明
厨房	插座	净水设备 / 垃圾处理器 / 洗碗机 / 燃气报警器 / 烤箱 / 微波炉 / 冰箱 / 电饭煲 / 消毒柜 / 抽油烟机 / 热水器
	开关	空间照明

空间类型	插座 / 开关	用途
卫生间	插座	智能马桶 / 吹风机 / 充电牙刷 / 剃须刀 / 洗衣机 / 电热毛巾架 / 按摩浴缸 / 电热水器
	开关	镜前灯 / 一体机（照明暖风排风）
阳台	插座	洗衣机 / 过节挂灯笼插座
	开关	收纳柜装饰光源 / 空间照明

3 线管布置

所有电路线管必须采用 PVC 线管，线管有红蓝两种颜色，红色的为强电线管，蓝色的为弱电线管。一般使用的红色线管直径为 20mm，蓝色线管直径为 16mm。线管应排列整齐，若地面排列线管过多，则管与管之间应空出一条管的位置，每隔 500mm 用镀锌铁皮管卡固定线管。线管与底盒和强弱电箱接口处应用锁头连接，地面线管接口要涂好 PVC 胶水。

镀锌铁皮管卡

锁头

电视线、网线必须单独布管，弱电线禁止与强电线同管。强弱电线管之间的距离不小于 300mm，电线与暖气、热水、煤气管道之间的平行距离不小于 300mm，交叉距离不小于 100mm，并在交叉处用锡纸包好蓝色弱电线管。预埋线管时不建议切割楼板水泥层。右图所示为线管间距、强弱电线管交叉处，以及管卡位置。

现场照一

现场照二

提示 用锡纸包裹电线管可以在使用电器过程中避免各线路电流影响网络的流畅度。

在墙、地面和天花板的位置上，管与管交叉处应全部采用弯管，可用弯管器弯曲 90° 角，也可购买成品大弯度管。但不建议使用成品，因为连接成品大弯度管接口处可能会因施工技术问题导致管内间隙缩小，不利于后期换线。要保证管内的每组线都能够在后期更换。

弯管器

承重结构和顶棚走线应用黄蜡管进行保护（地面禁止使用黄蜡管布线），天花板上的灯位出线应使用波纹管或软管保护，不得裸露，软管与 PVC 管连接处必须严密，并用胶布包好。顶面布线尽量走直线。阳台、卫生间和厨房等地面禁止布线。黄蜡管硬度较小容易损坏，禁止安装在易触碰的位置。

黄蜡管

提示	聚氯乙烯玻璃纤维软管又称黄蜡管，是用无碱玻璃纤维编织而成，并使用聚乙烯树脂经塑化而成的电气绝缘漆管，具有良好的柔软性、弹性、绝缘性和耐化学性。 黄蜡管不能取代线管做暗埋使用，因为其壁薄、不能承压，且线路出现故障后不易修理。

3.4.2 强弱电布线

第 1 点，布线应分色：火线为红色或黄色，零线为蓝色，地线为双色、控制线为绿色。这样就可以很直观地从颜色上区分线路用途。

第 2 点，家用铜芯电线分为单股铜芯电线和多股铜芯电线，单股铜芯电线里的铜芯只有一条，多股铜芯电线里的铜芯一般有 7 条，单股铜芯电线不得与多股铜芯电线直接对接。两者的区别主要在于多股铜芯电线横截接触面积较大，但氧化程度大于单股铜芯电线。表 3-4 为单股铜芯电线参数详解。

表 3-4 单股铜芯电线参数详解

参考图片				
横截面积 / mm²	1.5	2.5	4	6
额定功率	1980W（220V） 3420W（380V）	3300W（220V） 5700W（380V）	5280W（220V） 9120W（380V）	7920W（220V） 13680W（380V）
绝缘材料	环保聚氯乙烯（PVC）	环保聚氯乙烯（PVC）	环保聚氯乙烯（PVC）	环保聚氯乙烯（PVC）
线路用途	照明 / 开关 / 插座	照明 / 开关 / 插座	热水器 / 空调 / 大电器	热水器 / 中央空调
各颜色电线用途	红色一般用于火线	黄色一般用于火线	绿色一般用于控制线	蓝色一般用于零线	双色一般用于地线

第 3 点，穿线中严禁单独回路接线，中途接线不仅会有安全隐患，而且会导致接触面过小，容易在接口处断开，造成接口接触不良、接触点发热和短路自燃的危险。

第 4 点，对空调、热水器、烤箱等较大功率的电器应设 4mm² 专线，针对即开即热型电热水器应设置 6mm² 的带有漏电开关的专线。柜式空调和中央空调也应设置 6mm² 专线。严禁专线不专，此外 6mm² 专线须增加一个空气开关。厨房为主要用电区域，建议设置两组专线以便使用。建议为冰箱单独列出一组单线，功率不必过大，正常插座布线 2.5mm² 足够，留有单独一组专线，短期出差可使冰箱不用断电。

> **提示**　此外，家中不同区域的照明的插座与空调等电路一定要分开布线，这样一旦断电检修的时候，不会影响其他电器的使用。

3.4.3 电路改造遵循的原则

第 1 点。在电路改造方面，一般遵循电路走地下的原则。强电在上，弱电在下，横平竖直，避免交叉。

第 2 点。电源线配线时，所用导线截面积应满足用电设备的最大输出功率。

第 3 点。强弱电线绝对不能在同一管道内，若在同一管道内会有干扰，最佳距离一般为30~50mm。

第 4 点。线管穿线不能超过线管内径的 40%，同一回路电线应穿入同一根管内，但管内电线总数不应超过 6 条。主路为一管 3 线，从电箱到开关控制处，线管里面不能超过 3 条线。

第 5 点。电线铺设必须在外面加上绝缘套管，同时电路接头不要裸露在外面，应该安装在线盒内，分线盒之间不允许有接头。

第 6 点。安装电源插座时，面向插座的左侧应接零线（N），右侧应接火线（L），中间上方应接保护地线（PE）。

第 7 点。每户应设置强弱电箱，配电箱内应设动作电流 30mA 的漏电保护器，分数路空开后，分别控制照明、空调和插座等。空开的工作电流应与终端电器的最大工作电流相匹配，一般情况下，照明电流 10A，插座电流 16A，空调电流 20A，进户电流 40~60A。

第 8 点。电线管内不得有接头。在水电完工后，所有开关和插座的外露线头必须用绝缘胶布包好，以免发生触电危险。

第 9 点。所有家用线路都要接地线且有漏电保护设施。

第 10 点。管内的线一定不能有接头。

第 11 点。家电产品会不断添置和更新，功率也会不断加强，布线时既要考虑现有电器的电容量，也要考虑未来新增电器的电容量。

3.4.4 工程验收

第 1 点。布线完成后，项目经理必须通知质检人员验收。

资源获取验证码：93183

第 2 点，检测工具为兆欧表和万用表。

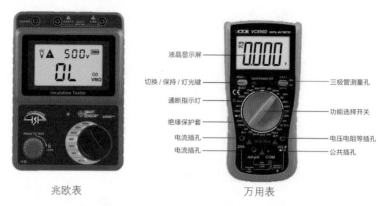

兆欧表　　　　　　　　　　　　　万用表

第 3 点，线与地、线与线的电阻必须大于 0.5MΩ。

第 4 点，用电笔测试每个插座是否通电，测试开关是否良好，有无漏电情况。

第 5 点，分别关掉电箱里的漏电开关后，测试每个分闸是否完全断电。

第 6 点，弱电线检测，在没短路时，兆欧表为无穷大即为合格。

第 7 点，检测完毕后做好记录，给底盒盖好保护盖。

第 8 点，检测完毕合格后，通知业主计量结果，再用水泥砂浆与防开裂网进行封槽。封槽要求低于墙面 0.5mm 左右，严禁线管裸露。24h 后进行洒水保养，同时将地面线管进行固定。按规范画好电路布置图，并拍照和录制视频，留档存放，以备后续检修与开孔时防止电线被破坏。表 3-5 为电阻值判断表。

表 3-5 电阻值判断表

电阻值	判断结果
0MΩ	短路
< 0.5MΩ	串线
> 0.5MΩ	合格

3.5 泥工改造工程

3.5.1 贴砖流程与要点

1 地砖铺贴流程

地砖铺贴流程：基层处理→弹线→预铺→铺贴→勾缝。

基层处理：将尘土和杂物彻底清扫干净，不得有空鼓、开裂和起砂等缺陷。

弹线：施工前在墙体四周弹出标高控制线，在地面弹出十字线，以控制地砖分隔尺寸。

预铺：首先应在设计图纸要求的基础上，对地砖的色彩、纹理和表面平整度等进行严格的挑选，然后按照图纸要求预铺；对预铺中尺寸、色彩和纹理等可能出现的误差进行调整和交换，直至达到最佳效果后，将地砖按铺贴顺序堆放整齐备用。

铺贴：铺设选用水泥与沙配比为 1∶3 的干硬性水泥砂浆，水泥砂浆厚度为 25mm 左右；铺贴前以地砖背面湿润、正面干燥为宜；把地砖按照要求放在水泥砂浆上，用橡皮锤轻敲地砖正面直至密实平整方可达到要求。

勾缝：选择的材料一般分为两种。一种是填缝剂，要将瓷砖铺贴 24 小时后才可进行填充，填充后要及时清理掉瓷砖上的多余材料；另一种是美缝剂，填充的时间一般是在硬装完成后，做完清洁，在软装家具进场前进行填充。

2 墙面瓷砖铺贴注意事项

基层处理时，需要将墙面上的各种污物清理干净，并提前一天浇水湿润。如基层为新墙，待水泥砂浆七成干时，就应该进行排砖、弹线、铺贴墙面砖。

瓷砖在铺贴前必须放在清水中浸泡 2h 以上，以砖体不冒泡为准，取出晾干待用。瓷质砖可不用泡水，但泡水后效果更佳。

瓷质砖上墙前需要在墙面与瓷砖背面刷一层瓷砖胶黏剂（也叫瓷砖背胶），静放 12h 再使用。使用瓷砖背胶代替水泥最为适宜。

铺贴遇到管线、灯具开关、卫生间设备的支承件时，必须用整砖套割，禁止用非整砖拼凑铺贴。

3 地面找平工艺注意事项

如果室内选择安装木地板，为了使安装后的木地板更加平整，需要对地面找平。

找平前要先确认标高，然后湿润地面，便于地面与找平层结合，并使用水泥与沙配比为 1∶3 的水泥砂浆进行找平。

找平后 24h 内不要踩踏，并在 12h 后开始进行洒水养护，维持 7 天。

3.5.2 沉箱二次排水

1 二次排水

二次排水是为了预防卫生间内部的水管漏水和地板渗水到楼下而采取的排水措施。卫生间内部水管在长期使用的情况下会有水渗漏到沉箱中，然后在沉箱中积聚；水泥在长期浸泡中或多或少也会有渗漏。水管和水泥的渗水慢慢聚集，会发生漏水现象。如果只靠卫生间贴砖面的地漏排水，是不能解决内部渗水问题的，因此才有了二次排水。

简单来说，第 1 次排水是通过卫生间贴砖面的地漏排水；第 2 次排水就是在沉箱底部做一个二次排水口，使卫生间漏的水流到沉箱里，然后从沉箱的排水口排走，使卫生间保持整洁干爽。

② 沉箱

　　沉箱式卫生间即下沉式卫生间，指在建造主体时将卫生间结构层局部或整体下沉一定高度（一般离相应楼面 35~40cm），将卫生间的水平排水管道埋入其中，然后用轻质材料回填，或用预制板架空。沉箱结构面需要在底部设一个洞口并设置排水立管，以便二次排水。

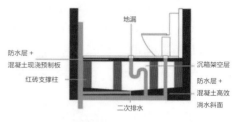

沉箱式卫生间结构

③ 沉箱工艺

　　第 1 步，挖沉箱（一般小区的卫生间都有沉箱，可忽略这步）。

　　第 2 步，布好排水管（地漏排水、洗手盆排水、坐蹲厕排水和二次排水口）。

　　第 3 步，打扫干净沉箱，刷上防水涂料并试水。沉箱一定要干净，不然再好的防水涂料也起不到作用，做好防水后做蓄水 48h 测试（开发商前期一般会做一层防水，如果已有防水可以跳过这步）。

　　第 4 步，用水泥砂浆在沉箱底部找平并做防水，最低处为二次排水口（排水口用地漏加钢丝球处理，防止施工时杂物堵住排水口）。

　　第 5 步，在排水管底部用砖和水泥砂浆固定支撑排水管。

　　第 6 步，砌支撑柱，估算好高度。

　　第 7 步，盖上水泥预制板或其他板材。

　　第 8 步，刷防水涂料，然后铺地砖。

▎3.5.3 排水管的包扎

　　可以用以下几种方式对排水管进行包扎。

■ 水泥压力板 + 贴瓷砖

　　虽然贴瓷砖能够完美融入整体的设计风格，但是支撑效果比较差，不能挂物件，工艺要求相对高。最好加高水管底部四周，以防积水。

■ 模块化定制

　　虽然树脂材料模块的颜色选择比较多，但质感和效果难以和瓷砖完美融合，而且质感比较差，所以审美要求高的人慎选。

■ 支架式管封

　　支架式管封可以加隔音和镶瓷砖，但支架的角线比较突兀，使用时要注意与整体风格协调统一。

■ 砖砌包法

　　强烈推荐这种方法，其唯一的缺点是砌砖的厚度。砖砌包法自带较好的隔音效果，稳固可靠，还可以直接钻孔设置浴室挂件、装花洒。

砖砌包管的隔音的效果较好，可以不用添加隔音材料。但如果休息的地方确实离排水管比较近，或者用户对噪声非常敏感，可以添加隔音材料。

3.5.4 工程验收

1 墙砖的验收

第1点. 压向要正确，从进门的方向不能看见压缝。即墙砖从进门对面墙开始贴起，墙砖与地砖的压向为墙砖压地砖。

第2点. 使用 2m 长的检测尺检测砖面平整度，误差不能大于 ±3mm。

第3点. 每相邻两块砖的四角应平整，四角的高低差不能大于 1mm。

第4点. 使用专用检测锤敲击墙砖，墙砖的空鼓率必须在 5% 以内。

第5点. 墙砖的排列不得有一行以上的非整砖，并且非整砖应排列在次要部位或阴角处。

第6点. 砖缝均匀且大小适中，勾缝饱满、清晰。

2 地砖的验收

第1点. 用专用检测锤敲地砖，地砖的空鼓率不高于 3%。

第2点. 每相邻两块砖的四角应平整，四角的高低差不能大于 1mm。

第3点. 厨房地面泛水 1m，长度为 1mm 的斜度；卫生间地面泛水 1m，长度为 5mm 的斜度。

第4点. 砖缝均匀且大小适中，勾缝饱满、清晰。

3.6 木工改造工程

3.6.1 天花板吊顶

■ 材料

第1点. 天花板吊顶安装前，需要准备相应的材料，如吊杆、木龙骨或轻钢龙骨，以及其他配件。要对这些材料逐一检查，查看有无损坏，质量是否符合国家规定的标准。右图所示为轻钢龙骨的主骨与副骨。

第2点. 实地勘察，规划安装位置，先测量相关的数据，最后准备安装工具包。采集数据一定要精准，不能出现任何错误。

轻钢龙骨的主骨　　轻钢龙骨的副骨

■ 布局

第 1 点，校对图纸材料和数据，避免出现错误。

第 2 点，采用水平管抄出水平线，使用墨线弹出水平直线，按照参考线对室内局部进行安装。

■ 地面整体

在地面上提前做好放样，确定地面的弧形，检查没有问题后才可以开始安装。

■ 细节

第 1 点，吊顶的主筋使用 3×5 木龙骨，间距比是 8：1，如果使用这样的木材，一定要用对应的 1×8 钢膨胀螺丝，如果固定不好，可以适当地增加一个。

第 2 点，膨胀螺丝需要打进楼板里面，需使用电钻打孔。应注意合理分布间距和深度，避免出现问题。膨胀螺丝要和木龙骨压紧。

第 3 点，吊顶主龙骨采用 220×40 木龙骨，需要用 8×80 的膨胀螺丝和原结构楼板固定，深度不能超过 60mm。

■ 隐藏工程

第 1 点，吊顶的主要结构安装好后，可以开始检查一些微小的细节。重点检查水电工程，检查它们是否存在隐患，若没有方可继续下一步。

第 2 点，查看龙骨的受力，如果不合适，应尽早更换足够承重的龙骨。还要查看灯具的放线是否会影响安装天花板吊顶的进程。

第 3 点，如需安装中央空调，具体规划不宜变动，预留出一定的位置，然后让专业人员来解决。

■ 天花板面

天花板面与原天花板空间的距离不要超过 500mm，吊杆需要相互焊接在主吊杆上，如果有其他问题，可以适当调节。

■ 封板

第 1 点，封板前需要用 9 厘板根据龙骨架弹线分块，一定要将它钉在龙骨上面，9 厘板和对应的龙骨需要涂胶，一般涂抹在接触部位。

第 2 点，将 9 厘板和龙骨架两者相互固定，注意预留 3cm 左右的间隙，剩下的连接方法一样，注意间距。

■ 石膏板

石膏板使用前需要弹线分区，封板时板与板之间要预留 1.5~3cm 的间隙，使用专用的螺丝钉固定，固定的深度是 17mm 左右，这样才能保证它稳固连接。转角处切记不能拼接，否则容易开裂。

■ 灯具

最后封板时，要将灯具线路拖出顶面，然后按照施工图纸找到灯具的位置。

全部安装好后，需要查看整体效果，若有问题，则需要重新固定；若无问题，将地面的垃圾清理干净即可。

3.6.2 木质家具制作

现在很多衣柜等木质家具都以工厂定制为主，也有部分需要现场制作。下面以现场实木指接板衣柜的制作流程为例，讲解制作木质家具的注意事项。

■ 选料

实木指接板的饰面需要刷水性漆，如清漆。因此必须要进行选料，将纹路美观光滑的一面展示在外，有黑点、结眼的一面隐藏在柜内。

■ 下料

家具要想做得美观，必须从下料开始。一是锯片要好，应该使用细齿锯片，而且必须锋利；二是大芯板整块下料时，必须两人同时操作，一推一拉，默契配合；三是推板要缓而平稳，这样下出的板材侧面才能够平整，而且不会伤了表层。

■ 尺寸准确

特别是卡入式衣柜，尺寸必须相当准确，一般两边各留 2cm 左右的空隙。水平差的木工，生怕做好以后卡不进去，故会将空隙留得非常大；而技术高超的木工，基本可以做到"天衣无缝"。

安装抽屉前一定要先确定好推拉门的门框宽度，否则容易出现推拉门安装以后抽屉无法打开的情况。

■ 衣柜组装

板材全部下好以后用刨子清边，然后开始组装衣柜，最后钉上背板。背板厚度不得小于 5mm，有的 5 厘板厚度实际只有 3 厘。衣柜靠墙那面应该做好防潮处理，一般采取的防潮方法是涂刷防潮漆并加防潮膜。

组装好的衣柜，其两条对角线长度必须一致，若不一致说明衣柜四角不全是 90°，在安装推拉门时会产生不必要的麻烦。推拉门安装好以后，不论推到哪边，都应该严密无缝。

■ 封边处理

组装好衣柜以后需要进行装饰处理，加厚边和封边线条都应选择同款实木线条，或者直接用该板材加工镂花，可以根据设计风格自行选择造型。

■ 衣柜底部通气处理

衣柜底部开好通气孔，有利于减少衣柜底部的潮气，避免衣柜底部霉变。

■ 悬挂家具

悬空不着地的家具必须用金属膨胀螺丝固定，保证有足够的承受能力。

3.6.3 工程验收

第1点，检查木工完工作品与最初的设计是否一致。

第2点，检查木工完工作品是否水平，需借用水平尺进行测量。

第3点，检查踢脚线和顶脚线是否笔直，有没有显而易见的接缝和不平整的问题。

第4点，检查所有的抽屉和衣柜木板之间的接缝是否平整，可以用手触摸，这样比较容易感知。如果接缝不平，可能会造成衣柜门板不平。

第5点，检查所有的柜门是否平整，有无变形。站在衣柜侧面看门和衣柜边沿的接缝，检查上下缝隙是否一致，如果有明显不一致的地方，必须要求木工返工（这项工作最好在木工制作过程中进行，以免浪费油漆）。

第6点，拉开每个抽屉，检查抽屉导轨是否安装平行，并确认导轨是否润滑。

第7点，检查所有应安装的隔板是否安装完毕，避免二次返工。

3.7 墙面改造工程

3.7.1 刮腻子及乳胶漆施工细节

1 批刮腻子的施工工艺

批刮腻子的施工工序：墙面基层处理→墙面基层修补→刷火碱水溶液→刷胶黏剂→刮大白腻子→打磨修补→腻子完工。

■ 墙面基层处理

处理不同的墙面基层有不同的施工要求。对于现浇的混凝土墙面来说，由于墙面常有一些气孔和鼓起，因此需要将墙面修补平整，凸起处要磨平，凹陷处要填补。对于水泥砂浆纸筋灰面层来说，则要求墙体表面干燥、坚实、干净且无油污。

■ 墙面基层修补

墙面基层处理完毕后，仍然会存在一些较大的墙面凹陷，因此需要用石膏腻子将这些凹陷初步补平。调制石膏腻子时，石膏、乳液和纤维素水溶液（浓度为5）的质量比约为100∶5∶60，用钢片刮板将石膏腻子压实在墙面凹陷处，横抹竖起地批刮一遍，保证墙面平整。

天花板吊顶石膏板拼接处要用防开裂接缝剂与网格布进行处理，将缝隙补实。

防开裂接缝剂　　　　网格布

■ 刷火碱水溶液

刷火碱水溶液的主要目的是清理混凝土墙面上的油污，需要一边涂刷，一边用清水进行清洗。如果使用的是浓度为5%的火碱水溶液，则需要涂刷两遍。如果使用的是浓度为10%的火碱水溶液，涂刷一遍即可。

■ 刷胶黏剂

在正式批刮腻子之前，需要先喷刷一遍胶黏剂，清水与胶黏剂的配重比例约为100∶15。

■ 刮大白腻子

配制腻子时，大白粉、滑石粉、纤维素水溶液（浓度为5）和乳液的质量比一般约为60∶40∶75∶3。批刮腻子时，要用钢片刮板上下左右交错着批刮，一定要避免在墙面留下浮腻子和批刮的刮痕，同时还要注意防止腻子沾上灰尘和砂砾等杂物。在批刮大白腻子时，要将阴阳角线放进去。

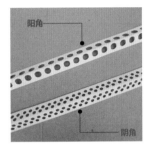

阴阳角线

■ 打磨修补

第1遍腻子批刮完成后，需要先检查之前修补过的位置是否仍然不平整。如果没有问题，则在腻子干透后，需要用细砂纸将墙面整体打磨一遍，打磨完成后，再将墙面清理干净；如果墙面的这些地方仍然存在着凹陷的现象，那么就需要用腻子再次进行修补找平。

■ 腻子完工

腻子的批刮一般需要进行2~3次，后一遍的腻子一定要等到前一遍的腻子完全干透后再进行施工操作。腻子刮完后，要求整个墙面平整光滑、纹理均匀、表面无刮痕，否则后期涂刷乳胶漆时会严重影响整体的装修效果。

2 涂料施工工艺

第1点，底漆一定要刷匀，确保墙面每个地方都刷到。如果墙面吃漆量较大，则底漆需要适量多加水，以确保能够涂刷均匀。不要因为是底漆就用差一点的滚筒，底漆的涂刷效果会直接影响面漆的效果，所以要用跟面漆同样质地的滚筒。

第2点，腻子打磨完毕之后，会留有一些瑕疵（坑眼），一般情况下很难看清，但刷过一遍底漆之后会变得很明显。这种情况下需要修补找平，注意一定要打磨平整，再用多加水的底漆刷一遍，以免刷面漆的时候因为与其他墙面的吃漆量不同而产生色差。

第3点，刷面漆有喷涂和滚涂两种方式。乳胶漆需要涂刷两遍，要等第1遍完全干透以后再刷第2遍，且涂刷第2遍面漆时须一次成型，不可修补，保证涂层色泽一致、厚薄均匀、不露底、无漏涂、无流挂、无搭色、分色清晰。喷涂时要保持与墙面固定的角度和固定的距离，而且要一次成型，禁止多次重喷，否则会造成涂层光泽度不一致，并且出现发暗等问题。

第 4 点，乳胶漆涂刷完之后 4h 内就会干燥，但干燥的漆膜还没有达到一定的硬度，因此需要进行养护，注意 7~10 天之内不要有擦洗或任何接触墙面的举动。

第 5 点，对于其装修质量的检查，可以用光照着墙的四角进行观测，检查刷得是否平整。

3 施工注意事项

第 1 点，基层腻子应刮实和磨平，达到牢固、无粉化、无起皮和无裂缝的效果。

第 2 点，面漆应涂刷均匀，达到无透底、无起皮和无反锈的效果。

第 3 点，后一遍涂料必须在前一遍涂料干燥后进行涂刷。

4 质量关键

第 1 点，残缺处应补齐腻子，并用砂纸打磨平整。应按照规程和工艺标准操作。

第 2 点，基层腻子应平整、坚实、牢固、无粉化、无起皮和无裂缝。

第 3 点，溶剂型涂料应涂刷均匀，不得漏涂、起皮和反锈。

第 4 点，油漆施工的环境温度不宜低于 10℃，相对湿度不宜大于 60%。

3.7.2 涂刷木器漆施工要点

1 施工工艺

木器漆涂刷有封闭式和开放式两种效果。封闭式效果即将木材纹路完全遮蔽，开放式效果则是显现木材天然的材质感。根据效果的不同，木器漆的施工方法也有所差别。

■ 板材处理

上漆前，首先要清洁板材，将板材表面的灰尘等打扫干净。清洁时可用专用除尘布，大面积的板材，如地板等，可以用吸尘器反复吸尘。同时用砂纸把板面或者木线条表面打磨光滑，注意保护木皮，不能磨穿木皮。

板材处理的目的是有效地清除板材上的污渍、木毛和木刺，做到板材表面洁净、光滑，使得后续上漆可以省工、省料，效果更好。

■ 板材封闭

将调配好的专用板材封闭剂均匀涂刷到板材上，这样可以有效地对板材进行封闭，防止板材受到污染。

板材封闭可以防止板材过度吸湿、散湿，以及防止板材变形，还可以增强漆膜与板材之间的附着力，节约用漆，增强漆膜硬度。

■ **刮涂腻子**

选用配套的木器腻子，将其调配好后用力刮涂，将其充分挤压到木眼。待腻子干后，选用砂纸打磨，将木具上的腻子彻底清理干净。

用腻子填充木孔可以减少木器漆用量，提高漆膜的平整度。不同的涂漆效果对腻子的刮涂要求也不一样。例如，要做开放式效果，腻子颜色要调制到和板材颜色一致后方可刮涂。

木器腻子

■ **底漆施工**

按照比例要求调好木器底漆，可以采用刷涂或喷涂等方式施工。底漆的作用是填平木孔，增加漆膜厚度。

施工时需注意底漆实干后，必须先用砂纸彻底打磨，再涂下一遍底漆。要求做到均匀涂刷、无流挂，木眼填充平整。

■ **砂磨处理**

用砂纸打磨板材贯穿了整个木器漆施工的过程。板材处理时要砂磨，刮涂腻子要砂磨，底漆施工要砂磨，面漆施工前后也要砂磨，因此砂磨处理非常关键。

通过砂磨处理可以使板材更加光滑、平整，利于上漆。上漆后砂磨，可以使漆膜表面平整、光滑。不过要注意砂磨处理的时候为避免横砂，不能采用过粗的砂纸打磨。

■ **面漆施工**

在面漆施工前一定要再一次清洁木器表面，除掉灰尘，使漆膜表面能有更好的涂刷效果。涂刷面漆时，不宜一次刷得过厚，最好采取多次涂刷的方法，等漆膜实干后再做下一层的施工。

面漆施工直接影响漆膜的最终效果，因此要求必须涂刷均匀、无流挂、光泽度好，无明显刷痕，手感光滑细腻。

2 施工技巧

第1点，为了防止五金污染，在使用木器漆的时候，一定要把五金包裹起来，这样木器漆就不会对五金产生腐蚀。在喷漆时用纸包裹五金或是贴一层单面胶纸在五金上，可以避免产生后续的麻烦，也节省了成本。

第2点，在对木质家具施工的时候，如果使用的是水性木器漆，则只要按照比例用水调匀即可。如果使用的是硝基漆和聚氨酯漆，则要按固定比例调配好后再施工。

第3点，木器漆调配好后需要过滤。在调配木器漆的过程中，如果混入了灰尘就会结成小颗粒，在这种情况下直接施工表面会不光滑，并且看起来也不平整。因此木器漆调配好后要再过滤一遍，这样施工效果会更好。

3.7.3 墙纸施工常见问题

1 贴墙纸工艺

第1步，用砂纸打磨刷过基膜的墙面，使墙面更平整，主要是打磨基膜层的颗粒，避免影响墙纸铺贴效果。注意，用砂纸打磨前需确保基膜层是牢固的，并且无漏刷的情况。

| 清灰刷 | 毛巾 | 细毛滚筒刷 | 刮板 |

贴墙纸需要准备的工具

第2步，用小毛刷将打磨墙面后产生的粉尘清理干净，如果粉尘清理不干净会影响墙纸胶的黏性，导致墙纸出现翘边的现象。

第3步，到这一步才开始真正铺贴墙纸。上墙时要打开水平仪，保证光束垂直，双手拿起墙纸两侧，准备铺贴。

第4步，在进行墙纸拼接时手掌要紧贴墙纸，五指分开（受力面大，更容易进行两幅墙纸的拼接），食指按在拼缝处（当出现两幅墙纸叠边的情况时能随时感知并做出调整），然后进行墙纸拼接。

第5步，墙纸拼接完成后，用刮板从墙纸中间部分分别往上、往下赶气泡。每一幅墙纸铺贴后，都会有气泡存在，这时要用刮板从墙纸的中间部分开始赶气泡，将气泡赶到顶端后用刮板抵实。

第6步，墙纸与屋顶交界处的处理方法是一边用刮板从左至右回顶，一边用刮板从左至右将墙纸与屋顶的拼接处抵实一遍，将没有压到的地方再压一遍。

第7步，收顶边。刮板紧贴墙面，使用美工刀刀片紧贴刮板裁掉多余的墙纸，美工刀与墙纸的角度要小，这样可以防止裁切处的墙纸出现毛边。

第8步，裁掉多余的墙纸后，用刮板再抵实一次，墙纸与屋顶交接处应平整、无毛边。

第9步，用海绵擦顶部胶水，并用半干毛巾擦干水印，如果是先将胶水涂刷在墙纸的背面再铺贴上墙，则墙纸与屋顶交接的位置及墙纸接缝的位置会有胶水溢出，这属于正常现象，用海绵擦拭即可。如果是先将胶水涂刷在墙面上，再进行墙纸铺贴，这种情况一般不会有胶水溢出。有水印的地方用半干毛巾擦拭即可。

第10步，往墙纸底部赶气泡，并用刮板抵实，注意刮板与墙面要有一定的角度，不要平刮，这样才能将气泡赶出。

第 11 步，墙纸与地脚线交接处用刮板回抵，从左至右将墙纸与地脚线的拼接处抵实一遍，将没有压到的地方再压一遍。

第 12 步，收底边。手拿刮板紧贴墙面，用美工刀刀片紧贴刮板裁掉多余的墙纸，美工刀与墙纸角度要小，防止裁切后的墙纸出现毛边。

第 13 步，再次抵实，裁掉底端多余的墙纸后，用刮板再抵实一次，墙纸与地脚线交接处要平整、无毛边。

第 14 步，用湿海绵擦踢脚线处的胶水，如有水印则用半干毛巾擦干水印。

第 15 步，用压轮将接缝处压实，然后用压轮将所有墙纸拼接处压实。

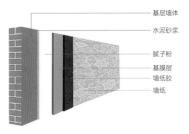

墙面墙纸结构

2 注意事项

第 1 点，墙面基层含水率应小于 8%。

第 2 点，墙面平整度需用 2m 靠尺检查，高低差不超过 2mm。

第 3 点，拼缝时先对图案，后拼缝，使上下图案吻合。

第 4 点，禁止在阳角处拼缝，墙纸要包裹阳角 20mm 以上。

第 5 点，裱贴玻璃纤维墙布和无纺墙布时，背面不能刷胶黏剂，应该将胶黏剂刷在基层上。因为墙布有细小孔隙，胶黏剂会渗透表面而出现胶痕，影响美观。

3.7.4 内墙乳胶漆验收

1 内墙乳胶漆外观验收

墙面乳胶漆的外观会影响家居整体的外观，验收的时候要慎之又慎，确保外观没有问题。

墙面乳胶漆外观验收主要涉及颜色是否均匀、有无色差，墙面有无开裂、掉粉、透底、漏刷等情况。

在墙面乳胶漆涂料干燥后可能会出现明显色差、泛碱、返色、刷纹等问题，在自然光线下可以采用目测和用手感知的方法验收。具体的方法是站在距墙 1.5m 处观察，查看有无砂眼、咬色、流坠、色差、透底等现象；或者用电线接上灯泡，灯泡与墙面相距 10cm，照着墙面检查一遍。

内墙乳胶漆的外观需要达到以下要求。

第 1 点，无掉粉、起波和漏刷等现象。

第 2 点，无显著砂眼、流坠、起疙和溅沫。

第 3 点，门窗、灯具和家具等应洁净，无涂料痕迹。

2 内墙乳胶漆平整度验收

检查墙面乳胶漆涂刷是否平整也是十分重要的。平整度验收主要通过检查墙角偏差和墙面垂直平整度两项，通过这两项的检查确保验收到的墙面是平整的。

墙角偏差检查：使用多功能内外直角检测尺能检测墙面内外（阴阳）直角的偏差。

使用时向下推以打开角度指针盒，当指针在 0 的位置时直角是 90°，其偏差值每格为 1mm。一般普通涂刷墙面乳胶漆的墙面偏差值为 4mm。

墙面垂直平整度检查：用垂直检测尺检测时，将检测尺左侧靠近被测面，观察指针，所指刻度为偏差值。墙面乳胶漆垂直度偏差值一般为 5mm，水平偏差值为 4mm。

平整度验收　　　　　　　　　　　　　　内外直角检测尺

3 内墙乳胶漆验收常见问题

问题 1，起泡。主要原因是基层处理不当，涂层过厚，特别是大芯板做基层时容易出现起泡。要防止出现这种问题，除了在使用前将涂料搅拌均匀、掌握好漆液的稠度外，还可以在涂刷前在底腻子层上刷一遍 107 胶水。在返工修复时，应将起泡脱皮处清理干净，先刷 107 胶水再进行修补。

问题 2，反碱掉粉。主要原因是基层未干燥、潮湿施工，未刷封固底漆或涂料过稀。如发现反碱掉粉，应返工重涂，将已涂刷的材料清除，待基层干透后再施工。施工中必须先刷一遍封固底漆，特别是对新墙。面漆的稠度要合适，白色墙面所用面漆应稍稠些。

问题 3，流坠。主要原因是涂料黏度过低，涂层太厚。施工中必须调好涂料的稠度，不能加水过多，一般水占 10%。涂刷时一定要勤蘸、少蘸、勤顺，避免出现流挂、流淌的现象。如发生流坠，则需要等漆膜干燥后用细砂纸打磨，清理饰面后再涂刷一遍面漆。

问题 4，透底。主要是涂刷时涂料过稀、涂刷次数不够或材料质量差造成的。在施工中应选择含固量高、遮盖力强的产品。如出现透底的情况，应增加面漆的涂刷次数，以达到墙面的涂刷标准。

问题 5，涂层不平滑。主要原因是漆液有杂质、漆液过稠、乳胶漆质量差。在施工中要使用流平性好的面漆，最后一遍面漆涂刷前，漆液应先过滤，漆液不能太稠。发生涂层不平滑时，可用细砂纸打磨光滑后，再涂刷一遍面漆。

3.8 杂项安装工程

3.8.1 房间门的安装检测

■ 注意细节 1：房间门外观

第 1 点，确保门表面没有划痕，且纹路自然清晰。

第 2 点，各连接处的缝隙要用密封胶封好，缝隙宽度不能大于 3mm。

第 3 点，安装过程中不能出现歪斜等问题，确保平整。

■ 注意细节 2：房间门门套

第 1 点，事先要组装并固定好门套。门套各个配件相连的位置要确保平整，没有缝隙。

第 2 点，门套对角线要整齐。2m 以下的门套误差一般要控制在 1mm 以内，高于 2m 的门套误差要控制在 1.5mm 以内。

第 3 点，门套安装好后应是水平垂直的，其水平方向上的误差要控制在 1mm 以内，而垂直方向上的误差应控制在 2mm 以内。

■ 注意细节 3：房间门门扇

第 1 点，门扇安装完成之后，开合要非常顺畅，且能在任意角度停留，同时不会出现异响。

第 2 点，门扇与地面之间应留有 6mm 的空隙，其余 3 边的空隙应有 2mm。

第 3 点，安装完成后，门扇应保持垂直，且与门套齐平。

第 4 点，门扇关上之后，与门套之间的密封条不能随意摆动。

■ 注意细节 4：房间门套线

第 1 点，套线安装的弯度误差允许在 1mm 以内。

第 2 点，套线与墙、门之间用胶水固定，缝隙处用密封胶填缝。

第 3 点，同一边的套线应该在同一个水平面上。

第 4 点，套线接口处要平整、密实、无缝隙。

第 5 点，门套与墙之间用螺丝钉固定，缝隙用泡沫胶均匀涂抹，封闭严实。

■ 注意细节 5：房间门五金

第 1 点，对于门吸、闭门器和把手等配件的安装，要确保位置精确且牢固，上面的螺丝钉等配件都要拧紧。

第 2 点，安装合页的时候，要求平整且没有缝隙，同时开启方向必须按要求进行安装。安装结束后要进行测试，看看是否能灵活自如地开启。

第 3 点，门锁安装要牢固，安装位置要准确、规范。转动时要流畅，且没有异响。

3.8.2 灯具安装

1 安装流程

灯具安装的流程：灯具检查→组装灯具→灯具安装→通电试运行。

■ 灯具检查

根据灯具的安装场所，检查灯具是否符合要求；根据装箱单清点安装配件；检查制造商的有关文件是否齐全；检查灯具外观是否正常，有无刮擦、变形、金属脱落和腐蚀等现象。

■ 组装灯具

按照安装说明书将各部件连成一体，灯内穿线的长度应适宜，多股软线线头应搪锡。要注意统一配线颜色，便于区分火线与零线，理顺灯内线路。

■ 灯具安装

普通灯头安装：将电源线留足维修长度后，剪除余线并剥出线头，用连接螺钉将灯座安装在接线盒上。

吊线式灯头安装：将电源线留足维修长度后，剪除余线并剥出线头，将导线穿过灯头底座，用连接螺钉将底座固定在接线盒上。取一段灯线，在一端接上灯头，灯头内应系好保险扣，将灯线另一头穿入底座盖碗，灯线在盖碗内系好保险扣，并与底座上的电源线用压接帽连接，旋上扣碗。

■ 通电试运行

打开电源，测试是否通电，测试时注意以下几点。

第 1 点，做好绝缘处理，特别是潮湿环境，如卫生间和厨房，绝缘做不好容易短路。

第 2 点，大型灯具，特别是玻璃制品的灯具，在安装吊架时一定要用铁制膨胀螺栓（铁胀销），不要先打孔，应先打入木楔再拧螺丝固定。这种办法只适用于墙面的横向固定，不适用于顶面。不建议用塑料胀管，因为塑料胀管时间长了会老化。

第 3 点，提前准备一些 6 号的螺母，在装灯时可能会遇到在装底盘时原装的螺母一头是封死的，拧到一定程度就拧不动了的情况。遇到这种情况可以先拧一个 6 号螺母，再拧原装螺母，这样既美观又能使底盘与顶面完全吻合。

2 灯具高度定位

灯具安装高度定位如表 3-6 所示。

表 3-6 灯具安装高度定位表

灯具	厨房灯	客厅主灯	餐厅顶灯	过道灯	地脚灯	橱柜灯	浴室顶灯	卧室顶灯	楼梯灯
高度 / mm	2400~2600	≥ 2100	> 800（离餐桌）	>2000	<450	700~880（离台面）	>2000	>2100	> 2000（离平台）

3.8.3 开关面板安装

开关面板的位置在做水电布置的时候其实就已经确定好了，后期安装时应该使用合适、耐用、安全的开关面板。

■ 材料

优质开关面板所使用的材料在阻燃性、绝缘性、抗冲击性和防潮性等方面都十分出色，且稳定性强、不易变色。现在的开关面板的材质除了高级塑料之外，也有镀金、不锈钢和铜等金属材质，为人们提供了越来越多的选择。

■ 外观

表面光洁平滑、色彩均匀、有质感的一般是好产品。此外，面板上的品牌标识应该清晰、饱满，面板表面不能有任何毛刺。插座的插孔需装有保护门，插头插拔需要一定的力度并且单脚无法插入。

■ 手感

品质好的开关面板大多使用防弹胶等高级材料制成，防火性能、防潮性能和防撞击性能等都较好。好的开关面板要求无气泡、无划痕、无污迹。好的开关面板的弹簧软硬适中，弹性极好，开和关的转折比较有力度，手感轻巧而不紧涩；差的开关面板的弹簧则非常柔软，甚至经常发生开关手柄停在中间位置的现象。

■ 内部构造

开关通常采用纯银触点或者使用银铜复合材料做导电桥，这样可防止开关启闭时产生电弧引起氧化。优质面板的导电桥采用银镍铜复合材料，银材料的导电性优良，而银镍合金抑制电弧的能力非常强。采用黄铜螺钉压线的开关，接触面大，压线能力强，接线稳定可靠。如果是单孔接线铜柱，则接线容量大，不受导线粗细的限制，十分方便。此外，开关面板要预留 6~8 个（上下左右及四角）固定安装孔，以适合多种情况的安装需要。

■ 安全性

插座的安全保护门是必不可少的。插座目前的安全性设计是在插座插孔中装上两片自动滑片，只有在插头插入时，滑片才向两边滑开露出插孔；拔出插头时，滑片闭合，堵住插孔，避免发生危险。专门为厨卫设计的开关插座，其面板上安装了防溅水盒或塑料挡板，能有效防止油污、水汽侵入，预防因潮湿引起短路，延长使用寿命。另外，要检查一下插座夹片的紧固程度，检查时插力要平稳。

3.8.4 橱柜安装

1 前期准备阶段

装前清理：安装橱柜前，先简单清理厨房现场，然后挂挡布对厨房做好防护措施，以便准确测量地面水平度。

调整水平仪：通过地柜的调节腿调整地柜水平度，误差保持在 ±1mm 以内。

技巧：如有转角柜应先安装转角柜，没有转角柜就从靠墙的柜往外安装。

2 主体安装阶段

进入橱柜主体安装阶段后，根据施工规范，应从地柜开始安装。根据图纸标识的位置和尺寸进行拼搭，统一组装，管线位置需在现场开口。

地柜的安装是通过地柜支撑脚直接支撑在地面上的方式进行的。地柜的安装尺寸需要根据具体情况而定，一般来说，地柜（含台面）的高度在 80cm 左右，高度可根据使用者的身高适当调整。调整脚高度为 10cm，台面高度为 4cm，柜体本身的高度为 65~70cm。若地柜要安装嵌入式厨电则需预留出安装位置。

3 吊柜安装阶段

确定墙内电线和管道等分布位置，并根据使用者身高调整吊柜高度，画出水平线，水平线与台面的距离为 650mm。将吊柜悬挂在墙壁上需要借助吊柜专用的吊码，为确保吊柜与墙面安装牢固，固定时每 900mm 不少于两个连接固定吊码，以达到承重要求。先画线定位，依次打眼，再将挂码吊钩固定在墙面上，然后按照顺序依次挂上吊柜。注意要留出抽油烟机的安装位置，为防止安装时发生磕碰，同时为便于清洁油烟机，安装吊柜时两边要留出与橱柜的边距，一边大概 3~5cm。

4 台面安装阶段

切割台面垫板。柜体调平后在柜顶安装 25mm 厚的台面垫板，水槽及炉具两侧必须加垫板，用少量玻璃胶进行固定。注意所有垫板在切割时必须切割整齐。

在安装台面厨电和厨具时，切割和打孔台面的长宽一般比实物大 3mm，转角处一般呈 25mm 的圆弧状，粘接水槽和垫板，台面距墙的缝隙保持在 3~5mm。水槽和台面的黏接部位需用大理石胶粘贴后再上一层蜡。

胶水完全固化需要 1~2h，期间不得随意拿开或搬动，确保玻璃胶与墙壁粘接严密。胶水固化后，多余部分的胶水需用打磨机打磨平整。

5 配件安装阶段

■ 安装橱柜五金铰链

所有门板下沿保持与箱体下沿持平，门板调平后所有铰链全部盖上铰链盖，用螺丝刀进行操作。对开门门板缝隙保持在 1.5mm 以内。

■ 安装下水管道

水盆、龙头、拉帘和下水管道安装需要现场开孔，孔的直径至少应比管道大 3~4mm，打孔后要将暴露的横截面用密封条密封，防止边缘渗水变形。软管与下水管道也要用玻璃胶进行密封。

■ 安装电器电路

安装电器电路需要现场开电源孔，切勿开太小，以免日后维修时不方便拆卸。

■ 安装橱柜踢脚板

根据柜体的长度裁割踢脚板并固定，如有转角处则必须用转角配件固定。

6 验收阶段

验收阶段即验收橱柜安装的合格情况，需满足以下要求。

第 1 点，所有螺丝安装到位，并将门板调平，确保每一扇门开关顺畅。

第 2 点，门板之间的缝隙均匀，不允许门板之间发生相互接触的现象。门与框架、门与门、抽屉与柜、抽屉与门、抽屉与抽屉的表面相邻缝隙 ≤ 2mm。

第 3 点，抽屉抽拉顺畅。

第 4 点，橱柜柜体无磕碰现象。

第 5 点，地柜和吊柜在使用过程中的高度适宜。

第 6 点，柜体内无遗留物。

▎3.8.5 窗帘安装

1 安装前

在进行吊顶和包窗套设计时，要进行配套的窗帘盒设计，这时需明确要做明轨还是暗轨。

明轨，顾名思义就是明面上可以看到的窗帘装饰轨，包括木制杆、铝合金杆、钢管杆、铁艺杆和塑钢杆等。

明轨

暗轨就是隐藏在吊顶窗帘盒里的轨道，如纳米轨道、铝合金轨道和静音轨道等。明轨注重装饰，暗轨注重使用效果。

暗轨

测量尺寸应该在地面装饰完成后进行，如果在之前测量，由于地面没铺设好，与实际成品的尺寸不符，容易导致挂窗帘时尺寸不准确，窗帘安装不密实，出现漏光等现象。地砖或地板铺设完成后测量的尺寸比较准确，不会影响窗帘的安装效果。安装过程中需要做好防护措施，避免蹭花地面。

要考虑固定件（托架或安装码）的牢固性，避免固定件的间距过大，承受不住窗帘的拉力。因此需要先测量所需安装轨道的尺寸，然后计算固定孔距，一般固定件的间隔距离不大于50cm，最后画线定位，定位的准确性关系到窗帘安装的成败。

2 安装中

第1点，最好选择在新房做开荒保洁之前安装，装得太早轨道上会落上尘灰，装得太晚又需要进行二次保洁。

第2点，如果安装窗帘的墙体是保温墙，建议使用加长膨胀螺丝固定，长度至少在10cm以上，甚至可以达到16cm。如果工人没有，建议业主自己购买。

第3点，罗马杆一般和窗帘一起安装。罗马杆分为有挂环和没挂环两种：没有挂环的罗马杆主要用于穿杆窗帘和穿孔窗帘；有挂环的罗马杆搭配挂钩窗帘，在安装之前需要先组装好罗马杆，下页图为安装方式。安装的时候注意挑选与罗马杆相匹配的支架，如果支架太小，一方面容易损坏；另一方面太小的支架与墙的接触面积比较小，安装螺母的个数或者大小都会受到限制，容易使安装的窗帘杆不牢固。要注意房顶与窗户高度，避免产生压抑感和窒息感。在墙上安装时，罗马杆与顶部的距离应为6~12cm。在顶部安装时，罗马杆与墙壁的距离应为6~10cm，防止窗帘开合时与墙面摩擦造成污损。罗马杆的长度（不包括装饰头）应大于窗套宽度，左右预留宽度不低于10cm，避免漏光。满墙安装时，罗马杆的长度（不包括两端的装饰头）要比室内净宽少18~22cm，安装完毕后罗马杆的装饰头与墙壁之间要留2~6cm的间隙。罗马杆安装一定要水平，必要时可用靠尺检测安装的水平度。

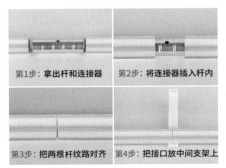

第1步：拿出杆和连接器　　第2步：将连接器插入杆内

第3步：把两根杆纹路对齐　　第4步：把接口放中间支架上

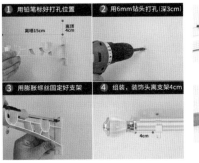

1 用铅笔标好打孔位置　　2 用6mm钻头打孔（深3cm）

离墙15cm　　离顶4cm

3 用膨胀螺丝固定好支架　　4 组装，装饰头离支架4cm

直接对接

罗马杆对接

第4点，窗帘轨道可以提前装，最好在装修的时候就考虑好安装什么样的轨道。轨道的长度取决于窗户加上窗套，再加上 10cm 缓冲位置的长度。石膏线下沿与窗套上沿之间至少预留出 10cm 的距离。如果窗户宽度超过了 1200mm，整根轨道就无法承受窗帘的质量，需要安装师傅将轨道从中间断开，再用连接件搭接起来，搭接长度应不小于 200mm。

第5点，如果采用窗帘挂钩固定窗帘的方式，则可以利用挂钩的不同安装方式，形成不同的窗帘褶。需要注意的是窗帘挂钩之间的距离应尽量均匀，先计算好挂钩之间的距离再进行安装。若发现有生锈的挂钩要马上换掉，否则会污染窗帘布。

3 验收

第1点，窗帘安装完成后，一定要拉开、收拢几下，检验一下滑动是否灵活、顺畅，如果有问题，现场就要让工人找出原因并及时修复。

第2点，视觉效果好的窗帘，三分靠选材，七分靠细节。一定要认真检查细节，否则会给后期的生活带来麻烦。

3.8.6 定制衣柜安装

1 安装前

第1点，检查包装是否完好无损。如果有破损现象，要求安装人员开箱检查内部家具有无磕碰和划伤等问题。

第2点，开箱后先检查产品的外观和颜色，是否完全符合自己的订单要求，一般常见的问题就是厂家颜色定制错误；或因为各种原因，已经安装好的家具并不是顾客想要的，这样对双方都会造成很大的损失。

第3点，如果有玻璃制品或塑料制品，要检查有没有破碎或变形等。

第4点，如果出现以上问题，一定要及时与商家售后人员沟通，并让安装人员确认情况，保护自己的利益。

2 安装中

安装过程中可能会遇到很多问题，要注意很多事项。一般的板式家具（通常是没有任何造型、纯木板结构的家具）可以自己动手安装，但仅限于一些小件家具，如小鞋柜和小坐榻等。一般大件家具和实木家具，以及有复杂造型的家具，则需要专业安装师傅安装。

第 1 点，需要确定好拉手和把手等五金件的安装位置，以最适合使用的高度为准，不要只追求美观而忽视了舒适度。例如，吊柜或增高柜把手一定要安装在柜门下面，地柜、写字台和小柜一定要安装在柜门上面。

第 2 点，安装时要注意对家中其他位置的保护，在家装中家具一般最后进场，家具进场后就是清洁工作了。重点需要注意对地板（尤其是实木地板）、门、门套、墙纸、楼梯和壁灯等的保护。

第 3 点，水电改造是现代装修中必不可少的一项，所以墙面中、顶棚中、顶与墙的交接处都会有管线埋于墙内的情况。定制衣柜的安装与橱柜的安装大致一样，也有吊柜，有时要用到电锤类的重型装备，如果事先不知道管线的情况，就可能会打断线和水管，后期处理会非常麻烦。

第 4 点，安装过程中要亲自监督，监督家具是否有损坏。其实这点不用过于担心，因为安装工人一般都经验丰富、小心谨慎，如果弄坏家具，一般会赔偿。

第 5 点，注意保持卫生，若是更换旧家具需多加注意。因为定制衣柜不同于成品家具，很多东西是在家中安装时完成的，必然会有一些打孔和切割等工作，会产生一些锯末和灰尘。

3 验收

第 1 点，检测细节，如把手有没有漏装，各个门的开合是否灵活，不同板块之间的缝隙等。

第 2 点，检测整体是否与设计方案相符，内部格局是否与施工图纸方案吻合，表面是否有磕伤和划伤。

3.8.7 卫生间洁具安装

1 洁具安装规范

第 1 点，便器高低水箱要装至扳手孔以下 10mm 的位置。若有特殊要求，也可适当调节，但不能影响正常使用。

第 2 点，各种洗涤盆、面盆的水要注入溢水口，检查是否有渗漏问题。

第 3 点，浴缸的水深要达到缸深的 1/3，但也不要注入太多，否则水会溢出。

第 4 点，卫生洁具外表要保持干净无损坏，安装零件一定要牢固，不能松动，否则需要再次加固。

第 5 点，排水系统要畅通无阻，各连接位置要密封且无渗漏情况，阀门开关要灵活。

2 浴缸安装

第1点，浴缸的种类很多，浴缸的底部都有暗管用于排水，底部的暗管可以延长排水管的使用时间。要注意暗管的斜率，否则会导致排水不畅。

第2点，如果是按摩蒸汽浴缸，那么它的底部有电机和水泵等设备，装修时要预留好安装的位置和后期检修入口。

3 马桶安装

第1点，安装马桶时要注意坑位到墙体的实际距离应为 400mm 左右，不要预留过多。若室内空间还有其他规划，可适当调节大小。

第2点，若马桶是安装在旧房子内，则应先调整马桶的位置，一般需要翻开地面施工。如果移动的距离不是很大，可以买一个马桶移位器，使安装更加方便。

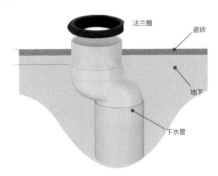

法兰圈 瓷砖

地下

下水管

马桶移位器

第3点，马桶的水箱按钮处于正常状态，安置进水后打开角阀，若马桶内部一直有水从马桶缓慢地流出，可能是水箱内部的水位卡口设置过高，使水从水箱内部溢出，此时需要局部调试。

4 洗手盆安装

第1点，洗手盆一般需要接两根水管，左边是热水管，右边是冷水管，接入时不要将位置弄错了，避免返工。

第2点，洗手盆边缘有个小孔，当洗手盆水满时，可以加快排水的速度，避免排水不畅，不要将其封闭。

第3点，如果是立柱型的洗手盆，注意膨胀螺丝的固定方式和防霉瓷白玻璃胶的使用，要注意细节，否则会因潮湿导致发黑。

3.9 软装摆场工程

■ 保护好现场

硬装基本完成后，做保洁时需将现场保护好，并准备家具进场需要的物品，如手套、鞋套和保护地面的纸皮等。

硬装经过一个月或几个月的辛苦劳作才能完成，一定要珍惜别人的劳动成果，搬运物品进出时一定要格外小心墙面、地面、门和楼道等，避免发生碰撞。

尽量找本地的搬家公司，因为他们经常搬运，经验丰富，不管是工作效率还是对现场的保护都做得比较好。

■ 摆放家具

床、床头柜、衣柜、沙发、餐桌、餐椅等大型家具，要摆放到设计图中设定的位置。

摆放家具时一定要做到一步到位，特别是一些组装家具，过多的拆装会对家具造成一定程度的损坏。

■ 挂画、灯饰和窗帘

家具摆好后，确定挂画、灯饰和窗帘等装饰品的位置。

摆放家具和装饰品的顺序不能颠倒，如果没有摆好家具就挂画或挂灯，位置容易发生偏差，一旦修改就会对硬装部分造成不同程度的损坏。

窗帘挂上去后要进行调试，看能否拉合，高度是否合适。如果还要进一步清洁房间卫生，则需要先把窗帘用大的塑料袋包起来保护好。

■ 铺设地毯

这里的地毯一般是指装饰毯，面积较小，可根据家具的摆放位置进行适当调整。如果是大面积铺设，则需要将地毯先铺好，然后将保护地毯的纸皮铺到上面，避免弄脏。

■ 摆设床品、抱枕、饰品和花艺等

床品是卧室中非常重要的部分，如果硬装的材质和颜色都非常好，而床品等摆设不好，则非常影响效果。

将该叠好的叠好，该拉直的拉直，地毯铺平、棉芯均匀、抱枕饱满，摆放的时候要讲究，最终作品才会显得非常有生机、有朝气。

■ 细微调整

饰品部分根据实际情况摆设，只要效果好，位置可以适当调整和互换，注意整体的把控。

到此，基本上就可以等客户验收了。

最后再叮嘱几句：软装物品种类繁多，稍有不慎就会造成很多不必要的损失，在运输到项目地之前，要把入库及出库的工作做好，一定要细心、细心、再细心！

第 4 章
家装辅材详解

4.1 拆砌类 | 4.2 水电改造类 | 4.3 泥水工类 | 4.4 木工制作材料类 | 4.5 油漆类

4.6 墙面工程类 | 4.7 装饰玻璃类 | 4.8 胶水类 | 4.9 杂项类

扫码看视频

4.1.1 水泥

水泥学名为粉状水硬性无机胶凝材料。常用的硅酸盐水泥是用石灰石和黏土等混合煅烧之后加入适量的石膏研制而成，加水搅拌后呈浆体，能在空气中硬化或者在水中更好地硬化，并且能够把砂石等材料牢固地胶结在一起。表4-1为水泥的分类及成分，表4-2为家装水泥的基本规格与用途。

表4-1 水泥的分类及成分

水泥类型	成分
普通硅酸盐水泥	由硅酸盐水泥熟料、6%~20%的混合材料和适量石膏磨细制成的水硬性胶凝材料，称为普通硅酸盐水泥（简称普通水泥），代号为P.O
粉煤灰硅酸盐水泥	由硅酸盐水泥熟料、20%~40%的粉煤灰和适量石膏磨细制成的水硬性胶凝材料，称为粉煤灰硅酸盐水泥，代号为P.F
矿渣硅酸盐水泥	由硅酸盐水泥熟料、20%~70%的粒化高炉矿渣和适量石膏磨细制成的水硬性胶凝材料，称为矿渣硅酸盐水泥，代号为P.S
火山灰质硅酸盐水泥	由硅酸盐水泥熟料、20%~40%的火山灰质混合材料和适量石膏磨细制成的水硬性胶凝材料，称为火山灰质硅酸盐水泥，代号为P.P
复合硅酸盐水泥	由硅酸盐水泥熟料、20%~50%的两种或两种以上规定的混合材料和适量石膏磨细制成的水硬性胶凝材料，称为复合硅酸盐水泥（简称复合水泥），代号为P.C
道路硅酸盐水泥	由道路硅酸盐水泥熟料、0~10%的活性混合材料和适量石膏磨细制成的水硬性胶凝材料，称为道路硅酸盐水泥（简称道路水泥）
砌筑水泥	由适量硅酸盐水泥熟料、活性混合材料和石膏磨细制成，是主要用于砌筑砂浆的低标号水泥

水泥的保质期比较短，一般为3个月，超过保质期的水泥强度大大降低，再使用时达不到正常水泥的要求。另外水泥遇水会慢慢凝结，存放过程中一定要避免环境潮湿。因为保质期较短，一般在离城市不远的地方就会有水泥厂。

表4-2 家装水泥的基本规格与用途

名称	复合硅酸盐水泥（P.C）	
产品标号	32.5R	42.5R
用途	家庭砌墙、批荡、沉箱处理和贴砖	现浇楼板、预制板件和承重结构
区别	水泥硬化程度32.5R ＜ 42.5R	
每袋质量	50±0.5kg	
保质期	一般为3个月	
价格	约380元/t	

■ 选购注意事项

第 1 点，检查包装是否有破损，标识是否清楚。注意注册商标和生产日期。

第 2 点，观察水泥颜色，一般质量好的水泥颜色呈灰白色。然后检查是否有硬块，结成硬块的水泥强度会减弱，会影响施工质量，不宜使用。

第 3 点，如果需要使用大量的水泥，可先抽样检测是否达标。注意，如果水泥在使用的过程中发热请不要购买，发热水泥处在膨胀期内，会影响贴砖，导致瓷砖脱落和爆裂。

4.1.2 沙

沙是很常见的材料，有海沙、河沙、山沙。无论是家庭装修，还是建设高楼大厦都离不开它。

海沙含盐量高，氯离子超标，因此海沙具有强腐蚀性，会腐蚀混凝土和钢筋等。用了海沙的建筑寿命较短，容易出现质量问题。一般建议用于地表工程，如园林和运动场地等。

山沙即黄沙，又称土沙。含土量高并且粗糙，里面的成分复杂，跟水泥搅拌会降低水泥的灰号（硬度），不建议使用。

河沙是建筑装修中的主要材料，河沙比较洁净、没有盐分、杂质少，同时和水泥的黏接强度也比较高，是家庭装修最好的选择。家装用河沙的基本规格与用途如表 4-3 所示。

表 4-3 家装用河沙的基本规格与用途

类别	尺寸粒径	用途	价格（不同地域略有偏差）
大沙	沙子粒径大于 0.5mm	多用于大体积混凝土	150 元 /m³
中沙	沙子粒径为 0.35~0.5mm	多用于墙体批荡、贴地面瓷砖和地面找平	180 元 /m³
细沙	沙子粒径为 0.25~0.35mm	多用于补缝、线槽和批荡砂浆	200 元 /m³

4.2 水电改造类

4.2.1 总配电箱

1 配电箱的作用

本书所讲的总配电箱特指家庭配电箱，家庭配电箱的作用是连接与切断入户电源，有效地控制每一组电路，并且将电线开关隐藏起来，达到安全用电的目的。家庭配电箱由漏电开关和计量设备组成，可以更加方便地控制电路。

2 配电箱的工作原理

配电箱按照电源总闸→漏电保护器→保险丝的顺序依次相接。工作原理是将220V的市电接入电源总闸中,然后由电源总闸引入到电箱内各个漏电保护开关中,再通过漏电保护开关中的独立保险丝分零火两路电源输出。下图为常见的家庭配电箱样式。

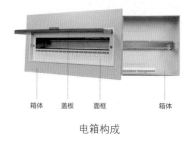

电箱构成

内部结构

一般原房屋自带的配电箱回路数比较少,可以根据设计需求换成回路数够用的家庭配电箱。配电箱的市场价格为120~300元。

4.2.2 弱电箱

1 认识弱电箱

弱电箱是汇聚家庭中所有弱电压线路的箱子,如网线、电视线和电话线都汇集在其中。其主要由以下4个模块组成。

■ 电源模块

电源模块是弱电箱内的总电源。由于弱电箱内的设备(如电话交换机、路由器和有线放大器等)正常工作时都需要配备工作电源,因此电源模块专门用于为弱电箱内的设备提供电源。需要在安装强电的时候预留电源线。

■ 网络模块

网线接口是网线从户外进入室内的转换点,可进行信号增强处理,并转换到所需要的各个空间。

■ 电视模块

电视模块可以将射频信号分成几组,可供几台电视机同时使用。

■ 电话模块

电话模块有电话线接口,其进出接口并无差异。

2 弱电箱的优点

第 1 点，能对家庭弱电压线统一布线管理，有利于家庭整体美观。

第 2 点，强弱电分开，使强电电线产生的涡流感应不会影响弱电信号，整体更加稳定。

第 3 点，安全明了、易于维护。所有模块均为插拔式设计，无须专业人士指导操作，个人可自行安装。

弱电箱盖

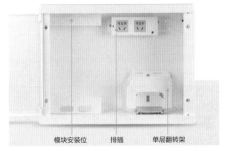

弱电箱内部结构

普通弱电箱的市场价格为 180~300 元。

▌4.2.3 强电线

1 认识强电线

强电线是指传输电能的导线，分为裸线、电磁线和绝缘导线。

裸线没有绝缘层，包括铜、铝平线，架空绞线和各种型材（如型线、母线、铜排、铝排等）。它主要用于户外架空、室内汇流排和开关箱。

电磁线是通电后产生磁场或在磁场中感应产生电流的绝缘导线。它主要用于电动机和变压器绕圈，以及其他相关电磁设备。其导体主要是铜线，有薄的绝缘层和良好的电气机械性能，以及耐热、防潮和耐溶等性能，不同的绝缘材料具有不同的特性。

在导线外围密封一层如树脂、PVC 等不导电的材料，从而形成绝缘，防止导体与外界接触造成漏电、短路、触电等事故发生的电线叫绝缘线。

2 家装电线型号和用途

电线型号和规格通常用 mm²（俗称平方）表示，电线的"平方"指铜丝的横截面面积。根据导体结构的不同，电线分为单支导体硬线和多股绞合软线。多股绞合软线的横截面面积（"平方"）是所有铜丝的横截面面积之和。

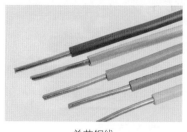

| 单芯铜线 | 多芯铜线 |

家装电线主要有 1.5mm²、2.5mm² 和 4mm² 这 3 种常用的规格，另外还有规格为 6mm² 和 10mm² 的电线，主要用作入户线、主干线。家装电线的基本规格与用途如表 4-4 所示。

表 4-4 家装电线的基本规格与用途

横截面积	1.5mm²	2.5mm²	4mm²	6mm²	10mm²
家装用途	灯具照明 / 开关线	普通插座电源线	冰箱 / 挂式空调插座 / 热水器插座 / 普通大功率插座	一般为主干线，多用作中央空调 / 独立柜式空调 / 即开即热热水器等大功率电器的专线	一般作为入户线，调整电箱位置时使用
安全功率（220V）	1980W	3300W	5280W	7920W	13200W
价格（单股）	105 元 / 百米	150 元 / 百米	220 元 / 百米	380 元 / 百米	680 元 / 百米
价格（多股）	120 元 / 百米	180 元 / 百米	280 元 / 百米	430 元 / 百米	800 元 / 百米

注：以上价格因地域、品牌不同会略有偏差，仅供参考。

3 单股、多股电线区别

■ 单股电线

单股电线和单芯电线也叫 BV 线。铜芯聚氯乙烯绝缘电线就是常用的单股铜线，单股电线在一个绝缘层中只有一路导体。常用的 BV 线颜色有红色、黄色、蓝色、绿色、黑色、白色、双色（黄色、绿色）和棕色。

优点：不容易被氧化，耐短路电流冲击，使用寿命相对较长。

缺点：导线较硬，有些地方拉线不方便，弯曲后不宜使用，多次弯曲很容易损坏电线。

■ 多股电线

多股电线和多芯电线也叫 BVR 线。铜芯聚氯乙烯绝缘软电线是常用的多股铜线，其颜色有红色、黄色、蓝色、绿色、黑色、白色和双色。

优点：线较软，更适合转弯穿管，安装移动方便。

缺点：较单股电线而言容易氧化，使用寿命相对较短，可能出现断芯和局部发热等现象。

■ BV 线和 BVR 线的区别

BV 线和 BVR 线最大的区别在于 BV 线是单股的硬铜线，BVR 线是多股的软铜线。与 BV 线相比，BVR 线增加了导体根数，减小了单根导体直径，单根导体直径小于 1mm。在制作工艺上，BVR 线在拉丝的时候，其单股线比较细，对工艺的要求也会更高。在电流上，因为导体的"趋肤效应"，同样截面积的电线，多股的要比单股的载流量更高。因此，同样截面积的 BVR 线会比 BV 线要贵10%~15%。

4 强电线选购技巧

■ 看包装

看包装中有无完整的合格证且合格证是否规范。合格证上应包括规格、执行尺度、额定电压、长度、日期和厂名厂址等完整信息。看有无中国强制认证的"CCC"和出产许可证号，看有无质量体系认证证书，看电线上是否印有商标、规格和电压等。

■ 检查电线尺寸

电线长度的误差不能超过 2%，截面线径的误差不能超过 0.02%。市场上存在大量电线长度不够，截面积弄虚作假的现象。

■ 看铜芯的颜色

合格的铜芯电线的铜芯应该是紫红色、有光泽、手感软，而劣质铜芯的颜色则偏黄、偏白或偏黑。

■ 看绝缘胶皮

伪劣电线绝缘层看上去好像很厚实，实际上大多是用再生塑料制成的，只要稍用力挤压，挤压处便会变成白色，并有粉末掉落。

■ 看电线质量

质量好的电线，其质量一般都在划定的质量范围内。如常用的截面积为 1.5mm² 的塑料绝缘单股铜芯线，每 100m 重为 1.8~1.9kg。

> **提示**
>
> 在选购电线电缆时需要避免以下两点。
>
> 第 1 点，贪图价格便宜。千万不要为了省钱而去购买一些价格低、没有质量保证且安全隐患大的劣质电线电缆。
>
> 第 2 点，选型不当。一些用户因对自己的电器使用要求和环境条件认识不足，对电线电缆型号的使用范围、要求和性能不够了解而选错型号。例如，高层建筑、计算中心、化工场所、公共娱乐场所和人员集中区域等，均要使用具有消防功能的阻燃或耐火电缆。

4.2.4 弱电线

1 认识弱电线

弱电线是指工作电压低于38V的信号及控制用线（缆），最大特征是耐压低、过电流能力差，如有线电视线、网络线和电话线等通信电线。

2 家装弱电线

家庭装修中常用到的弱电线有以下几种。

■ 有线电视线

有线电视线内部使用的是射频电缆，代号是SYWV，外部是聚乙烯物理发泡绝缘PVC护套。这种线可以实现高质量的图像接收，增加传输频道，使节目内容更丰富，并且可以双向传输，有多种用途。

电视线根据铜芯的粗细不同，价格也不同，一般大约1元/m，相对来说价格适中。购买电视线时不要只根据电视线的外表进行购买，最重要的还是要看电视线里面的铜芯粗细。

■ 网络线

网络线又叫网线，用于连接局域网。在局域网中常见的网线主要有双绞线、同轴电缆和光缆3种。家庭中常用的是双绞线，双绞线是由许多对线组成的数据传输线。其特点就是价格便宜，因此被广泛应用，如常见的电脑线、电话线等。双绞线分别与RJ45和RJ11水晶头相连，进而分为STP和UTP两种，常用的是UTP。网络线的基本规格如表4-5所示。

表4-5 网络线的基本规格

网络线型	名称	最高频率带宽	最高传输速率
一类线	CAT1	比较低	比较低
二类线	CAT2	1MHz	4Mb/s
三类线	CAT3	16MHz	10Mb/s
四类线	CAT4	20MHz	16Mb/s
五类线	CAT5	100MHz	100Mb/s
超五类线	CAT5E	100MHz	1000Mb/s
六类线	CAT6	1~250MHz	1Gb/s
超六类线	CAT6A	200~250MHz	1Gb/s
七类线	CAT7	500 MHz	10Gbit/s

3 弱电线选购技巧

■ 用眼看

五类线的标识是"CAT5"，带宽100MHz，适用于百兆以下的网速；超五类线的标识是"CAT5E"，带宽155MHz，是主流产品；六类线的标识是"CAT6"，带宽250MHz，用于架设千兆网（吉比特网），是未来发展的趋势。真正的五类线在线的塑料包皮上印刷的字符非常清晰、圆滑，基本上没有锯齿状。假货的字迹印刷质量较差，有的文字不清晰，有的文字呈严重锯齿状。

■ 用手感受

如果通过"看"的方法仍不能判别真假，可以进一步通过"摸"的方法感受真假五类线或真假超五类线在材料上的差别。真五类线和超五类线质地比较软，这主要是为了满足不同的网络环境需求，双绞线电缆中一般使用铜线做导线芯，因此比较软；而一些不法厂商在生产时为了降低成本，在铜中添加了其他的金属元素，因此做出来的导线比较硬，不易弯曲，导致使用中容易断线。

■ 用刀割

先用剪刀去掉一小段线外面的塑料皮，露出4对芯线，然后通过"看"的方法来进一步判别。真五类线和超五类线4对芯线中白色的那条不是纯白的，而是带有与之成对芯线的花白色，这主要是为了方便用户在制作水晶头时区别对线。而假货通常是纯白色或者花色，不明显。还有一点就是4对芯线的绕线密度，真五类线和超五类线绕线密度适中，方向是逆时针。假货通常绕线密度很低，方向也可能是顺时针（比较少），这主要是因为制作比较容易，生产成本较低。

■ 用火烧

将双绞线放在高温环境中测试一下，看看在35℃~40℃时，网线外面的胶皮会不会变软，正品网线是不会变软的。此外，真的网线外面的胶皮具有阻燃性，而假的则不具有阻燃性，不符合安全标准。

4.2.5 底盒

1 底盒的型号

开关插座都依附在底盒（也叫暗盒）上，底盒有两种材质：塑料和铁。塑料材质的底盒一般用于民用住宅，铁材质的底盒一般用于工业中的三相四线开关。两种材质的底盒只要合格家用都没问题，一般还是用塑料材质的底盒，铁材质的底盒可能会被腐蚀。底盒对应的开关面板有大小之分，一般有86型、118型和120型，这3种都有相应的国家标准。

底盒

■ 86 型底盒

86 型底盒的安装孔距为 60mm，是接线盒的规格，也是电力装修方面的行业标准。例如，家里灯的开关在墙里的就是接线盒，接线盒分为底盒和面板。

■ 118 型底盒

118 型底盒的标准尺寸为 118mm×74mm，另外还有尺寸为 156mm×74mm 和 200mm×74mm 等多位联体开关插座。非标准尺寸有 118mm×70mm 和 118mm×76mm。

■ 120 型底盒

120 型底盒的标准尺寸为 120mm×74mm，另外还有尺寸为 120mm×120mm 的大方板开关插座。

② 使用建议

■ 地域

开关插座面板的型号大小有 75 型、86 型、100 型、118 型、120 型和 146 型。江浙部分地区习惯用 120 型面板，而全国大多数地区用的是 86 型面板，86 型面板是一种国际标准，120 型面板一般都采用模块化安装。具体选用哪种可以根据个人喜好，另外国际品牌面板多数是 86 型的。总体来说想要面板功能简捷、功能清晰、安装规范，则一般采用 86 型。喜欢灵活组合的，可以采用 120 型，但一定要组装规范。

■ 接线端子

常见的接线端子有传统的螺丝端子和速接端子两种，后者使用时更为可靠，而且接线非常简单快速，即使非专业施工人员，只要简单地将电线插入端子孔，即可完成连接，且绝不会脱落。现在多数都用速接端子。

4.2.6 PVC 穿线管

① 认识 PVC 穿线管

PVC 穿线管又名绝缘套管，在室内装修中的作用有 3 点：一是便于规整线路，让室内线路更加明晰；二是更好地维护电线，让线路不受潮，不被强酸和强碱等物质腐蚀；三是削弱高温、尘埃和振动等对电线的影响。PVC 穿线管的绝缘功能能有效减少因电线短路等导致的火灾。

PVC 穿线管

PVC 穿线管的韧性好，延展性佳，常见直径尺寸有 Ø 16、Ø 20、Ø 25 和 Ø 30。在家装材料中，PVC 穿线管的颜色有白色、蓝色和红色 3 种。同品牌的有色管（红色管、蓝色管）价格高于白色管。蓝色管代表弱电，红色管代表强电，为了节约成本，白色管两者都适用。

2 鉴别 PVC 穿线管质量好坏的方法

第 1 点，检查 PVC 穿线管上是否有生产日期标记和阻燃标记。

第 2 点，检查 PVC 穿线管的强度和硬度，通过弯曲线管和敲击线管进行测试，不容易弯曲和不易开裂的穿线管质量较好。

第 3 点，燃烧线管测试质量，质量好的线管会在短时间燃烧后自行熄灭，具有阻燃性能。

3 PVC 穿线管使用注意事项

电线改造应防止死线。质量再好的电线用久了都会出现问题，因此对于埋在墙里的电线能便利地更换就显得非常重要。穿线时需要注意以下几点。

第 1 点，线路走线应采用"两头距离近"的原则，不要绕线。

第 2 点，一根穿线管中不要穿太多线（建议 3 条），要留足空间。

第 3 点，如果线路有接头，则必须在接头处留暗盒，便于日后维修替换。

第 4 点，强弱电线不能在同一管道内。

4.2.7 PVC 排水管

1 认识 PVC 排水管

PVC 排水管是以卫生级聚氯乙烯树脂为主要原料，加入适量的稳定剂、润滑剂、填充剂和增色剂等，经塑料挤出机挤出成型和注塑机注塑成型，通过冷却、固化、定型、检验和包装等工序生产出的管材和管件。

家庭装修常用的排水管有 Ø40、Ø50、Ø75、Ø90 和 Ø110 等规格。颜色多为白色，整条长度为 4m，可按米零售。表 4-6 为家庭装修常用排水管介绍。

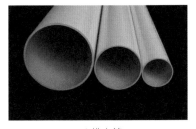

PVC 排水管

表 4-6 家庭装修常用排水管介绍

规格 /mm	用途
Ø40	多用于地漏、洗手盆和空调机等排水管道
Ø50	多用于地漏、洗手盆和空调机等排水管道
Ø75	用于阳台立面管、厨房洗菜盆等
Ø90	用于卫生间排污等
Ø110	用于卫生间排污等

根据实际环境，若空调排水不便，也可考虑用规格为 Ø20 和 Ø25 的 PVC 排水管进行预埋排水。

PVC 排水管常见的配件如下图所示。

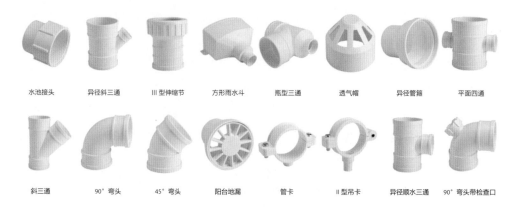

水池接头	异径斜三通	Ⅲ 型伸缩节	方形雨水斗	瓶型三通	透气帽	异径管箍	平面四通

| 斜三通 | 90°弯头 | 45°弯头 | 阳台地漏 | 管卡 | Ⅱ型吊卡 | 异径顺水三通 | 90°弯头带检查口 |

PVC 排水管常见配件

② PVC 排水管安装标准

采用正确的工艺安装排水管非常重要，安装时需要注意以下几点。

第 1 点，地漏管道要安装存水弯，存水弯的作用是利用弯管内的存水阻隔管道内空气的流通，最大的作用是防止排污管内的臭气串至排水管。存水弯要带有检修口，以便及时疏通。

第 2 点，排水管要与排污管分开，目前绝大部分户型的排水管与排污管是分开的，也有一些老公寓或别墅，仍然采用一根 Ø110 管作为总排水排污管道。

第 3 点，地漏管道要独立排设，地漏管道不应与淋浴房、浴缸、台盆和洗衣机等管道连在一起，如果连在一起，容易造成地漏返水。

第 4 点，排水管要设置 0.2% 左右的坡度。如果排水管需要移位，则需要确定排水管的横向长度，超出 3m 时，可能会影响排水管的通畅。

第 5 点，需要注意排水管的安装方向，家庭装修中排水管的特点是多根管道并入同一排水管中，如果排水管道在连接时的安装方向不对，则会造成返水。因此建议在连接时，采用 Y 型三通按顺水的方向进行连接安装。

第 6 点，如果想要多利用台盆柜的空间，则尽量采用墙排水的方式，并且需要安装带存水弯的下水组件。台盆长时间使用后，可能会产生堵塞，有存水弯可以及时疏通。

第 7 点，地面开槽的深度需要控制，一般下凿深度不应超过 40mm，并且需要在开槽处先涂刷防水涂料，再安装排水管。

第 8 点，浴缸下方视情况需要加设地漏，现在有很多的浴缸是嵌入式安装的，浴缸外部贴砖或安装大理石封闭，一旦出现渗漏现象，不易察觉，因此加装一个地漏十分必要。

第 9 点，露台部位需要安装大地漏与大排水管，普通的 10cm 地漏可能不足以应付排水高峰。当有几个排水点并入同一排水立管时，加大排水立管的规格十分必要，而且要经常清理地漏的排水口，防止树叶和污泥等杂物堵塞排水口。

3 PVC 排水管的优点

第 1 点，管材表面硬度和抗拉强度优，管道安全系数高。

第 2 点，抗老化性好，正常使用寿命可超过 50 年。

第 3 点，管道对无机酸、碱和盐类的耐腐蚀性能优良，适用于工业污水排放和输送。

第 4 点，管道摩阻系数小，水流顺畅，不易堵塞，养护工作量少。

第 5 点，材料氧指数高，具有自熄性。

第 6 点，管道线膨胀系数小，为 0.07mm/℃，受温度影响变形量小。导热系数和弹性模量小，与铸铁排水管相比，抗冰冻性能优良。

第 7 点，管材和管件连接可采用粘接的方法，施工简单，操作方便，安装工效高。

第 8 点，PVC 管材的安装，无论采用粘接还是橡胶圈连接，均具有良好的水密性。

4 PVC 排水管的选购技巧

第 1 点，家用的 PVC 排水管从外观上看，高质量的排水管呈乳白色，具有一定的光泽，质地光滑均匀，同时管壁厚度达标。劣质的管材一般颜色为纯白色。

第 2 点，随意挑选一处切割，在切割处会有很多的白色粉状物，观察颜色是否内外一致。

第 3 点，管材上的喷码可以识别。一般来说，符合国家标准的管材上面会标有 GB（国标缩写），同时喷有管材的具体规格和厚度。

第 4 点，检查 PVC 排水管的弹性（破坏性检查，慎用）。用脚大力地踩下去，符合国标的管材会被踩扁，然后慢慢回弹。至于劣质的管材要看碎的程度，质量越差碎得越严重。

第 5 点，PVC 排水管的市场价格为 Ø50 管 7~9 元 /m，Ø75 管 7~9 元 /m，Ø110 管 12~15 元 /m。

4.2.8 PP-R 水管和配件

1 认识 PP-R 水管

PP-R 水管又称三型聚丙烯管、无规共聚聚丙烯管或 PPR 管。

家装常用 PP-R 水管的管道直径为 20mm、25mm 和 32mm。除此之外还有 40mm、50mm、63mm 和 75mm 等尺寸，家装中很难用到。家装常用 PP-R 水管规格与用途如表 4-7 所示。

PP-R 水管

表 4-7 家装常用 PP-R 水管规格与用途

管材外径 /mm	常用叫法	内侧壁厚 /mm	耐温范围 /℃	用途	参考价格 /（元 /m）
Ø20	4 分	2.8~3.5	−30~110	多用于热水	8~15
Ø25	6 分	3.5~4.2	−30~110	多用于冷水	10~18
Ø32	1 寸	3.6~5.4	−30~110	多用于进水	16~24

2 PP-R 水管的优点

第 1 点，材料环保。主要材料是无规共聚聚丙烯，无毒无味，不会污染水源。只有在水流长期静止的情况下才会滋生细菌，家用很少出现长期不用水的情况。

第 2 点，耐高温。耐温范围为 −30~110℃，虽然最高温比铝塑管略低，但也能满足家用水温了。水管上一般会用蓝色和红色线标识冷水管和热水管，不过现在也没有严格区分了。因为热水管较冷水管的管壁更厚，质量要好一些，所以现在装修中一般冷水也使用热水管。

第 3 点，使用寿命长，抗压性强。其水管系统工作抗压能力可达到 2.0~2.5MPa，使用寿命长达 50 年。

第 4 点，不漏水。PP-R 水管连接使用热熔工艺，只要水管合格，热熔连接技术可靠，可保永不漏水。

第 5 点，价格便宜。普通的 PP-R 水管价格基本在 10 元 /m 以内。

3 PP-R 水管的配件

铺设 PP-R 水管需要配件连接，连接配件后可以改变水路方向，增加出水口。90% 以上的漏水都发生在接口处，因此水管配件很重要。常见的部分配件如下图所示。

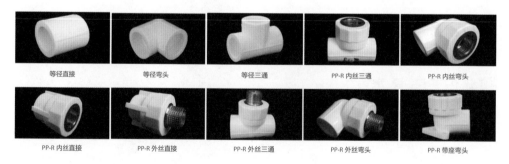

PP-R 水管配件

等径直接：当水管不够长时，可以通过等径直接头连接两根管子进行延伸，使用时要注意选用和水管尺寸相匹配的等径直接。

等径弯头：用于改变水管方向，常见的有 90° 弯头和 45° 弯头。因为水管铺设的原则是横平竖直，所以基本都用 90° 弯头，一些位置没法用 90° 弯头的会用 45° 弯头。

等径三通：把一根水管里的水从一路分为两路。

截止阀：用来开启和关闭水流，有截止阀和双热熔球阀两种。

管帽：用来暂时封闭出水口，等安装水龙头时再取下。

过桥弯：用来使两个走向交叉的水管上下错开。

直接头、弯头和三通等配件有普通、内丝和外丝之分，内丝和外丝用来连接水龙头和角阀，以及不同类型的水管等，家装中大多数使用内丝。一厨两卫 PP-R 水管配件参考数量如表 4-8 所示。

表 4-8 一厨两卫 PP-R 水管配件数量参考表

产品名称	户型	常用数量	产品用途
直通	一厨两卫	18 个	用于衔接两条直线走向的水管，有时一条水管不能满足所需长度
90° 弯头	一厨两卫	60 个	用作管道需要转 90° 弯的连接配件
45° 弯头	一厨两卫	10 个	用作管道需要转 45° 弯的连接配件
等径三通	一厨两卫	10 个	用于把水管里的水从一路分为两路的地方
过桥弯	一厨两卫	5 个	用于使两个走向交叉的水管错开
堵头	一厨两卫	14 个	用于临时堵住带丝口的出水配件，起密封作用
内丝弯头	一厨两卫	12 个	用于连接水龙头、角阀等需要丝口的配件
内丝直通	一厨两卫	4 个	用于直接穿墙的水管，连接水龙头和洗衣机等
内丝三通	一厨两卫	2 个	用于管路之间接一个出水口，如拖把池、洗衣机龙头或其他备用接口
塑料小管卡	一厨两卫	70 个	用于固定水管，建议热水管每间隔 35cm 固定一次，冷水管每间隔 60cm 固定一次
大小头	一厨两卫	2 个	用作变换管路大小的连接配件，1 寸管转 6 分管或者 6 分管转 4 分管
截止阀	一厨两卫	1 个	安装在水表后，作为入户主阀，起到开关作用
龙头定位器	一厨两卫	1 个	主要用于冷热管出水口的定位

4.2.9 水龙头和角阀

1 认识水龙头

水龙头是控制水流止的阀门。水龙头的更新换代速度非常快，其种类从老式铸铁工艺发展到电镀旋钮式的，又发展到不锈钢单温单控的，现在许多家庭中用的是不锈钢双温双控水龙头，还出现了厨房组合式水龙头。现在越来越多的消费者选购水龙头，都会从材质、功能和造型等多方面综合考虑。水龙头的主要原料为铜与锌合金。通常热水水龙头一般有一个红色指示灯或符号，而冷水水龙头一般有一个蓝色或绿色指示灯或符号。

② 水龙头的结构

水龙头的内部构造分为表层、主体和阀芯。

表层就是水龙头最外面的镀层，水龙头成型后，表面会镀镍或铬，以防氧化，且通过耐腐蚀试验后才能使用。

主体就是进水口、出水口和把手等骨架部分，如果这部分材质不好，则会很容易污染水质。

阀芯是水龙头最重要的部位，用于控制水流进出，阀芯的质量会影响水龙头的耐用度。合格的阀芯，开关 20 万次之后也不会漏水。阀芯连接水龙头的把手，是决定水龙头的开关、水流大小和冷热水交替的零件。阀芯决定了一个水龙头的基本寿命。所谓基本寿命，暂且就定义为从第 1 次使用到第 1 次维修的时间。而且由于大多数使用者并不懂得如何更换阀芯（其实并不难），水龙头的初次维修往往也就意味着水龙头报废了。

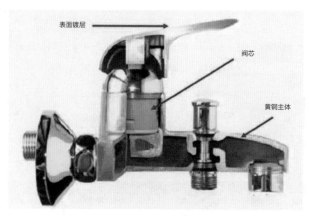

水龙头剖面图

③ 选购水龙头的技巧

■ 水龙头款式

水龙头有高有低，需要根据家里面盆的高度选择适合的水龙头。一般水龙头包括高身水龙头和普通水龙头。台下盆、一体盆一般选择矮一点的普通水龙头，台上盆建议选择高身水龙头。

不同款式的水龙头

■ 水龙头功能

为了满足人们的多种需求，现在水龙头的功能也越来越人性化。有抽拉水龙头（便于洗头、清洁）、360° 旋转水龙头（方便漱口和洗脸）和感应水龙头（便于操作）等类型。

可抽拉使用　　　　花洒式出水　　　　水柱式出水

■ 水龙头材质

水龙头的材质关系到用水安全。最好选用无铅铜材质水龙头，确保用水安全。除了全铜水龙头，还有优质不锈钢水龙头可供选择。

■ 水龙头质量

阀芯和镀层的质量决定了水龙头的质量。

高质量的水龙头都采用高硬度、密封性能突出的进口优质陶瓷阀芯，使用手感顺畅、耐磨损，使用寿命可超过30万次。

水龙头容易生锈其实是因为表面镀层和拉丝不好。在选水龙头的时候，会发现虽然材质不同，但是看起来都是银色的，这是因为在表面做了工艺处理，为的是增强抗腐蚀性，也不容易积水垢。会不会生锈看的就是表面处理的工艺如何。铜制的水龙头表面会用电镀工艺，分别是底层镀酸铜、中间层镀镍、最表层镀铬，至少镀3层。

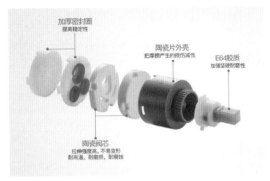

水龙头阀芯结构

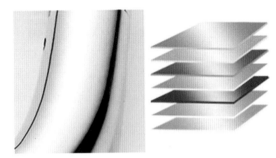

电镀工艺

因为市场上水龙头的款式和品牌差别较大，所以价格范围也较大。

4 角阀的用途

角阀又叫三角阀、角形阀、折角水阀，就是角式截止阀，角阀与球形阀类似，其结构和特性由球形阀修正而来。与球形阀的区别在于角阀的出口与进口成90°角。通常用于连接水管和水龙头，调节出水量大小。

红色和蓝色分别表示热水阀与冷水阀。

需要安装角阀的地方：厨房水槽上水口需要1冷1热角阀，热水器上水口需要1冷1热角阀，马桶上水口需要1个单冷角阀，洗脸盆上水口需要1冷1热角阀。

角阀

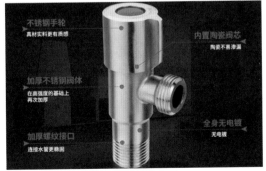

角阀整体结构分析

5 角阀的作用

第 1 点，角阀起转接内外出水口的作用。

第 2 点，可以在三角阀上面调节水压的大小。

第 3 点，角阀起开关的作用，如果水龙头漏水，可以把三角阀关掉，不必关家中的总阀。

4.2.10 防水涂料

1 认识防水涂料

防水涂料是一种用于防止水侵入和渗漏的涂料，以进口聚氨酯预聚体为基本成分，无焦油和沥青等添加剂。防水涂料固化后形成的防水薄膜具有一定的延伸性、弹塑性、抗裂性、抗渗性和耐候性，能起到防水、防渗和保护作用。防水涂料的分类较多，可根据实际情况选择。

卫生间一般采用 JS 防水涂料、聚氨酯防水涂料和 K11 通用型防水涂料。

■ JS 防水涂料

JS 防水涂料是一种聚合物水泥防水涂料，它与潮湿基面的黏结力强，抗压强度高，可以达到很好的防水效果。它是目前国家重点推广的一种新型环保防水材料。

■ 聚氨酯防水涂料

聚氨酯防水涂料是一种液体状的防水涂料，分为焦油型和非焦油型两种，非焦油型涂料是目前市场上最常用的一种卫生间防水涂料。聚氨酯防水涂料质量好、污染小，有很强的黏结力和憎水性。

■ K11 通用型防水涂料

K11 通用型防水涂料是卫生间常用的一种双组分防水涂料。它既能形成表面防水涂层，又能渗透到底材的内部，达到双重防水的效果。这种防水涂料属于刚性防水涂料，黏结力强，卫生间和厨房都能使用。

防水涂料现场照

2 防水涂料的用途和优点

防水涂料主要用于家装的厨房、卫生间和阳台等场所的防水施工。

防水涂料最大的优势是施工方便，对基层要求低，卷材无法施工的区域（如太窄和太矮等空间），防水涂料都可以完美解决。适用于工厂厂房、仓库、地下室、厨房、卫生间、饮用水池和游泳池等各种水泥砂浆抹底处的防水处理。

防水涂料的施工过程中，现场管理十分重要。由于防水涂料取材较易，部分防水涂料的生产设备相对简单，包装和调配具有随意性，因此容易出现偷工减料和粗制滥造的情况。而且涂料防水层的厚度不像卷材那样直观、均匀和可控，它的厚度是根据施工时的涂抹次数决定的。

防水涂料可以分为刚性和柔性两大类。刚性防水涂料一般指水泥砂浆，在其形成防水层后，有很高的抗压、抗渗能力，但不具有延伸性，抵抗结构拉伸变化的能力也不高，如若地震、地壳运动引起墙面断裂或产生缝隙，就会失去防水功能。柔性防水涂料具有较好的弹塑性和延伸性，能适应结构的部分变形。因此对于家庭装修，应以柔性防水涂料作为施工主料。刚性防水涂料和柔性防水涂料在价格上相差较大，所以很多不懂的用户会误认为选择贵的就更安全。事实上并非如此，两者各有优缺点。刚性防水涂料虽然不具有延伸性，容易断裂，但是它具有很强的黏结力，这种防水涂料更适合墙面贴砖，这样瓷砖不容易空鼓与脱落。而柔性防水涂料则更光滑，时间久了会引起瓷砖脱落，甚至可能危害生命。刚性防水涂料与柔性防水涂料对比如表4-9所示。

表 4-9 刚性防水涂料与柔性防水涂料对比

对比项目	对比结果
价格	刚性防水涂料＜柔性防水涂料
延展性	刚性防水涂料＜柔性防水涂料
黏结力	刚性防水涂料＞柔性防水涂料
抗压性	刚性防水涂料＞柔性防水涂料

4.3 泥水工类

4.3.1 膨胀螺丝和铜丝

1 膨胀螺丝

膨胀螺丝一般说的是金属膨胀螺丝，膨胀螺丝的固定是利用楔形斜度来促使其膨胀产生握裹力，从而达到固定效果。螺钉一头是螺纹，另一头是锥形，外面包裹铁皮（有的是钢管），铁皮圆筒（钢管）一半有若干切口，把它们一起塞进墙上打好的孔里，然后拧螺母，螺母把螺钉往外拉，将锥形拉入铁皮圆筒，铁皮圆筒被胀开，于是紧紧固定在墙上。膨胀螺丝一般用于防护栏、雨篷和空调等需要在水泥和砖等材料上固定的物品。但它的固定并不十分可靠，如果载荷有较大的震动，可能会发生脱落，因此不推荐用于安装吊扇等。

膨胀螺丝　　　　　　　　　　　膨胀螺丝固定演示

2 铜丝

铜丝分为黄铜丝、紫铜丝和磷铜丝 3 类。

黄铜丝：含铜 65%，含锌 35%。

紫铜丝：纯铜含量 99.8%。

磷铜丝：含铜 85%~90%，含锡 5%~15%。

本书所讲的铜丝为紫铜丝，含铜量最高，韧性最佳，易弯曲、不易折断、不易氧化。

紫铜丝

4.3.2 云石胶和瓷砖胶

1 云石胶

云石胶适用于各类石材间的粘接或修补石材表面的裂缝和断痕，常用于各类大型铺石工程和各类石材的修补、粘接定位和填缝。在家装中主要用于大理石造型的拼接修复，如石材洗手台和石材橱柜等。

云石胶优点：能快速固化，易于修补石材，能有效抵抗外力冲击，黏结力强，耐候性强，耐水性强，耐腐蚀性强。

云石胶缺点：气味浓、刺鼻。

2 瓷砖胶

瓷砖胶的主要原料有水泥、石英砂、重钙、羟丙甲纤维素、胶粉、木质纤维和淀粉醚，是一种高分子聚合物改性的水泥基瓷砖粘接砂浆。

瓷砖胶又称瓷砖胶黏剂，主要用于粘贴瓷砖、面砖和地砖等装饰材料，广泛用于内外墙面、地面、浴室和厨房等区域的饰面装饰。其主要特点是黏合强度高、耐水、耐冻融、耐老化性能好及施工方便，是一种非常理想的粘接材料。

■ 瓷砖胶的认识和施工误区

误区 1：瓷砖胶就是胶水。

可能很多人以为瓷砖胶就是胶水。其实，瓷砖胶并不是胶，其主要成分仍然是水泥。它是由优质水泥、级配石英砂和多种聚合物配制而成的，是安全环保的产品，不含甲醛和苯等有害物质。

误区 2：在瓷砖胶里面掺水泥和砂浆。

在瓷砖胶里掺杂水泥，看似增加了材料的分量，实际却造成了大损失。原因在于瓷砖胶靠产品中的特殊添加剂产生的分子间作用力将

瓷砖胶

瓷砖牢牢粘住。随意加入水泥将改变产品的配方，会降低黏合强度，无法保证产品的质量。

误区3：一次性刮胶面积太大。

如果户外干燥、风大，布胶批刮面积太大，施工来不及，表层凝固后贴砖会引起掉砖。正确的方法是用齿形刮板将胶浆均匀批刮在表面上，每次施工约 1m²，如果室外干燥应预先润湿墙面。

误区4：使用时间过长，加新胶混合再用。

有些工人会把前一天晚上留下的瓷砖胶，在第2天早上再加入清水和瓷砖胶粉进行混合使用。其实瓷砖胶的有效成分已发生化学反应，加水只能改变操作性能，却会导致后期黏合强度不足。瓷砖胶应随搅随用，使用时间控制在 2h 内，凝固后应丢弃。

误区5：未通过找平处理就直接进行瓷砖粘贴。

基层强度低、有油污会直接影响瓷砖胶的黏合强度，导致空鼓掉砖；墙面不结实，基面容易脱层掉落；墙面不平整，缺陷太大或太多会导致瓷砖与墙面的接触不到位，容易造成空鼓。

误区6：用瓷砖胶填缝。

虽然瓷砖胶和填缝剂都属于建材辅料，但是瓷砖胶只能用于粘贴瓷砖。如果用瓷砖胶填缝，恰恰堵死了地砖的收缩缝，造成地砖受热拱起，容易空鼓和脱落，因此填缝要用专门的填缝剂或美缝剂。

■ 瓷砖胶优点

第1点，具有抗下坠性能。

第2点，无须浸砖，施工快捷。

第3点，薄层施工，减轻自重。

第4点，耐候性和耐水性好。

第5点，黏合强度高，不易空鼓。

第6点，环保无毒。

■ 施工需要注意的事项

第1点，瓷砖胶使用时不能添加水泥或沙子。

第2点，瓷砖胶厚度不可超过 10mm。

第3点，兑水时与水的比例为 3:1。20kg 瓷砖胶约配 6kg 水。

第4点，在已凝固的砂浆中不可加水搅拌再次使用。

第5点，瓷砖胶应随搅随用，使用时间控制在 2h 内。

第6点，瓷砖胶作为粘贴瓷砖的理想材料，不仅要选型合适，而且要正确施工，充分发挥材料性能。

■ 市场指导价

瓷砖胶一般规格为每袋 20kg，价格为 25~55 元。

4.3.3 填缝剂和美缝剂

1 填缝剂

瓷砖填缝剂分为很多种，目前主要分为勾缝剂和美缝剂。瓷砖填缝剂主要用在瓷砖的缝隙处，避免瓷砖缝隙变黑、变脏，具有很强的抗污性，比较易于清洗。美缝剂同样能起到防水、抗污、防霉的作用。

■ 瓷砖填缝剂的作用

瓷砖填缝剂凝固后在瓷砖缝上会形成光滑如瓷的洁净面，具有耐磨、防水、防油和不沾脏污等优异的自洁性，且易清洁，一擦就净，从而可以彻底解决普遍存在的瓷砖缝脏黑又难以清洁的难题。无论是刚装修新铺装的瓷砖缝，还是已经使用多年的瓷砖缝，都可使用瓷砖填缝剂。瓷砖填缝剂可以避免缝隙变黑、变脏，从而影响室内美观，还可以防止滋生霉菌危害人体健康。

■ 瓷砖填缝剂使用方法

第1步，将专用搅拌液倒入洁净容器中，缓缓加入填缝剂，搅拌至无生粉团的均匀膏状，静置3~5min，再次搅拌均匀即可使用。

第2步，将拌好的填缝剂沿瓷砖对角线方向挤压至预留的缝隙中，不得留空，用与缝隙成斜角的方向将多余的浆料刮去，避免将嵌进缝隙内的浆料带出。

第3步，待10~15min或表面干燥后，用海绵、微湿棉布或毛巾以画圈的动作擦拭表面，进一步按压填缝剂，以便填缝剂密实且表面光滑。

第4步，待填缝剂干后再用海绵或干净棉布擦拭瓷砖表面，除去残留的填缝剂。

■ 瓷砖填缝剂使用注意事项

填缝剂的用量跟缝隙的大小有关系，5kg 的填缝剂填 5mm 的缝能用 4~5m²，填 3mm 的缝能用 7~8m²。

填完缝后最好在 10min 内，用干净棉布将残留在瓷砖上的填缝剂擦掉，以免填缝剂粘到瓷砖上擦拭不掉，如果遇到此类情况，可以购买洁砖灵或者草酸等擦拭。强烈建议业主及时擦干净残留在瓷砖上的填缝剂，避免不必要的麻烦。

2 美缝剂

美缝剂是勾缝剂的升级产品，美缝剂的装饰性和实用性明显优于彩色填缝剂。传统的美缝剂涂在填缝剂的表面，而新型美缝剂不需要填缝剂做底层，可以直接填到瓷砖缝隙中。美缝剂适合 2mm 以上的缝隙填充，施工方便。

美缝剂绿色环保，具有防水、抗渗、不沾油等特性，凝固后表面光滑、强度高、耐磨、不沾脏污、易清洁，可以和瓷砖一起擦洗，使瓷砖缝隙"永不脏黑"。但它也存在一些缺点，如硬度低、保护层薄，并且由于它是水性环氧树脂，固化后部分水分挥发，会多少出现一些塌陷。

■ 美缝剂的品质

要想选择正确的美缝剂，建议以品牌美缝剂为首选标准。美缝剂市场产品质量参差不齐，整个美缝剂市场问题较多。使用价格低的美缝剂填缝之后常出现脱落、发霉发黑、变色等问题，完全扰乱了整个美缝剂市场。一定要选择美缝剂口碑较好的厂家进行订购。

■ 美缝剂的环保性

劣质的材料气味比较大，使用寿命也比较短，有大量的有害物质，对人体也有一定的伤害。

■ 美缝剂的颜色搭配

对购买的产品应先进行试验，看美缝后色泽度是否正常，颜色搭配是否合适，确定后再全面施工。

4.3.4 地面保护

家装的整个过程中涉及的环节众多，如果没有做好地面保护，会给后续的施工和使用造成不必要的麻烦和损失。

装修施工的时候有必要用到地面保护膜。地面保护膜作为近年来流行的装修形象保护材料之一，用 PVC 材料结合针织棉制作而成，具有防滑、防水、防尘、防沙和防油漆等优点，还能起到缓冲减震的作用。地面保护膜是采用环保材料生产的，无异味，可以反复使用，它还可以印刷广告词和公司 LOGO，起到宣传营销的作用。地面保护膜常见样式如表 4–10 所示。

地面保护

表 4-10 地面保护膜常见样式

名称	PVC ＋针织棉
PVC 的规格	10 丝、13 丝、15 丝、18 丝、22 丝、25 丝、28 丝等
棉的规格	100g 和 130g
PVC ＋棉的厚度	2.2mm、2.5mm、2.7mm、3.0mm、3.5mm、4.0mm、5.0mm
PVC 的颜色	红、黄、蓝、绿等多种颜色
产品规格	25m²（1m 宽，25m 长）、30m²（1m 宽，30m 长）
作用	防油漆、防水、防刮花和防滑等

4.4 木工制作材料类

4.4.1 木工天花板类

1 木龙骨

木龙骨也称木方，是装修中常用的材料之一。木龙骨有多种型号，用于撑起外面的装饰板，起支架作用。天花板吊顶的木龙骨一般以松木龙骨较多。松木龙骨选用松木和杉木等软质材料制成，其断面尺寸一般有30mm×40mm和40mm×60mm两种。

木龙骨

■ 木龙骨的优点

第1点，材料价格便宜。木龙骨和轻钢龙骨的价格存在一定差异。木龙骨是以实木为主材，而轻钢龙骨是以轻钢为主材。因此在售价上，轻钢龙骨会贵于木龙骨，而且施工费用也是轻钢龙骨更贵一些。

第2点，施工便利。因为木龙骨是以木材为主，所以在施工方面，切割、加固、拼接起来都非常便利，可控性非常高。

■ 木龙骨的缺点

第1点，因材质本身的收缩系数，木龙骨会发生收缩或膨胀的问题，这点是无法避免的。

第2点，木龙骨的防火性能不高。

第3点，防蛀问题，在家装中几乎没有对木龙骨做防白蚁处理。

第4点，霉变问题，木龙骨是有机物，在受潮后会产生霉变。

2 轻钢龙骨

轻钢龙骨是以冷轧钢板为原材料，采用冷弯工艺制作而成的薄壁型钢。轻钢龙骨通常采用镀锌的方法防腐，镀锌方法按照工艺不同分为电镀和热镀两种。

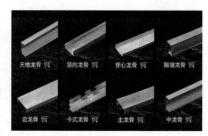

轻钢龙骨

轻钢龙骨的配件比较复杂，根据不同的施工环境与造型，可能使用到的配件如下面左图所示。下面右图为吊顶结构示意图。

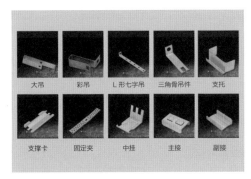

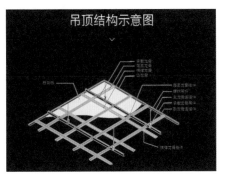

轻钢龙骨配件

吊顶结构示意图

■ 轻钢龙骨的优点

和木龙骨相比，轻钢龙骨具有防火、防虫、防潮、强度大、安全可靠、抗冲击和抗震性能好，防热和隔音性能高等优点。

■ 轻钢龙骨的缺点

造价高，相对木龙骨来说施工有点难。轻钢龙骨的握钉力和二次握钉力不如木龙骨。

■ 木龙骨和轻钢龙骨的综合对比

对于一般家庭的装修，木龙骨的优势更明显，灵活性和可塑性强，这些都是轻钢龙骨所不具备的。从装修整体开销来看，对于预算紧张的家庭，木龙骨相对更合适一些。轻钢龙骨更适合企业和写字楼等办公场所的装修，对于这些大型建筑的装修，更加讲究牢固性。

3 埃特板

■ 埃特板的定义

埃特板是一种纤维增强硅酸盐平板（纤维水泥板），其主要原材料是水泥、植物纤维和矿物质，经流浆法高温蒸压而成，主要用作建筑材料。市场上的水泥纤维板和硅酸钙板统称埃特板。

■ 埃特板的优点

埃特板具有轻质、不燃、隔热、干湿变形小和加工性能好等特点，可用作各种条件下的

埃特板

复合墙体面板和轻质隔墙板，特别适合作为复合墙体的内、外墙面板，公用建筑和民用建筑的隔墙板，以及吊顶和天花板。埃特板的防潮性能较好，故也适用于潮湿环境，如浴室、厨房、洗手间和地下室等。

第1点，好的埃特板运用的是石棉纤维，比较低档的会选用纸浆、木屑和玻璃纤维。

第2点，埃特板有低、中、高3种密度，无压板是中低密度的，压力板是高密度的。

4 石膏板

■ 石膏板的定义

石膏板是以建筑石膏为主要原料制作而成的，这种材料具有质量轻、强度较高、厚度较薄、加工方便、隔音、绝热和防火等性能，是当前着重发展的新型轻质板材之一。石膏板已广泛用作住宅、办公楼、商店、旅馆和工业厂房等各种建筑物的内隔墙、墙体覆面板（代替墙面抹灰层）、天花板、吸音板、地面基层板和各种装饰板等，在室内装修中不宜安装在浴室或厨房。

■ 石膏板的分类

石膏板主要有纸面石膏板、无纸面石膏板、装饰石膏板、石膏空心条板、纤维石膏板、石膏吸音板、定位点石膏板等。家装中以纸面石膏板为主。纸面石膏板是以石膏料浆为夹芯，两面用纸做护面而制成的一种轻质板材。

石膏板

■ 石膏板的规格

石膏板的规格较多，为解决搬运问题，石膏板的规格还可以根据消费者的需要定制。常用规格如下。

1800mm × 1200mm × 9.5mm

2440mm × 1220mm × 9.5mm

2440mm × 1220mm × 12mm

3000mm × 1200mm × 9.5mm

3000mm × 1200mm × 12mm

■ 石膏板的优点

石膏板具有质量轻、隔声、隔热、加工性能强和施工方法简便等优点。一般家庭装修选用纸面石膏板即可，要注意外面批荡的腻子粉，它能保护石膏板。

■ 石膏板的缺点

容易受潮，一般不直接用于厨房和卫生间。

第1点，看纸面。首先看纸面厚薄，越厚越好；其次看表面是否光滑，有无污染。撕开纸面后，纤维长、韧性好、强度高的纸面石膏板品质较好。如果一撕就掉、一扯就烂，需谨慎使用。

第2点，看规格。丈量整张石膏板，误差越小说明其生产设备精度越高，自然品质上也能有一定的保障。

第3点，看板芯。好的石膏板板芯泛白（黄），内部气泡多且均匀；不好的石膏板板芯发灰（黑），内部气泡少且不均匀。质量好一点的石膏板在石膏中会添加很多纤维丝，用于加强韧性与强度。

第4点，看质量。石膏板的密度是其质量的关键指标之一，简单来说，同体积情况下，质量越好的石膏板越轻。

5 石膏线

■ 石膏线成分

石膏线以建筑石膏为主要材料，在其中渗入适量的纤维增强料和外加剂，然后加入适量的水搅拌成料浆，最后利用石膏线模具制作成不同外形的装饰线条。使用的模具不同，石膏线的形状也不同，根据形状可以分为平面形和曲面形。

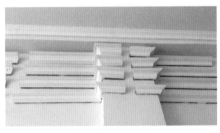

石膏线部分款式

■ 石膏线优点

第1点，可以缓冲天花板和墙壁的线条，还可以用来遮挡天花板和墙壁边角不齐、凹凸不平的地方。

第2点，墙壁和天花板颜色不同时使用石膏线能更好地衔接，隐藏接缝以便施工，使效果更富层次感。

第3点，弧形墙面使用石膏线，可以使天花板更好处理。

第4点，部分线缆或水管可以不用开槽，直接藏在顶角线后方的槽里。

第5点，可以安装灯光，配合间接照明，空间可以变得深邃又端正。

第6点，在宽敞的公共区域的天花板安装花纹精致的石膏线，会显得格局更大、更有气场。用白色的石膏线在天花板上勾勒造型，会很有艺术感，营造出一种高贵优雅的氛围。用石膏线装饰天花板，可以使空间不再单调。

第7点，可以配合凹凸造型装饰，用石膏线直接代替吊顶，避免吊顶对空间产生压迫感。

第8点，石膏线价格比较实惠，根据地域不同价格会有所差别。普通石膏线的价格为10~15元/米。

第9点，石膏线安装方便。

6 防潮膜

这里所说的防潮膜一般用作地面木地板地垫，或柜子与墙面之间的夹层防潮膜，起到防潮防霉的作用。常见的防潮膜有铝膜和塑料膜两大类。

■ 铝膜

铺装木地板时，将铝膜铺在水泥的上面，再铺木地板，可以起到防潮的作用并带来舒适的脚感。铝膜也可用于衣柜和墙壁之间等，起到防潮的作用。铝膜常见规格有 5mm、7mm和 11mm 等。

■ 塑料膜（珍珠棉防潮膜）

塑料膜可以起到一定的防潮作用，它的优点是价格便宜，不会阻碍热量传导，也不会产生有害气体。另外，这种材料也不容易老化。塑料膜常见规格有 0.5mm、1mm、2mm、3mm、5mm 和 8mm 等。

铝膜

塑料膜

▌4.4.2 木工类

1 木丝吸音板

木丝吸音板是一种新型吸音材料。吸音板的表面和内部有很多不规则的微小孔径，当声音进入这些微孔之后，由于这些孔径是不规则的，声音进来容易出去难，声音与孔壁产生摩擦，从而使声能转变为热能，达到吸音降噪的效果。常见尺寸有 1220mm×2440mm×15mm、1220mm×2440mm×20mm 和 1220mm×2440mm×25mm 等。市场价格为 90~160 元 /张，根据尺寸规格不同，价格也略有不同。

木丝吸音板

■ 木丝吸音板优点

第 1 点，木丝吸音板板材功能多样，可以按需求定制尺寸。方便加工成多边形进行拼接造型，可在墙体饰面中使用；颜色多样，也可进行拼花处理。

第 2 点，成本相对其他吸音材料更低。

第3点，结构结实，富有弹性，抗冲击力强，承受篮球、足球或排球的反复撞击后不会产生裂纹或破损现象，在众多商业娱乐性设施的施工中独具优势，备受欢迎。木丝吸音板耐用，使用寿命长，吸音效果好。

第4点，木丝吸音板拥有独有的表面丝状纹理，给人一种原始粗犷的感觉，能够表达现代人回归自然的理念。

第5点，施工方便。

■ 木丝吸音板的运用范围

木丝吸音板的运用范围非常广泛，一般用在工装中比较多。对于墙壁、顶棚板和屋顶台等，木丝吸音板都能够满足使用需求，加上它是一种保温性和吸声效果都非常好的吸音材料，电台、电视台、图书馆、阅览室、新闻发布会会场、影剧院、宾馆或酒店大堂、会议室、计算机机房、研究室、医院、厂房、练歌房、各类体育场馆、幼儿园和学校等需要吸音或音响处理的场所均可以应用木丝吸音板。

2 矿棉吸音板

矿棉吸音板是一种以矿棉为主要材料，加入适量的胶黏剂、防潮剂、防腐剂，经加工、烘干、饰面而形成的一种新型吊顶装饰材料。

矿棉吸音板表面处理形式丰富，板材有较强的装饰效果。表面经过处理的滚花型矿棉板，俗称"毛毛虫"，表面布满深浅、形状和孔径各不相同的孔洞。另外一种矿棉吸音板"满天星"，其表面孔径深浅不同，经过铣削成型的立体型矿棉板，表面制作成大小方块、不同宽窄条纹等形式。还有一种浮雕型矿棉板，经过压模成形，表面图案精美，有中心花、十字花和核桃纹等造型。

矿棉吸音板的常见尺寸有600mm×600mm×14mm和300mm×600mm×14mm，市场价格为38~55元/m²。

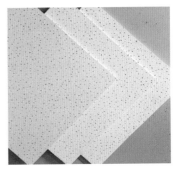

矿棉板

■ 矿棉吸音板的优点

第1点，吸音效果好。

第2点，导热系数小，熔点高，防火性能突出。

第3点，质量小，能减轻建筑物自重，安装简单，适合大面积使用。

第4点，价格较低。

■ 矿棉吸音板的缺点

第1点，美观度不够，造型较为单一。

第2点，耐脏性较差，容易受其他挥发性气体材料影响。

第3点，在潮湿环境中，浮雕款式表皮容易脱落掉粉。

第4点，不同批次生产的矿棉吸音板容易产生色差，需对比清楚。

■ 矿棉吸音板安装

矿棉吸音板吊顶构造很多，并有配套龙骨，具有各种吊顶形式。例如，易于更换板材、检修管线，安装简单快捷的明龙骨吊装；具有良好隔热性能，在同一平面和空间可以用多种图案灵活组合的复合粘贴法吊装；不露龙骨、可自由开启的暗插式吊装等。

3 蜂窝板

蜂窝板是根据蜂窝结构，采用仿生学的原理开发的高强度新型环保建筑复合材料。蜂窝板具有强度高、质量轻、平整度高、不易传导声和热的特点，是建筑及制造航天飞机、宇宙飞船、人造卫星等的理想材料。市面上常见的蜂窝板主要分为两类：装饰性蜂窝板和功能型蜂窝板。

蜂窝板内的蜂窝芯是根据蜂巢的结构原理开发而成的，蜂巢由一个个排列整齐的六棱柱形的小蜂房组成，每个小蜂房的底部由 3 个相同的菱形组成，这些结构与近代数学家精确计算出来的菱形钝角 109°28′，锐角 70°32′完全相同，是最节省材料的结构，且容量大、极坚固。

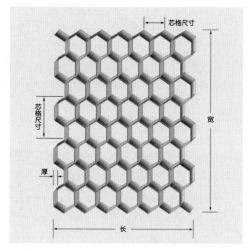

蜂窝结构

市场上常见的蜂窝板主要有铝蜂窝板、木质蜂窝板、石材蜂窝板、布艺蜂窝板和玻璃蜂窝板等。

■ 铝蜂窝板

铝蜂窝板采用"蜂窝式夹层"结构，即以高强度合金铝板作为面、底板和铝蜂窝芯，经高温高压复合制造而成，具有质量轻、强度高、刚度好、耐腐蚀性强、性能稳定等特点。由于面、底板之间的空气层被蜂窝分隔成众多封闭孔，热量和声波的传播受到极大的限制，因此与其他幕墙装饰材料相比，铝蜂窝板具有良好的保温和隔热性能。

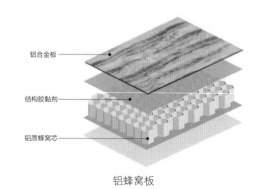

铝蜂窝板

■ 木制蜂窝板

木质蜂窝板采用厚度为 0.3~0.4mm 的天然木皮，与高强度的铝蜂窝板通过航空复合技术进行复合成型。木质蜂窝板的特点是保留了天然木材的装饰质感，质量小、木材用量少、耐腐蚀、抗压等。同时可以使用木材镶花、拼花、穿孔等特殊工艺，为设计师提供更多的设计灵感。

■ 石材蜂窝板

石材蜂窝板表面为3~5mm 厚的天然石材，以轻质铝蜂窝为基材，完全弥补了天然石材的各种缺点。石材蜂窝板既保持了天然石材绿色环保、回归自然的时尚装饰效果，又弥补了天然石材易碎、装饰质量大等缺点。在石材超薄片与铝蜂窝中间的介质为高强度纤维过渡层，它可以使产品具有更强的耐冲击性和抗弯强度；内部充满空气，质量特小，隔音隔热效果良好。

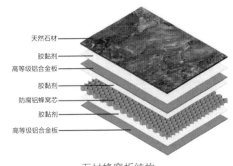

天然石材
胶黏剂
高等级铝合金板
胶黏剂
防腐铝蜂窝芯
胶黏剂
高等级铝合金板

石材蜂窝板结构

■ 布艺蜂窝板

布艺蜂窝板由不同风格的饰面布与铝蜂窝板复合而成，主要应用于室内墙面。对于传统的墙布装饰，如果墙体受潮会导致墙面鼓起发霉，墙面的边角部位更容易翘边。布艺蜂窝板可以有效地避免以上问题，不仅平整度高，而且配合专用的内墙系统，可以实现每一块墙板的单独拆装，更加方便日后的维护保养和重复利用。

■ 玻璃蜂窝板

玻璃蜂窝板由 3~5mm 彩釉玻璃与铝蜂窝板复合而成。相比传统的玻璃而言，玻璃蜂窝板既保留了玻璃华丽的质感，又减少了约 2/3 的质量，大大提高了使用安全性。不仅如此，玻璃蜂窝板最大板面尺寸可达 3.6m×1.5m，为设计师提供了更大的发挥空间。

4 隔音棉

隔音棉是经过设备特殊处理而制成的一种海绵，其内部充满细小空隙及半开孔结构。这些微小细孔相互连通，能大量吸收介入的声波能量，起到衰减声波的作用，还能降低室内反射声的干扰和回响。

常见的隔音棉又分离心玻璃棉、岩棉、植物纤维喷涂棉和聚酯纤维隔音棉等。离心玻璃棉数据如表 4-11 所示，白纤维环保声学棉数据如表 4-12 所示。

表 4-11 离心玻璃棉数据

数据类型	数据说明
结构特性	采用石英石和石灰石等天然矿石为主材，配合纯碱、硼砂等化工原料熔成玻璃纤维
基材说明	复合玻璃纤维
安装说明	配合隔音板、石膏板等板材隔音使用
阻燃等级	B 级阻燃防火标准
标准规格	1200mm×600mm×50mm/30mm（长×宽×厚）
单位密度	厚度 50mm，约 1.38kg/ 块；厚度 30mm，约 1.03kg/ 块
使用范围	吸音隔音结构填充
价格范围	20~35 元 / 张

表 4-12 白纤维环保声学棉数据

数据类型	数据说明
结构特性	由直径只有几微米的环保玻璃纤维制成有弹性的毡状体，内部纤维蓬松交错，具有良好的吸音特点
基材说明	环保玻璃纤维 + 天然树脂
安装说明	配合隔音板和石膏板等板材隔音使用
阻燃等级	B 级阻燃防火标准
标准规格	1200mm × 600mm × 50mm/30mm（长 × 宽 × 厚）
单位密度	厚度 50mm，约 1.38kg/ 块；厚度 30mm，约 1.03kg/ 块
使用范围	吸音隔音结构填充
价格范围	30~55 元 / 张

离心玻璃棉

白纤维环保声学棉

下图为天花板隔音结构。

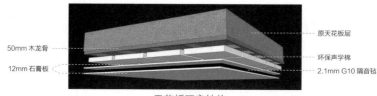

天花板隔音结构

5 夹板

夹板也称胶合板，由单板或薄木胶合成三层或多层的板材。市场上的多层实木板也是胶合板。

根据层数分为三夹板、五夹板、九夹板、十二夹板、十八夹板等，装修中最常用的是三夹板（三合板）和五夹板（五合板）。

夹板

■ 常见规格

板材长宽基本一致为 2440mm × 1220mm，厚度略有不同，有 3 厘板、5 厘板、7 厘板、9 厘板、12 厘板、15 厘板、18 厘板等。（注：1 厘 =1mm）

■ **夹板优点**

变形小、幅面大、施工方便、不翘曲、横纹抗拉力性能好。

■ **夹板缺点**

造价较高，含胶量大。用作面层不如密度板光洁，用作基层不如中密度板牢固。

夹板的型号价格对照如表 4–13 所示。

表 4–13 夹板的型号价格对照表

规格（长×宽×厚）/mm	单价/（元/张）	质量/（kg/张）
2440×1220×3	35	5
2440×1220×5	38	9
2440×1220×7	45	15
2440×1220×9	55	18
2440×1220×12	76	21
2440×1220×15	85	26
2440×1220×18	95	32

■ **应用范围**

夹板一般用作墙面和天花板造型的打底用材。

■ **选购技巧**

第 1 点，挑选木纹。购买多张夹板时，应挑选木纹和颜色近似的夹板。正面不得有死节和补片。

第 2 点，角质节（活节）的数量少于 5 个，面积小于 15mm²。

第 3 点，没有明显的变色和色差，没有密集的发丝干裂现象及超过 200mm×0.5mm 的裂缝。

第 4 点，直径在 2mm 以内的孔洞少于 5 个。

第 5 点，长度在 15mm 以内的树脂囊、黑色灰皮每平方米少于 4 个，长度在 150mm 以内、宽度在 10mm 以内的树脂漏每平方米少于 4 个，无腐朽变质现象。

6 免漆生态板

免漆生态板属于免漆复合材质，是一种新型的装饰性材料。免漆生态板绿色环保，材料不含甲醛，外表光滑、表面美观、色彩高雅、手感舒适；免油漆、无毒、防潮、阻燃、无挥发性气味，表面硬度好、耐冲击、隔音、防震、不收缩不开裂；耐久性好，可曲线成形等。

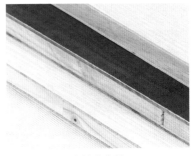

免漆生态板

下图为免漆生态板的常见款式和实际应用效果。免漆生态板的尺寸价格和用途对照如表 4-14 所示。免漆生态板的优势属性如表 4-15 所示。

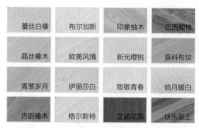

常见款式 　　　　　　　　　　　　实际应用效果

表 4-14 免漆生态板的尺寸价格和用途对照表

常见规格（长 × 宽 × 厚）/mm	价格 / 元	用途
2440 × 1220 × 7	75~115	背板用材
2440 × 1220 × 9	85~130	背板用材
2440 × 1220 × 15	120~200	主体结构用材
2440 × 1220 × 18	160~280	主体结构用材
2440 × 1220 × 20	240~380	主体结构用材

表 4-15 免漆生态板的优势属性

属性	优势介绍
生态优势	由天然无机原料通过无机胶凝技术自然形成，不消耗石化有机资源，并且生态板可循环利用
性能优势	采用无机材料为主要原料，具有不燃性，被鉴定为 A 级不燃材质。生态板不含有甲醛、甲苯和任何有害物质。生态板具有强防水、防腐、防虫、防霉和防冻的特点。生态板使用寿命长达 30 年
质感优势	表面肌理自然，纹理优美，拓展了绿色生态建筑材料的应用和创意空间
色彩优势	颜色可随意搭配且色泽持久不变，为设计师提供了自由设计空间
安装优势	材料规格可做个性化调整，施工过程简单快捷，可粘贴、干挂和明钉等
应用优势	节能减耗，是实木、石材、金属板和陶板等建材的最佳替代品

下图为免漆生态板的整体结构。

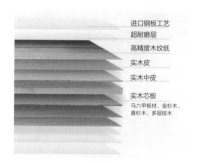

免漆生态板整体结构

■ 免漆生态板的缺点

现场施工封边技术不够成熟，人工封边存在瑕疵。只适用于工厂加工，使用封边机处理。

■ 选购技巧

第 1 点，看板材表面。质量上乘的板材表面应光滑、无缺陷，如无死结、无挖补、无漏胶等，无离缝现象，尤其是两端不能有干裂现象。竖立放置时，边角应平直，对角线误差不应超过 6mm。

第 2 点，看板材横截面。看横截面是否有垃圾和大的缝隙等，如果中间拼缝较大，则柜体容易翘曲变形。

第 3 点，看横截面断面层次。好的板材断面层次非常清晰，因为它一层层的实木粘贴得很牢，衔接较好，而杂木拼接起来的劣质板材内芯不密实，切记不能购买。

第 4 点，看封边工艺。封边工艺一是对板材的断面进行固封，避免受环境和使用过程中不利因素的影响，如暴露面吸入空气中的水分，会使板材吸水膨胀，导致板材变形等；二是阻止板材内部的甲醛挥发。

第 5 点，看包装标识。看板材包装上的标识是否清晰，上面的厂名、地址、等级和规格等信息都要齐全。对于标识不清楚、信息不全的板材要多留心。

第 6 点，看检测报告。看检测报告中各性能指标是否符合标准。

7 饰面板

■ 饰面板的定义

饰面板是表皮 + 基层板，是用木头、石材和金属等切成的薄片，粘贴在胶合板、大芯板、纤维板和刨花板等基层板上热压后制成。

■ 饰面板分类

饰面板可分为两大类：一种是免漆饰面板，另一种是素板饰面板。免漆饰面板也可归为免漆板类。素板饰面板是需要额外做油漆或者木蜡油的一种真木皮板材，素板饰面板也称为胶合板。饰面板的一般规格为 2440mm×1220mm×3mm。

下图为部分免漆饰面板木纹。

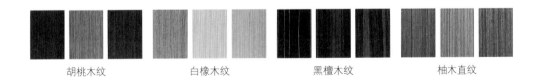

| 胡桃木纹 | 白橡木纹 | 黑檀木纹 | 柚木直纹 |

下图为部分素板饰面板木纹。

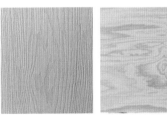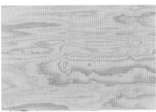

水曲柳素面板木纹　　　　松木素面板木纹　　　　　　柚木素面板木纹

8 大芯板

■ 大芯板定义

大芯板（细木工板）是用小木条拼接芯层，表层用胶贴一块木板而成。大芯板是具有实木板芯的胶合板，具体数据见胶合板。

■ 大芯板优缺点

其竖向（以芯材走向区分）抗弯压强度差，但横向抗弯压强度较高。

9 多层实木板

■ 多层实木板定义

多层实木板以纵横交错排列的多层胶合板为基材，表面以实木贴皮或科技木为面料，经冷压、热压、砂光等数道工序制作而成。一般来说，它所含的板层都是两层以上的，有4层、6层和8层等。多层实木板环保等级达到E1级，是目前手工制作家具常用的材料，也是目前市面上性价比较高的材料。

多层实木板样式

■ 多层实木板优点

多层实木板是制作家具比较理想的材料。因为是用多层胶合板制作而成，所以与其他板材相比更加坚硬，且结构稳固、美观大方，触摸手感舒适。它还有一个最大的优点就是能有效地调节房间里的湿度和温度。并且多层实木板制作时一般都采用的是环保胶，因此环保性能比较好。

■ 多层实木板缺点

多层实木板对制作的工艺要求非常高，如果厂商的制作工艺水平不高，则会导致生产的板材分离和变形，直接影响使用寿命，因此在选择的时候要谨慎。

10 指接板

■ 指接板定义

指接板是由多块木板拼接而成，上下不再粘贴夹板，竖向木板间采用锯齿状接口，类似两手手指交叉对接。由于指接板上下无须粘贴夹板，用胶量大大减少，板材环保性能非常好，指接板的环保等级基本上都能达到EO级。

实木指接板

■ 指接板规格及应用

指接板规格大小一般都为2440mm（长）×1220mm（宽）×厚度。常见的指接板厚度一般有9mm、12mm、14mm、15mm、16mm、18mm等，最厚的为25mm。指接板常用于制作家具、橱柜和衣柜等。

实木指接板现场实景图

■ 指接板种类

根据指接板板材表面是否有树节疤，分为有节疤指接板和无节疤指接板两种。无节疤指接板：在选材方面经过精挑细选，把无树节疤的木方挑选出来制作指接板，看起来比较美观。有节疤指接板：拼接短木条会有树节疤，美观度要差些。不过有些家具用相同规格的木板做出来的均匀疤痕本身也是一种装饰。

根据拼接指接板的常见木材分类，可分为杉木指接板、橡胶木指接板、橡木指接板、松木指接板、樟子松指接板、香樟指接板、桐木指接板和榉木指接板等。

■ 指接板缺点

第1点，指接板保留了实木良好的吸湿透气性，若拼接板条干燥不合格或是用于厨卫等潮湿环境，则容易造成开裂和变形问题，影响装修效果。

第2点，指接板制作的家具并不是真正传统意义上的榫卯结构的实木家具，指接板和其他人造板一样，也需要使用胶粘。另外，指接板生产设备要求低，投资少，质量参差不齐。干燥不合格且含水量大的指接板很容易变形开裂。

■ 指接板指导价格

市面上指接板的价格根据木材种类和板材规格的不同有所区别，常用板材型号和参考价格如表4-16所示。

表4-16 不同种类和规格指接板的参考价格表

种类	规格（长×宽×厚）/mm	市场价格/（元/张）
橡木板	2440×1220×9	160~220
	2440×1220×18	320~380
松木板	2440×1220×9	160~210
	2440×1220×18	300~360

11 原木板

■ 原木板定义

原木一般是指没有经过加工或者仅经过粗加工的木材。而原木板是指整块都是实木的板材。

■ 原木板的用途

真正的原木板在市面上非常少，有些商家将实木板称为原木板。真正的原木板一般是从整块木头切割而来，如茶台原木大板。如果用原木板做家具，同名称木材的原木板的价格比实木板要高出3倍以上。

■ 原木板的优点

第1点，原木板自然健康，无任何胶水，没有化学污染。

第2点，原木板有纯天然的木质纹理。

第3点，原木板的使用寿命较长，可以使用几十年以上。

第4点，原木板的原材料珍贵且不可再生，具有较高的保值性。

■ 原木板的缺点

原木板容易受到环境的影响，产生热胀冷缩的问题，容易变形。

12 密度纤维板

■ 密度纤维板定义

密度纤维板简称密度板，是将木头和其他植物纤维打成粉末加胶热压而成。

密度纤维板

■ 密度板纤维板用途

密度纤维板的密度分为高、中、低3种，家装中使用中密度纤维板较多，也叫中纤板，常用的厚度有 16mm、18mm和 20mm。

雕花样式

音响盖

密度纤维板压得很瓷实，加工很容易，上漆和贴皮都不难。密度纤维板特别适合做有造型的柜门，可以雕花和刻线条。木地板、音响面板和装饰硬包底等都能用上密度纤维板。

模压门板就是密度纤维板的常见应用方式。横压门板造型丰富，装饰性强。

模压门板常见款式

■ 密度板优点

第 1 点，密度板非常容易进行涂饰，各种涂料油漆都可涂抹在上面。

第 2 点，造价较低。

第 3 点，可修饰性较强。

第 4 点，用途广泛。

■ 密度板缺点

密度板防水性比较差，一旦受潮便膨胀得特别快，板子容易起翘，因此密度板最好别用在厨房、卫生间等容易起潮的地方。用它做好看的柜门行，但做承重的柜体就不太合适了，如做橱柜，水泡后易变形，板材强度会迅速下降。密度板的含胶量比较高，这就意味着甲醛含量略微偏高，购买时要注意看环保级别。

13 刨花板

■ 刨花板定义

刨花板也叫实木颗粒板，是把一些价值不高的木材或其他零碎木材剩料经过加工打碎，添加胶黏剂，在机器加热和高压力的作用下，压制成的人造板。与密度板工艺相似，经常会与密度板对比。

实木颗粒板就是不掺蔗渣和草渣等下脚料，只用木材原料的刨花板，依然是人造板材，并不是实木板。

刨花板

■ 刨花板的用途

因为刨花板内部是交叉错落的木纤维，纤维之间有相互作用力，所以板子韧性好、抗弯、不容易折断、能承重，适合做家具的柜体；而且刨花板比密度板轻，加工省力，也是现在深受人们喜爱的原因之一。

刨花板的防水性比密度板强一点，因为木纤维之间有作用力，吸水膨胀到一定程度就不再胀了，市场上有比较多主流品牌的橱柜柜体都是用刨花板制作。

刨花板表层比较平整，里层的纤维纵横交错，切开后再刷油漆或者贴皮都比较困难，因此刨花板不好做雕花和造型。

不过，目前贴皮技术非常成熟，仿原木纹理饰面做得以假乱真，让人分不清是真木、贴木皮、还是贴纸，因此要注意甄别。

■ 刨花板的价格

建材市场上，刨花板通常比密度板便宜，如一张 2440mm×1220mm×16mm 的素板，价格通常在 100 元左右。

14 碳化木

■ 碳化木的工艺

将木材放入一个相对密闭的环境中，对其进行高温（180~230℃）处理，从而制成拥有部分碳性特性的木材。碳化木具有吸水率低、防腐防虫、凸显木纹纹理、可加工性高等优点。碳化木多使用云杉加工，云杉本身是一种比较经济且产量稳定的常用木材。

碳化木部分款式

■ 碳化木规格和运用

部分碳化水产品规格和参考价格表如表 4-17 所示。

表 4-17 部分碳化木产品规格和参考价格表

产品种类	规格（厚 × 宽）/mm	整条长度 /m	参考价格 /（元 /m）
薄板	13×95	4	12.8
	18×90	4	16.8
地板	28×95	4	25
	45×95	4	38
凳面	45×120	4	48
	45×145	4	60

下图为碳化木的运用效果展示。

碳化木运用效果

■ 碳化木的优点

第 1 点，碳化木有着良好的防腐性能。普通木材在经过高温处理之后，微生物没有办法在木材内滋生，从而碳化木具有了防腐防虫的神奇功效。

第 2 点，碳化木不会对健康产生影响。因为碳化木完全是物理防腐处理，不添加任何化学制剂，比防腐木更加绿色环保、安全健康。同时，因为碳化木具有了碳的性质，在使用时还能够吸附空气中的杂质，让周围的空气变得更干净。

第 3 点，碳化木是非常环保的一种材料。因为碳化木的防腐性好，所以使用寿命长，使用碳化木作为原材料的产品的使用寿命也会更长，这样就可以节省很多的木材，保护森林资源。

15 防腐木

■ 防腐木的定义

将普通木材经过人工添加化学防腐剂加工之后，使其具有防腐蚀、防潮、防真菌、防虫蚁、防霉变和防水等特性。防腐木能够直接接触土壤和潮湿环境。防腐木的常见规格和参考价格如表4-18所示。

防腐木

■ 防腐木的用途

防腐木在室外主要用在户外地板、园林景观、花架、木秋千、娱乐设施和木栈道等位置，在室内装修主要用在地板和家具中。右图为防腐木在室外地面和室内阳台顶部的运用效果。

防腐木的运用效果

表4-18 防腐木的常见规格和参考价格表

产品种类	规格（厚×宽）/mm	整条长度/m	参考价格/（元/m）
薄板	10×40	4	3
	10×90	4	3.5
	15×60	4	4.5
厚板	17×90	4	6.5
	20×90	4	7
	25×90	4	8.5

■ 防腐木的优点

具有天然、环保、安全、防腐、防霉、防蛀和防白蚁侵袭等特点，并且易于上涂料和着色。

■ 防腐木的缺点

制作防腐木需添加防腐剂，具有轻微化学异味。颜色不均，色差大，无光泽。

■ 常见防腐木种类

北欧赤松：俗称"芬兰木"，具有很好的结构性能，纹理均匀细密，质量上乘，物理力学性能良好，可直接用于与水体、土壤接触的环境中，是户外园林景观中木制地板、围栏、桥体、栈道及其他木制品的首选材料。

美国南方松：又叫黄松，由于其特殊的细胞排列，防腐剂可深入地留存于木材中，且抗弯能力出色，其强度和比重都是最好的，具有优异的握钉力，是强度最高的西部软木。

中国樟子松：树质细、纹理直，价格适中，目前在中国防腐木市场颇受欢迎。

■ 防腐木选购技巧

第 1 点，看颜色。防腐木一般都呈绿色或蓝绿色，这是因为 CCA 或 ACQ 木材防腐剂中含有氧化铜。不过颜色并不是防腐木的主要质量指标。

第 2 点，看表面。查看木材表面有无节疤、裂纹和变形等现象。节疤不仅影响木材的美观，也是菌和虫等侵蚀木材的重要渠道。

第 3 点，看光洁度。可以观察防腐木的表面光洁度，用药剂没处理好的表面有粉末等杂质，颜色也不均匀，最好不要选择。

第 4 点，看渗入度。渗入度是指防腐剂进入木材的深度，渗入深度越大，则受保护的高压处理木材越不可能受到破坏。

第 5 点，看检验证书。一定要选择有产品检验合格证书的防腐木。

16 木塑

■ 木塑的定义

木塑简单来说就是塑料和木粉的结合物，因此它具有木材和塑料的特性。相比于木材，木塑不腐化、不怕水、防霉变、寿命长，还可以制成防火材料。

■ 木塑的结构成分

木塑又叫塑木，即塑木复合材料，指利用聚乙烯、聚丙烯和聚氯乙烯等，代替通常的树脂胶黏剂，与超过 35%~70% 的木粉、稻壳、秸秆等废植物纤维混合成新的木质材料，再经挤压、模压、注塑成型等塑料加工工艺，生产出的板材或型材。木塑主要用于建材、家具、物流包装等。

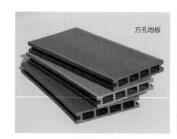

木塑款式样板

■ 木塑的分类

根据木塑主要使用的材料可以分为 PE 木塑和 PVC 木塑两大类。PVC 木塑又称生态木。

■ 木塑的优点

第 1 点，木塑具有与原木相同的加工性能，可钉、可钻、可切割、可粘接，可用钉子或螺栓连接固定，表面光滑细腻、无须砂光和油漆，且其油漆附着性好，可根据个人喜好上漆。

第 2 点，木塑有比原木更优良的物理性能，比木材的稳定性好，不会产生裂缝、翘曲、无木材节疤、无斜纹，加入着色剂、覆膜或复合表层可制成色彩绚丽的各种制品，因此无须定时保养。

第 3 点，能够满足多种规格、尺寸、形状和厚度的需求，也包括提供多种设计、颜色和木纹的成品，给顾客更多的选择。

第 4 点，木塑具有防火、防水、防腐蚀、耐潮湿、不被虫蛀、不长真菌、耐酸碱、无毒害和无污染等优良性能，维护费用低。

第 5 点，木塑有类似木质的外观，比塑料硬度高，寿命长，可热塑成型，强度高，节约能源。

第 6 点，木塑质坚、量轻、保温、表面光滑平整，不含甲醛及其他有害物质，无毒害、无污染。

■ 木塑的缺点

第 1 点，木塑室外运用的年限一般为 3~5 年。

第 2 点，抗氧化和抗光分解能力较差，就算加入抗氧化剂和 UV 添加剂，效果也不太理想，还会影响产品强度和色牢度。

第 3 点，木塑外表颜色单一，没有木质感，外观效果较差。

■ 木塑的参考价格

根据品牌和质量的差别，木塑的参考价格为 80~300 元 /m²，部分木塑价格在 300 元 /m² 以上。此价格根据其不同项目、不同品牌，以及定制等多方原因会有较大浮动，仅供参考。

17 欧松板

■ 欧松板定义

欧松板全称为定向刨花板，是一种建筑装饰材料，是将小型木材原料加工成长 40~100mm、宽 5~20mm、厚 0.3~0.7mm 的刨片，再通过多种工艺将刨片纵横交错排列，重新构成木质纹理结构的一种板材。这样的板材内部结构整体布置均匀，无接头、无缝隙、强度好。

欧松板

■ 欧松板的优点

第 1 点，防腐、防蛀、抗形变，阻燃能力强。

第 2 点，具有较好的防水性能，可长期暴露在自然环境和潮湿环境下。

第 3 点，甲醛释放量极低，属于真正的绿色环保产品。

第 4 点，握钉力强，易于锯、钉、钻、刨、锉和砂光。

第 5 点，稳定性非常好，不容易开裂和变形。

第1点，选择板面平整，掂起来有一定分量的欧松板，这类板材生产中受到的压力强度高，内部缝隙小、密实、结构强度更好。

第2点，欧松板的刨片越大越好，且上下表层与中层呈纵横交错的定向铺装结构。

18 桑拿板

■ 桑拿板的定义

简单地讲，桑拿板就是在桑拿房中使用的护墙板。桑拿板是一种专用于桑拿房的原木板材，经过高温脱脂处理，不易变形，容易安装。

桑拿板款式

■ 桑拿板的用途

桑拿板应用非常广泛，除了应用在桑拿房外还可以应用在以下区域。

吊顶：卫生间和阳台的吊顶可使用桑拿板。

护墙板：桑拿板可以作为墙面的内外墙板，而室内的桑拿板要比室外的墙板尺寸小一些。

■ 桑拿板的优点

桑拿板具有易安装、拥有天然木材的优良特性、纹理清晰、环保性好和不变形等优点，而且优质的进口桑拿板经过防腐、防水处理后，具有耐高温、易清洗、视觉效果好等优点。

桑拿板的运用效果

■ 桑拿板的缺点

桑拿板做吊顶容易沾油污，未经过处理的桑拿板防潮、防火、耐高温等性能较差。对于厨卫吊顶来说，桑拿板不太适合，且用作阳台吊顶容易受到高温的侵蚀而变色。

■ 桑拿板的种类及市场价格

桑拿板的主要板材有杉木、樟松、白松、红云杉、铁杉等，市场上的桑拿板价格为 40~50 元 /m^2。

19 UV 板

■ UV 板的定义

UV 板又叫装饰板，即在传统板材表面做 UV 保护处理后的板材。相比传统的板材，UV 板表面进行了亮光处理，色泽鲜艳、视觉冲击力强，耐磨且抗化学性强，不变色，易清理，使用寿命也更长。

白金星　　　　　浅咖网　　　　　52 红冰玉　　　　　绿玉

仿大理石纹路的 UV 板

■ UV 板的优点

第 1 点，环保健康。因为用的是环保无溶剂的 UV 漆，且要在 UV 光照下才能干固，形成的致密保护膜能降低基材气体的释放量，所以能达到环保健康的标准。

第 2 点，镜面高光。在这种特殊的 UV 工艺处理下，会产生一种镜面高光的效果，十分好看。

第 3 点，耐磨、耐腐蚀，不易变色。

第 4 点，漆膜丰满，表面光滑。

第 5 点，仿大理石效果显著，且成本只有真大理石的 1/3，能节约装修成本。

第 6 点，UV 板已是成品，只需在现场裁割就可上墙装饰，不用再喷漆，能节省装修时间。

■ UV 板的缺点

第 1 点，适用范围窄，不能用于室外墙面装饰，常用在商业内墙的装饰上。

第 2 点，UV 板做造型板更麻烦，而且成本很高。

■ UV 板常见规格及市场指导价

常见长宽规格为 2440mm×1220mm，厚度为 2.6~3.6mm，质量为 14~19kg/ 张。根据品牌及厚度不同，市场价格为 65~110 元 / 张。

▌4.4.3 五金件

1 轨道

■ 轨道的款型

轨道按照使用类别分为粉轨（已淘汰）、三节走珠轨道、三节阻尼走珠轨道和拖底轨道。

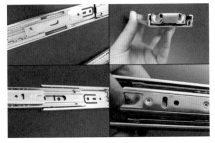

阻尼缓冲滑轨

■ 轨道的规格

轨道的长度对照如表4-19所示。

表4-19 轨道的长度对照表

轨道型号	长度 /mm
1寸	25
8寸	200
10寸	250
12寸	300
14寸	350
16寸	400
18寸	450
20寸	500

提示 如果柜子深度为550mm，那么选择的轨道长度应该为450mm。柜子深度尽量不要和轨道长度一样，最好错开100mm。

■ 轨道选购技巧

第1点，关于轨道的结构，首选整体连接的滑轨，承重性能好，其次是3点连接的结构。同时，滑轨的用材对滑轨的质量也起着至关重要的作用。选购时，当选质感好、硬度高、较重的滑轨。

第2点，因地制宜，按需选购。选购前要量好所需长度，确定好使用场景，需要多大的承重等。常规轨道能承受的质量为120kg左右。

第3点，亲身体验。好的抽屉滑轨拉出时感觉到的阻力小，并且当滑轨拉到尽头时，抽屉并不会脱落或者翻倒。在现场可以拉出抽屉，用手在抽屉上面按一下，看看抽屉是否出现松动，是否有哐哐作响的声音。同时，滑轨在抽屉拉出过程中的阻力、回弹力出现在什么位置，是否顺滑，这都需要在现场多推拉几次，观察以后才能判定。

第4点，做好长远规划。质量好的轨道能够省去诸多维修的烦恼。知名品牌的轨道壁板较厚，做工精细，经久耐用；小品牌的滑轨壁板较薄，做工粗糙，使用一段时间后会出现滑动不畅、有噪声和损坏等问题。

2 合页

■ 合页的定义

合页又名合叶，正式名为铰链。合页常组成两折式，是连接物体两个部分并能使之活动的部件。合页是安装门、窗和柜门等木工工程中常用的五金件。

常见铰链构造

常见铰链构造

U 型固定栓
连接铰杯与主体，加粗材质，稳固不易脱落

可调节螺丝
螺丝可调节 4mm 深度，左右不可调

可拆卸装饰盖

定位孔
底座定位科学，固定铰链不易移位

■ 合页选购技巧

选购时应注意观察合页的外表，要选择具有表面平坦均匀、无毛刺、手掂有沉重感、强度高、承重能力强、拆装方便、启闭灵活和消音等特点的合页。

■ 合页的保养

用干的软布轻轻擦拭，切勿用酸性清洁剂清洗。如果有黑点，可用少许煤油擦拭；如果使用时有噪声，可以涂点润滑油保养。

3 门吸

门吸按照材质可以分为塑料门吸和不锈钢门吸两大类。

■ 塑料门吸

塑料门吸大多是使用硅胶、橡胶等材质制成的，它是利用人们推门时的力量把门吸住，主要起到防碰撞的作用，而且它的价格较低，安装便利。

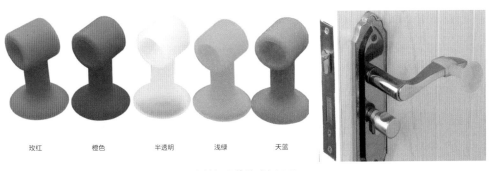

玫红　　橙色　　半透明　　浅绿　　天蓝

塑料门吸的款式与运用

■ 不锈钢门吸

不锈钢门吸坚固耐用，使用寿命比较长，外观比较精致，还具有防潮防腐的优点。一般不锈钢门吸的吸力比较强，而且还有缓冲槽设计，使用时不会产生很大的噪声。

常见不锈钢门吸款式与运用

■ 安装门吸的注意事项

第1点，安装门吸时，要先将门完全打开，看门锁和门板会不会碰撞墙面或其他物体，然后测量安装门吸的准确位置。如果门后有带柜门或抽屉的书柜或衣柜，则安装好的门吸应不阻碍柜门和抽屉的打开。

第2点，如果家中安装的是墙吸，则业主一定要监督施工人员将其安装在墙壁上，千万不要安装在踢脚板上，否则踢脚板容易被迫剥离墙体。

4 拉篮

拉篮属于目前市场上比较常见的五金件，分为不锈钢拉篮、铁镀铬拉篮和铁烤漆拉篮3类。拉篮使用频繁，属于易耗品，因此一定要买质量过硬的。

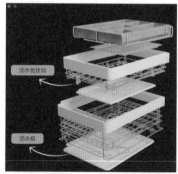
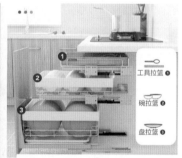

拉篮常见款式及构造

■ 拉篮的优点

拉篮可以对橱柜空间进行合理有效的划分，让多种厨具都能找到合适的摆放位置，增大了橱柜的储物空间。部分拉篮设计得非常人性化，甚至连橱柜中的废弃空间都利用了起来，对橱柜内部空间的利用扩大到最大。

■ 拉篮的缺点

为了满足不同厨具的收纳需求，拉篮在结构上一般都比较复杂，清洁起来往往也很不方便。在频繁使用后，拉篮容易出现轨道变形或者生锈的情况。因此在选购时，建议选择质量比较好且不易生锈的拉篮。

4.5 油漆类

4.5.1 底漆

1 底漆的组成

底漆是油漆工程的第 1 层漆，是用来提高面漆的附着力、饱和度和装饰性的基础层。底漆可以提高抗碱性和抗腐蚀性，并且可以保证面漆均匀吸收，从而使油漆装修达到更好的效果。

从组成成分上来说，底漆一般是由树脂、填料、溶剂和助剂 4 部分组成的。跟底漆相比，面漆的填充料加得很少或没有填充料。

2 底漆的作用

底漆用于封闭板材、填充毛孔和提高涂膜厚度，增加面漆的附着力和平整度，全面提升面漆的各项功能，保证面漆均匀附着，使整体效果更佳。无论面漆的性能有多好，都需要涂刷底漆。

4.5.2 清漆

清漆又名凡立水，清漆曾是家庭装修中最常见的漆种，原因在于它对施工的要求不高，无须专业人员就可以操作。清漆的流平性很好，出现了漆泪也不要紧，再刷一遍，漆泪就可以重新溶解了。

清漆具有透明、成膜快和耐水性好等优点，缺点是涂膜硬度不高、耐热性差，在紫外光的作用下易变黄等。

4.5.3 色漆

■ 色漆的样式

透明有色面漆 = 透明面漆（清漆）+ 色精，有色封闭剂 = 封闭剂 + 色精。色漆就是将透明色直接混入底漆或者面漆当中，然后在木材表面施工。

部分色漆款式　　　　　　　　　色漆应用效果

■ **色漆的优点**

第 1 点，附着力好，遮盖力强。

第 2 点，简单易用，使用寿命长。

第 3 点，耐候性强，抗紫外线。

第 4 点，适用范围广，多种材质可用。

第 5 点，涂布率高。

第 6 点，标准色漆有多色可选。

4.6 墙面工程类

4.6.1 腻子粉

1 腻子粉的作用

腻子粉是用来修补凹凸不平墙面的一种基材，为墙面下一步的装饰打下良好的基础，使墙面变得平整，其成分主要是滑石粉和胶水。腻子粉分为内墙腻子粉和外墙腻子粉两种，内墙腻子粉具有很好的环保性，相对来说内墙腻子粉综合指数更高一些；而外墙腻子粉要抵抗风吹日晒甚至是雨淋，所以胶性比较大，强度高，但是环保性能比起内墙腻子粉要差一些。因为各自的功能不同，所以使用上基本遵循"内墙不外用，外墙不内用"的原则。

腻子粉

2 腻子粉选购技巧

第 1 点，腻子粉分为耐水性腻子粉和一般性腻子粉两种，选购的时候要根据实际需求选购。墙面推荐使用优质的耐水性腻子粉。

第 2 点，腻子粉的外包装应该干净没有破裂的现象，且应注明产品的执行标准、生产日期、运输条件、存放条件、检验合格证和质量等相关产品介绍。为了自己和家人的健康，不推荐购买临时调配的非成品腻子粉。

第 3 点，如果装修师傅在作业的时候告诉你购买的腻子粉需要另外调配其他填料，一定要直接否决掉，让施工方换一种不用添加其他填料的产品。腻子粉本身具有健康环保、使用方便的特性，如果购买了以后还需要临时调配其他填料，说明其质量是存在问题的。

3 腻子粉使用注意事项

第 1 点，保存时注意防水和防潮。贮存期为 6 个月。

第 2 点，施工温度在 0℃以上，腻子粉调成膏状后应在 4~5h 内使用，避免时间过长变质。

第 3 点，不同的腻子粉不可在同一施工面使用，以免引起化学反应和色差。

4.6.2 砂纸

1 砂纸的定义

砂纸是一种附有研磨颗粒的纸，用于砂平物品的表面，或去除物品表面的附着物（如旧油漆），有时也用于增大摩擦力。根据不同的粗糙程度，砂纸可以分成不同的规格，以产生不同用途。

砂纸

2 砂纸常见规格

砂号数值越大表示砂纸越细，砂号数值越小则表示砂纸越粗。不同规格的砂纸用途介绍如表 4-20 所示。

表 4-20 不同规格的砂纸用途介绍表

产品规格	产品介绍	使用范围
60~240	这类属于粗砂系列，一般用于较硬和粗糙物品的打磨	如金属、玉石、木材和墙壁等
240~400	这类是经常使用的砂纸，用于粗打磨中的二次打磨	如墙壁等
400~2000	这类属于细砂纸，用于精细打磨	如红木家具、琥珀和菩提子等

4.6.3 防开裂胶

1 防开裂胶的定义

防开裂胶顾名思义就是防止墙面开裂，全名为防开裂接缝剂，采用力学性能强劲的环氧树脂，借助先进的成膜技术精制而成。

防开裂胶

2 防开裂胶的适用范围

适用于粘合室内装饰易开裂部位，主要用于夹板和石膏板的防开裂粘接，以及吊顶天花板接缝的填补。对石材、砖石、石膏板和硅酸板等相同或不同材质之间的缝隙，都能起到极强的防开裂作用。防开裂胶还可以用于混凝土墙身和地台等裂缝的修补。

4.6.4 网格布

1 网格布的作用

装修中使用到的网格布称为墙体网格布，又叫玻璃纤维体网格布，是以中碱或无碱玻璃纤维纱为原料，织成玻璃纤维网格布为基材，再涂覆丙烯酸共聚液并烘干后而制成的一种新型耐碱产品。

网格布

该材料很好地解决了因墙面抹灰层的收缩引起的龟裂、起鼓、脱落，以及墙体与混凝土墙、柱、梁之间的裂缝问题。

2 网格布的优点

第 1 点，化学稳定性好。抗碱、耐酸、耐水、耐水泥侵蚀，以及抗其他化学腐蚀；与树脂的黏合强度较大、易溶于苯乙烯等。

第 2 点，高强度、高模量、质量小。

第 3 点，尺寸稳定性好、硬挺、平整、不易收缩变形、定位性佳。

第 4 点，抗冲击性较好。

第 5 点，防霉变、防虫。

第 6 点，防火、保温、隔音、绝缘。

3 网格布的用途

新砌墙面：因为新砌的墙面水泥不太可能养护 1 个月以上，所以开裂可能性比较大，这个时候做乳胶漆刷腻子就要用到网格布。

开槽：开槽的地方首先要做一道网格布带。

找平层比较厚时：如果原来墙面不太平整，找平的时候找平层比较厚的情况下，需要先找平，然后贴网格布上腻子。

4.6.5 阴阳角线

1 阴阳角线的使用方法

阴阳角是装修行业的一个装修术语，指的是墙面阴阳角和天花板墙面的夹角。凹进去的为阴角，凸出来的为阳角。

PVC 阴阳角线

第 1 步，抹平墙面。用石灰和水泥砂浆抹平墙面，完工后检测一下是否平整，如果墙面不平，则阴阳角线的安装会很困难。

第 2 步，贴护角网。将护角网用力贴在水泥墙面上，当水泥砂浆从圆孔中溢出来的时候要及时抹平，一定要注意对齐。

第 3 步，清理墙角。既然要进行阴阳角线的安装，就应该保证墙角干净、整洁、无异物，尤其是抹完墙面以后要清理的地方很多。

第 4 步，确定位置并钻孔。在安装阴阳角线时应该先找到水平线，然后确定位置进行钻孔。

第 5 步，固定阴阳角线。进行正式的阴阳角线安装，注意阴阳角线的接头与平头应该相接。

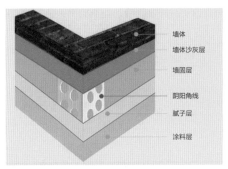

阴阳角线用法

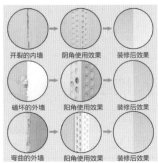

完成后效果

2 阴阳角线的优点

阴阳角线适用于各种墙体建筑施工中，可以简化施工程序、加快施工速度、降低工程成本、提高工程质量；可以有效地增加墙角的冲击性，防止墙角开裂；塑料护角有不生锈且不易老化的优良性质，可以使墙角保持长久美观。阴阳角线常见规格介绍如表 4-21 所示。

表 4-21 阴阳角线常见规格介绍表

类型	质量 /g	材料	规格（长 × 宽 × 厚）/mm	用途
85 克全新料	80	PVC	2400×19×0.8	室内施工
100 克全新料	100	PVC	2400×19×1.0	室内施工

4.6.6 硅藻泥

1 硅藻泥的定义

硅藻泥以硅藻土为主要原材料，用来替代墙纸和乳胶漆，适用于别墅、公寓、酒店和医院等内墙装饰。由于硅藻泥具有良好的温和性和可塑性，因此施工、涂抹上墙和制作图案时等都可随意造型。

常见单色硅藻泥

2 硅藻泥的优点

硅藻泥的多孔结构能够吸水，也能放水；潮湿时吸收空气中的湿气，干燥时再释放水分。除此之外，硅藻泥还有净化空气、吸附分解、使用寿命长、吸音降噪、隔热阻燃、色彩柔和和耐潮防霉等优点。

4.6.7 墙纸

1 墙纸的定义

墙纸也称为壁纸，是一种应用广泛的室内装饰材料。墙纸具有色彩多样、图案丰富、安全环保、施工方便和价格适宜等特点。

墙纸的部分款式与运用

2 墙纸的分类

目前主流的墙纸主要有 PVC 墙纸、无纺布墙纸和纯纸墙纸 3 类。

PVC墙纸是在纯纸或者无纺布上覆盖一层聚氯乙烯加工而成。PVC墙纸的优势主要是防水性能好、便于清理墙面、图案逼真和立体感强，劣势是透气性比较差。此外，PVC的材质决定了PVC墙纸的环保性能不太好。

无纺布墙纸是目前市面上的主流墙纸，一般由纯植物纤维或人造纤维经过加工而成。无纺布墙纸的优点是透气性能和防潮性能好，缺点是颜色比较素雅，以纯色或浅色系为主。

纯纸墙纸是用纯天然纸浆加工而成，优点在于环保性能好，透气性强、不易发霉；同时纯纸墙纸印刷效果好，色彩丰富，颜色靓丽。缺点是纯纸墙纸对于施工要求很高，稍有差错便会产生难看的裂缝；纯纸墙纸虽然颜色靓丽，但是立体感一般不强；纯纸墙纸防水能力差，不利于清理墙面。

3 墙纸的选购技巧

第1点，看。看一看墙纸的表面是否存在色差、皱褶和气泡，墙纸的图案是否清晰，色彩是否均匀。

第2点，摸。用手摸一摸墙纸，检查它的质感及纸的薄厚是否一致。

第3点，闻。这一点很重要，如果墙纸有异味，很可能是因为甲醛和聚氯乙烯等挥发性物质含量较高。

第4点，擦。裁一块墙纸小样，用湿布擦拭纸面，看看是否有脱色的现象。

4.6.8 墙布

1 墙布介绍

墙布是以布料为主要原料的墙面软装材料，可实现无缝粘贴，属于目前市面上较大的墙面装饰材料。选购方式与墙纸一致。

墙布款式与运用效果展示

2 墙布的优点

第1点，附着力强，无接缝、不翘边，无毒、无污染，抗氧化、抗老化，富有立体感，整体感强，质感丰富，有利于进行二次装修。

第2点，采用发泡底层，经过"三防"（防水、防霉、防污染）处理，具有阻燃、隔音、降噪、保温、透气、耐磨、防静电等优点。

第3点，容易打理，耐湿、耐擦洗，抗拉强度强。

第4点，综合使用成本低，使用寿命较长，更新成本低，性价比较高。更新花型或花色时，可以在旧墙布上直接粘贴新墙布，无须再做墙面处理，省工省时。

第5点，墙布产品种类丰富，有绣花、提花、烫金、印金、洒金、植绒、手绘、滴塑、压皱、复合等品种。产品风格涵盖欧式、中式、简约、现代、田园、儿童和工程等多种风格。

第6点，墙布的幅宽为 1.38~3.2m，长度可无限延长。

4.6.9 液态壁纸

1 液态壁纸定义

液态壁纸是一种新型艺术涂料，也称壁纸漆，是集壁纸和乳胶漆特点于一身的环保水性涂料。它通过各种特殊工具和技法配合不同的上色工艺，使墙面产生各种质感纹理和明暗过渡的艺术效果，满足了消费者多样化的装饰需求，是现代装饰空间很重要的材料。

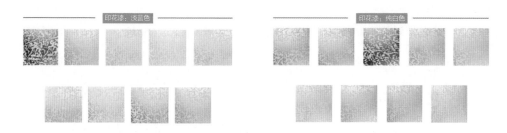

液态壁纸部分花纹款式

2 液态壁纸的优点

第1点，具有较好的装饰效果。丰富多彩的基色和图案花型搭配，极大地丰富了墙面的装饰效果，同时由于不同的折光效果，单调的墙体充满了立体感和流动感。

第2点，具有丰富的色彩效果。由于该产品运用高科技加工工艺，并利用光干涉原理，让同一种入射光产生不同色相的反射光，因此色彩可根据底色涂料、光源、角度不同而产生丰富多彩的变幻效果。

第3点，健康环保。由于液态壁纸的主要原料均采用高分子聚合物与进口珠光颜料，胶黏剂也选用无毒、无害的有机胶体，因此是真正天然的、环保的产品。

第4点，个性化的图案设计，多彩的系列产品。根据不同的材料和施工方法，液态壁纸可分为印花壁纸漆、滚花壁纸漆、立体壁纸漆、夜空壁纸漆、梦幻壁纸漆，这些液态壁纸可以达到不同的装饰效果，满足不同的客户需求。

3 液态壁纸的缺点

第1点，造价高。液态壁纸的天然原材料导致液态壁纸造价相对较高，因此在家居装饰中，考虑到造价的问题，一般都只是用液态壁纸做局部装饰。

第2点，施工难度大。液态壁纸的施工难度比较大，不仅对墙面的要求比较高，施工周期也比较长。如果家中要使用液态壁纸作为家庭的墙面装饰材料，则需要请专业的施工团队做。

4.6.10 乳胶漆

乳胶漆底漆

■ 底漆的定义

底漆是指直接涂到物体表面作为面漆坚实基础的涂料。要求底漆能在物面上附着牢固，以增加上层涂料的附着力，提高面漆的装饰性。根据涂装要求可分为头道底漆和二道底漆等。底漆与面漆用量如表4-22所示。

表4-22 底漆与面漆用量表

使用面积 /m²		40	50	60	70	80	90	100	110	120	130	140	150
底漆	用量 /L	10	12	14	17	19	21	24	26	28	33	33	33
	桶数（5L）	2	3	3	4	4	5	5	6	6	7	7	7
面漆	用量 /L	18	22	26	30	35	39	43	48	52	56	60	65
	桶数（5L）	4	5	6	6	7	8	9	10	11	12	12	13

■ 底漆的作用

第1点，封闭基层。墙面要进行粉刷，需要先刷底漆，这样可以有效地封闭基层，对基层进行包裹和隔离。

第2点，增强附着力。底漆的附着力和黏合强度更高。在刷乳胶漆前先刷底漆，能够提高乳胶漆膜与墙面的贴合力，有效地避免墙体起皮脱落。

第3点，填平基层。底漆可以修复基层（腻子层）的一些施工缺陷，如凹凸不平或者小坑洞，提升整个平面的平整度。

第4点，增强面漆装饰性。先刷底漆，可以保证面漆能够均匀地被吸收，让面漆的装饰效果更加丰满，使油漆系统发挥最佳的效果。尤其做色漆的时候，一定要刷底漆，这样才能提高颜色的均匀性和展色性。

第5点，抗碱性。现在生活节奏较快，很多家庭常常等不及腻子完全干透、碱性消失（需5~7天）就刷漆。这时就更有必要先刷一层抗碱性底漆，以封闭耐水腻子的碱性，否则涂料容易出现颜色不均的现象。

2 乳胶漆面漆

面漆又称末道漆，是在多层涂装中最后涂装的一层涂料。面漆应具有良好的耐外界条件的特性，又必须具有必要的色相和装饰性，并对底涂层有保护作用。在户外使用的面漆要选用耐候性优良的涂料。

面漆装饰效果

4.6.11 墙裙

1 墙裙定义

墙裙可以保护墙体，本身便于清洁，如果擦地的脏水溅到墙体，用抹布一擦就干净了，非常方便。墙裙的设计高度需要根据使用的材料综合考量。可以用漆、木板和铝塑板等材质的材料来设计墙裙，墙裙常用于卧室和客厅。墙裙除了具有一定的装饰性以外，也可以避免纯色墙体因人为活动摩擦而产生污浊或划痕。因此，常常选用耐磨性、耐腐蚀性和可擦洗等方面优于原墙面的材质来制作墙裙。

2 墙裙的作用

第1点，耐磨、抗冲击。

第2点，防紫外线、防辐射。

第3点，降低噪声，从而提高人的睡眠质量。

第4点，冬暖夏凉。

第5点，健康环保。

第6点，调节空气。

第7点，提升生活品位。

3 墙裙的分类

墙裙大致可分为4种类型：釉面砖墙裙、涂料墙裙、木质墙裙和软墙裙。

■ 釉面砖墙裙

釉面砖墙裙具有坚固耐用、防水防火、耐磨耐蚀、易清洗和易维修等优点，且价格适中，装饰效果好，主要用于厨房和卫生间。

■ 涂料墙裙

内墙涂料具有色彩亮丽、质感细腻、耐碱、耐水、透气好的特点。价格较其他3种墙裙更低，且操作方便，整修容易。

■ 木质墙裙

木质墙裙以纵横钢筋为骨架，用钉子钉在墙面上，表面再覆盖钉夹板，墙裙的顶部用木压条封口。木质夹板的纹理多呈曲线，具有天然韵味。也可以用刨花板、纤维板、胶合板等板材做基底，用人造木纹板、塑料贴面装饰板、玻璃钢装饰板、聚氯乙烯装饰板等作为饰面板。木质墙裙具有硬度高、耐酸碱、耐高温、易于擦洗等特点。

木质墙裙运用效果

■ 软墙裙

软墙裙适用于 0~12 岁儿童玩耍的场所，可以起到保护儿童的作用。软墙裙以人造草、织锦缎、仿粗花呢等软质面料为饰面，价格略高。

4.7 装饰玻璃类

4.7.1 灰镜和茶镜

灰镜和茶镜属于玻璃制品，是一种表面经过化学镀色和真空蒸镀所形成的反光材质。在家装中，经常切割后再拼接起来使用。

灰镜和茶镜常见款式

4.7.2 烤漆玻璃

1 烤漆玻璃的工艺

烤漆玻璃在业内也叫背漆玻璃，分为平面烤漆玻璃和磨砂烤漆玻璃。制作方法是先在玻璃的背面喷漆，然后放入 30~45℃的烤箱中烤 8~12h。也有很多喷漆后采用自然晾干的方式，不过自然晾干的漆面附着力比较小，在潮湿的环境下容易脱落。

黑色烤漆

超白玻璃白色烤漆

普白玻璃白色烤漆

红色烤漆

蓝色烤漆

烤漆玻璃部分款式

2 烤漆玻璃的优点

第1点，耐水性和耐酸碱性强。

第2点，使用环保涂料，健康安全。

第3点，附着力强，不易脱落。

第4点，防滑性能优越。

第5点，抗紫外线和抗颜色老化性强。

第6点，色彩的选择性强。

第7点，耐候性和结构胶相容性强。

第8点，耐污性强，易清洗。

4.7.3 玻璃砖

1 玻璃砖的定义

玻璃砖就是用玻璃材料压制而成的块状材料，一般分为实心玻璃砖和空心玻璃砖，还有高端一点的饰面砖等。玻璃砖一般用于家庭隔断或者地面材料。

2 玻璃砖的规格和样式

玻璃砖常见规格（长 × 宽 × 高）如下所示。

190mm × 190mm × 95mm

190mm × 190mm × 80mm

145mm × 145mm × 95mm

145mm × 145mm × 80mm

240mm × 240mm × 80mm

190mm × 90mm × 95mm

190mm × 90mm × 80mm

240mm × 115mm × 80mm

玻璃砖的部分花色款式如下图所示。

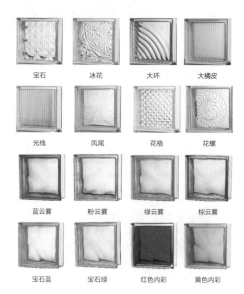

宝石　冰花　大环　大橘皮

光线　凤尾　花格　花螺

蓝云雾　粉云雾　绿云雾　棕云雾

宝石蓝　宝石绿　红色内彩　黄色内彩

玻璃砖部分花色款式

玻璃砖在场景中的应用效果如下图所示。

玻璃砖的应用效果

3 玻璃砖的优点

第1点，良好的透光性。对于采光不好的区域，利用玻璃砖能够把其他空间的光线导入。例如，卫生间、书房、走道、衣帽间、厨房等采光不足的地方都可以使用玻璃砖。

第2点，可以选择不同清晰度和透明度的玻璃砖，满足不同的保护隐私的需求。

第3点，具有较高的审美价值，有多种花纹和颜色可以选择。

第4点，健康环保。玻璃本身对人体无害，粘接用的辅料水泥、填缝剂和防水胶等干透后也不会释放有害物质。

4 玻璃砖的缺点

第1点，安装玻璃砖的价格较高。用普通尺寸（190mm×190mm×80mm）的玻璃砖作为材料铺贴1m² 需要25块砖，每块玻璃砖的单价为10~20元，并且还需要加上人工和辅料等费用。

第2点，安装比较困难。

第3点，不能打孔悬挂物品，应尽量避免撞击，否则易引起结构损坏。

第4点，玻璃砖不能切割，因此安装预留的"洞口"要与整块玻璃砖的尺寸相符。

4.7.4 钢化玻璃

1 钢化玻璃定义

钢化玻璃其实是一种压应力玻璃，属于安全玻璃。为提高普通玻璃的强度，通常使用物理的方法，将玻璃加热到700℃左右，再快速均匀冷却，在玻璃表面形成压应力，玻璃承受外力时首先抵消表层应力，从而提高承载力，增强玻璃自身抗风压性、耐寒暑性和抗冲击性等。注意区别玻璃钢与钢化玻璃。

2 钢化玻璃的优点

第1点，具有良好的抗风压性、耐寒暑性和抗冲击性。

第2点，机械强度高，弹性好。

第3点，热稳定性好，碎后不易伤人。

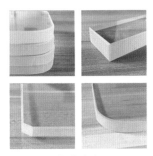

钢化玻璃

钢化玻璃爆裂后的形态

3 钢化玻璃的缺点

第 1 点，虽然钢化玻璃的强度增大了，但是在温差变化大的时候有一定的自爆概率，普通玻璃则不会。

第 2 点，钢化玻璃不能进行再加工，只能在钢化前做造型处理。

4.7.5 雾化玻璃

1 雾化玻璃的定义

雾化玻璃是将液晶膜固化在两片玻璃之间，经过特殊工艺胶合后一体成型的夹胶结构的新型特种光电玻璃产品。

2 雾化玻璃的原理

在自然状态下，雾化玻璃内部的液晶分子无规则地排列，液晶折射率比外面聚合物的折射率低，入射光在聚合物层发生散射，呈乳白色，即不透明。通电以后，弥散分布的液晶分子迅速从无规则排列变为定向有规则排列，使液晶的折射率与聚合物的折射率相等，入射光完全可以通过，形成透明状态。不透明与透明两种状态可以瞬间随意转换。

玻璃

胶片

ITO 膜

液晶分子

ITO 膜

胶片

玻璃

雾化玻璃结构

3 雾化玻璃的优点

雾化玻璃对人体没有危害，其物理、化学特性也非常稳定。这是一种钢化夹胶玻璃，即使碎了，玻璃片也不尖锐，不会散到地上，因此不会对人体造成伤害。

4.7.6 艺术玻璃

艺术玻璃主要有两种：一种是打印的冰晶画，另一种是雕刻的玻璃。目前市场上以雕刻的玻璃为主。

艺术玻璃一般都为定制产品，虽然价格略高，但花色可随意定制，灵活性高。

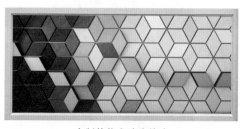

定制的艺术玻璃款式

4.8 胶水类

4.8.1 AB胶

1 AB胶简介

　　AB胶由两种成分构成：本胶和硬化物。使用时必须把两种液体按照比例混合均匀，固化后才能得到坚硬的效果。AB胶不需要额外加热，常温便可以固化。

AB胶

2 AB胶的优点

　　AB胶具有高拉伸、高剪切、抗冲击、抗震动和耐剥离等优点。AB胶可用于金属与金属黏接、塑料与金属黏接、塑料与塑料黏接、木材与木材黏接，适用范围广。AB胶可以用到装饰品、手办和吊顶天花板制作中，不会流挂。胶体采用环保材质制成，安全环保，如需剥离，使用高熔点（100℃）分离或者小刀割开即可。

4.8.2 玻璃胶

1 玻璃胶的用途

　　玻璃胶作为一种专业收边的胶黏剂，不仅可以用于粘玻璃，还会出现在装修的各种地方。例如，洗手池台面与墙面之间的缝隙、橱柜台面与水槽之间的缝隙、门套与墙面之间的缝隙、马桶底部与地面的缝隙、淋浴房底部与地面的缝隙。此外，还有卫生间化妆镜、浴缸、拖把池、窗户、下水管口、踢脚线等很多有缝隙的地方都需要用玻璃胶密封。

2 玻璃胶的分类

　　玻璃胶分为酸性玻璃胶、中性玻璃胶和免钉胶三大类。

■ 酸性玻璃胶

　　开启后有明显的刺鼻性气味，黏性很强，固化时间短，通常2h左右表面就能干燥，24h可以彻底固化。酸性玻璃胶具有一定的腐蚀性，因此很多东西都不能用，如镜子，酸性玻璃胶会腐蚀镜子背后的涂层。但是，木线背后的哑口处和踢脚线处等需要特别强的粘力的地方，最好就用酸性玻璃胶。

■ 中性玻璃胶

没有刺鼻性气味，也没有腐蚀性，但是黏性较弱，固化时间稍长，一般3~4h表面才干燥，48h才能完全固化。

因为中性玻璃胶味道小且没有腐蚀性，所以在室内装修中应用最为广泛。中性玻璃胶又分为防霉密封胶、耐候密封胶、石材密封胶、管道密封胶、水族箱专用胶等，不同胶适用于不同场合。例如，厨卫等潮湿的地方用防霉密封胶，窗户用耐候密封胶等。

■ 免钉胶

可视为中性玻璃胶的加强版，结合了酸性和中性玻璃胶的优点，粘力大，承重性好，同时又没有腐蚀性。免钉胶经常用于较重物品和墙面的粘贴，如镜子、画框等。

3 玻璃胶的市场价格

相同品牌、相同系列的玻璃胶，中性比酸性贵3~4元，免钉胶价格是中性玻璃胶的2~3倍。中档的玻璃胶基本都在25元/支以上，高档的在80元/支及以上。一般来说，价格越贵，性能越好。

4 玻璃胶的颜色

玻璃胶常见的颜色有黑色、瓷白、透明、银灰和古铜等。尽量选择与使用场合、使用型材颜色相匹配的玻璃胶。实在没有相搭配的颜色时，就选择透明色的。

4.8.3 结构胶

1 结构胶的定义

结构胶是一种强度很大的胶水，主要用于结构性的黏接，在家庭装修中用于镀膜玻璃、金属、石材和木板等材料的黏接。

结构胶与施工工具

2 结构胶的特性

第1点，施工工艺简单，无须搅拌，套上工具就可直接使用。

第2点，具有良好的韧性，抗位移时间长，固定强度大。

第3点，黏合强度高，黏接物体不易脱落，承重性好。

第4点，耐候好，能够在高温与低温的环境中保持良好的耐老化特性。

第5点，固化时间短。

4.8.4 热熔胶

1 选择适合的热熔胶

第 1 点，胶的颜色有差别。如果被黏接物本身对颜色没有特殊要求，推荐使用黄色热熔胶，一般来说，黄色热熔胶比白色热熔胶黏性更好。

第 2 点，被黏接物表面处理。虽然热熔胶对被黏接物的表面处理没有其他胶黏剂那么严格，但被接物表面的灰尘、油污也应做适当的处理，这样才能使热熔胶更好地发挥黏接作用。

第 3 点，作业时间。作业快速是热熔胶的一大特点。热熔胶的作业时间一般在 15s 左右，随着现代生产方式的不断进步，对热熔胶的作业时间要求越来越短，如书籍装订和音箱制造对热熔胶的作业时间要求为 5s 左右。

第 4 点，抗温。热熔胶对温度比较敏感。高于一定温度，热熔胶开始软化，低于一定温度，热熔胶会变脆，因此选择热熔胶必须充分考虑产品所在环境的温度变化。

第 5 点，黏性。热熔胶的黏性分早期黏性和后期黏性。只有早期黏性和后期黏性一致，才能使热熔胶与被黏接物保持稳定。在热熔胶的生产过程中，应保证其具有抗氧性、抗卤性、抗酸碱性和增塑性。被黏接物材质不同，热熔胶所发挥的黏性也有所不同，因此，应根据不同的材质选择不同的热熔胶。

2 热熔枪及配胶

需要选择匹配的热熔枪来使用热熔胶。

热熔胶与热熔枪

4.8.5 发泡胶

发泡胶也叫泡沫填缝剂。在家装中的用途非常广，可用于窗缝、门缝、空调洞、壁柜和管道缝隙等的填充。

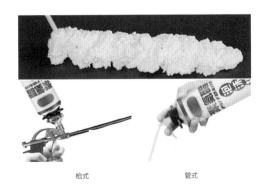

■ 发泡胶的优点

第 1 点，成本低。

第 2 点，使用便捷、易上手。

第 3 点，防水性能优异。

第 4 点，不易燃烧，安全系数高。

枪式　　　　　　　管式

发泡胶

4.9 杂项类

4.9.1 槽钢

槽钢是截面为凹槽形的长条钢材。其规格表示方法：腰高×腿宽×腰厚，如120mm×53mm×5mm，表示腰高120mm、腿宽53mm、腰厚5mm的槽钢，或称12#槽钢。腰高相同的槽钢，如有几种不同的腿宽和腰厚也需在型号右边加a、b、c以区别，如25a#、25b#、25c#等。槽钢在旧房改造中可用作墙体支柱，或阁楼架空支柱等结构性立柱。

槽钢

4.9.2 工字钢

工字钢是一种"工"字形截面钢材，上下翼缘内表面有倾斜度，一般为1:6，使得翼缘外薄而内厚，因此工字钢在两个主平面的截面特性相差巨大，在应用中难以发挥钢材的强度特性。虽然市场上也出现了加厚工字钢，但工字钢的结构已经决定了其抗扭性能较差。在家装中一般将其用作架空阁楼的横向钢梁。横向支撑是其优势。

工字钢

4.9.3 方管

方管是一种空心方形截面的轻型薄壁钢管，也称为钢制冷弯型材。在家装中，方管可用作隔断墙体的龙骨或跨度较小的阁楼支架等。

方管按材质分类可分为普碳钢方管和低合金方管。常见的方管规格（长×宽×壁厚）如下页所示。

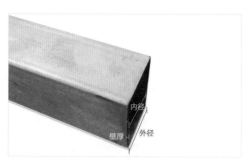

低合金方管

20mm×20mm×1mm	20mm×30mm×1mm	20mm×30mm×2mm	20mm×40mm×2mm
20mm×40mm×3mm	30mm×30mm×2mm	30mm×40mm×3mm	30mm×45mm×3mm
40mm×40mm×2.5mm	40mm×40mm×3mm	40mm×50mm×2.5mm	40mm×50mm×3mm
40mm×60mm×3mm	40mm×60mm×4mm	40mm×80mm×2.5mm	40mm×80mm×3mm
40mm×80mm×4mm	40mm×100mm×2.5mm	40mm×100mm×3mm	40mm×100mm×4mm
60mm×80mm×3mm	60mm×80mm×4mm	60mm×100mm×4mm	60mm×100mm×5mm
80mm×80mm×4mm	80mm×100mm×5mm	80mm×100mm×10mm	90mm×90mm×5mm
90mm×90mm×6mm	100mm×100mm×5mm	100mm×100mm×6mm	100mm×126mm×4mm
100mm×126mm×5mm	100mm×150mm×4mm	100mm×150mm×6mm	100mm×200mm×4mm
100mm×200mm×10mm	120mm×120mm×5mm	140mm×140mm×10mm	

▌4.9.4 水泥钉

水泥钉具有高强度穿透力，加厚钉帽不易掉帽，表面经过防锈和防腐蚀处理，适用于木制品和土制品等，使用方便、效率高。水泥钉常见尺寸如表 4-23 所示。

水泥钉

表 4-23 水泥钉常见尺寸表

型号	长度 /mm	钉体直径 /mm	钉帽直径 /mm
8分	20	2	4
1寸	30	2.4	4.3
1.5寸	40	3	5.9
2寸	50	3.4	6.5
2.5寸	60	3.6	7.6
2.8寸	70	4	7
3寸	80	4.5	8.9
4寸	100	4.7	9.5

▌4.9.5 自攻螺丝钉

自攻螺丝钉在使用时无须提前开孔，在拧入自攻螺钉的同时，使内螺纹自动成型。自攻螺丝钉主要用于木板固定，如天花埃特板与地板的固定。

不锈钢沉头自攻螺丝钉

中碳钢沉头自攻螺丝钉

4.9.6 钢排钉

1 钢排钉及其配套工具

钢排钉在装修中的用途比较广，不同型号的钢排钉能够在砖墙水泥砂浆、硬质木材、轻质龙骨和水电安装线槽中使用。钢排钉具有高强度、使用寿命长和韧性高等优点，且施工时方便快捷。

钢排钉

钢排钉配套枪具

2 钢排钉型号

钢排钉常见型号如表 4-24 所示。

表 4-24 钢排钉常见型号表

型号	钉子线径	钉子长度
ST18	2.2mm	18mm
ST25	2.2mm	25mm
ST32	2.2mm	32mm
ST38	2.2mm	38mm
ST45	2.2mm	45mm
ST50	2.2mm	50mm
ST57	2.2mm	57mm
ST64	2.2mm	64mm

3 钢排钉用途

专门用于线槽、地脚线与混凝土的钉合。

线槽   地脚线   混凝土

第 5 章
家装主材详解

5.1 地砖类 | 5.2 墙砖类 | 5.3 装饰砖类 | 5.4 装饰石材类 | 5.5 收边条类

5.6 地板类 | 5.7 厨卫天花板类 | 5.8 开关控制类 | 5.9 门类 | 5.10 窗类 | 5.11 橱柜类 | 5.12 卫浴洁具类

扫码看视频

5.1 地砖类

5.1.1 通体砖

1 通体砖的定义

通体砖是将岩石碎屑经过高压压制后再烧制而成的，其表面抛光后的坚硬度可与石材相比，且吸水率低，耐磨性好。通体砖的表面不上釉，而且正面和反面的材质及色泽一致。

在家装中常说的防滑砖很多都是通体砖。与釉面砖相比，通体砖花色不如釉面砖丰富，样式比较单一。不过现在很多家庭都喜欢简约现代风格，因此通体砖也深受大众喜爱，适用范围也比较广，如过道、大厅等。

通体砖样式

2 通体砖常见尺寸

通体砖的主要规格（长 × 宽 × 厚）如下所示。

45mm×45mm×5mm　　　　　45mm×95mm×5mm

108mm×108mm×13mm　　　200mm×200mm×13mm

300mm×300mm×5mm　　　　400mm×400mm×6mm

500mm×500mm×6mm　　　　600mm×600mm×8mm

800mm×800mm×10mm

3 通体砖的用途

通体砖被广泛用于室内的大厅、厨房、过道、墙面，以及室外的外墙、走道和广场等区域。

4 通体砖的优点和缺点

优点：样式古朴、价格实惠、耐磨防滑，表面抛光后为抛光砖，坚硬度可与石材相比，吸水率低。

缺点：虽然现在还有渗花通体砖等品种，但相对来说，其花色比不上釉面砖。

5.1.2 抛光砖

1 抛光砖的定义

抛光砖是通体砖坯体的表面经过打磨而制成的一种光亮的砖，属通体砖的一种。相对通体砖而言，抛光砖表面要光洁得多。因为抛光砖是把颜色渗入到砖体里面，所以在表面以下1~2mm的砖体的颜色与表面是相同的。抛光砖的基本性能指标如表5-1所示，抛光砖的基本规格如表5-2所示。

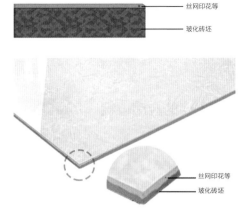

丝网印花等
玻化砖坯

丝网印花等
玻化砖坯

常见的抛光砖样式　　　　　　　　　抛光砖结构分析

表 5-1 抛光砖的基本性能指标

性能类型	性能指标
吸水率	≤ 0.5%
表面光泽度	≥ 55
表面莫氏硬度	6 级以上
表面质量	斑点、起泡、溶洞、落脏、磕碰、麻面，距离 1m 处目测不明显 裂纹、漏抛、漏磨、划痕、色差，距离 3m 处目测不明显
平整度	≤ 0.5%
尺寸偏差	±0.6%
耐磨性	良好
耐酸碱性	良好
耐急冷急热性	良好

表 5-2 抛光砖的基本规格

名称	抛光砖
产品等级	优等品（最好的砖），一等品（有轻微瑕疵的砖）
尺寸规格	600mm×600mm（常用），800mm×800mm（常用），1000mm×1000mm
单片质量	15~25kg
厚度	10mm 左右
每箱片数	2~3 片 / 箱
单价	0~60 元 / 片（大品牌价格），10~30 元 / 片（小品牌价格）

2 抛光砖的制作流程

抛光砖的制作流程: 原料→球磨→成浆→喷雾干燥→压制成型→印花→烧成→抛光→分级。

抛光砖烧制完工后　　　　　　　抛光砖打磨抛光后

砖体的抛光处理示意

3 抛光砖的应用位置

家装: 适用于客厅、餐厅、卧室的地面及墙面(除了厨房、卫生间),适合于各种设计风格。

工装: 适用于地面和墙面,适合于各种设计风格。

4 抛光砖的优点

第1点,无放射性元素。抛光砖的原料为无机非金属,这些原料一般不含有放射性元素,即使有也是极微量,且放射性检测达标,并且经高温烧结,不会对人体造成伤害。

第2点,色差小。抛光砖通过原料调配,基本上可以达到同批产品花色一致,无色差。

第3点,抗弯曲强度高。抛光砖由数千吨液压机压制成型,再经1200℃以上高温烧结,强度较高。

第4点,质量小。抛光砖与天然石材相比,砖体较薄,质量比较小。

第5点,防滑性较好。抛光砖经过抛光,与鞋底的接触面积大,可增大行走时的摩擦力。

第6点,耐磨度高。抛光砖表面陶瓷粉料厚实,又经过高温烧成,比较耐磨。并且抛光砖能保证在10~15年原面磨损较少,故使用寿命长。

5 抛光砖的缺点

第1点,颜色纹理相对单一。抛光砖砖面纹理变化不多,并且没有印花流程,无法展现更为复杂的图案和花样,因此颜色纹理相对单一。

第2点,抗污性较差。抛光砖在制作时留下的凹凸气孔会藏污纳垢,导致表面很容易渗入污染物,因此需要经常打理。

6 设计师对于抛光砖的选用

设计师在设计空间时,可以根据空间的要求、效果、搭配和抛光砖的优缺点来选用抛光砖。例如,业主的要求是地面耐磨性高、造价低等,那么可以使用抛光砖。满足空间及业主的要求并给予业主关于主材选择的建议,是设计师作为空间把控者的一项基本技能。

问：抛光砖使用时为何经常要打蜡?

答：抛光砖经常摩擦会失去光泽，定期打蜡可以增强砖的光泽度，便于防污与清洁。

问：抛光砖铺贴外墙时为何选择干挂?

答：抛光砖吸水率低，背面光滑，用水泥砂浆不易粘牢；另外抛光砖自重大，容易跌落，因此选择干挂更安全。

5.1.3 仿古砖

1 仿古砖的定义

仿古砖是釉面瓷砖的一种，胚体为炻瓷质（吸水率为3%左右）或炻质（吸水率为8%左右），用于建筑墙面和地面，由于其花色有纹理，类似于石材贴面用久后的效果，行业内一般简称为仿古砖。仿古砖是从彩釉砖演化而来，实质上是上釉的瓷质砖，与普通的釉面砖相比，其差别主要表现在釉料的色彩上面。仿古砖属于普通瓷砖，与瓷片基本是相同的。所谓仿古，指的是砖的效果，所以应该叫仿古效果的瓷砖。仿古砖与普通瓷砖。唯一不同的是在烧制过程中，仿古砖对技术要求相对较高。仿古砖是经数千吨液压机压制后，再经千度高温烧结而成，因此其强度高，具有极强的耐磨性。经过精心研制的仿古砖具有防水、防滑、耐腐蚀，以及不难清洁的特性。

仿古砖常见款式

2 仿古砖的优点

第1点，仿古砖品种和花色较多，规格齐全，可以说是抛光砖和瓷片的结合体。仿古砖的花纹有皮纹、岩石、木纹等系列，看上去和实物非常接近，足以以假乱真。

第2点，仿古砖的抗污性能好，普通的瓷砖长时间使用后表面会变得蜡黄，吸污严重，使用5年左右，就必须重新装修和铺贴。仿古砖几乎没有这样的问题，就算是人流大、使用频率高的公共场合长时间使用后，仿古砖和刚铺贴时还是一样的。

第3点，因为仿古砖表面的花纹能很好地起到防滑作用，所以在公共场合仿古砖的使用率比较高；在家庭中考虑到老人和小孩的安全问题，也可使用仿古砖。

第4点，仿古砖的清洁非常方便。

3 仿古砖的应用

混搭风格、美式风格、新中式风格的设计都会大量运用仿古砖。由于仿古砖的防滑性能好，一般会大量运用在卫生间和阳台等水汽比较多的地方。

第1点，鉴别仿古砖优劣的方法有很多，常用的方法是测吸水率、听敲击的声音、刮擦砖面和细看色差等。测吸水率最简单的操作是把一杯水倒在瓷砖背面，扩散迅速表明吸水率高。由于厨房和卫生间常处于潮湿环境中，因此不建议使用仿古砖，必须用吸水率比较低的材质。好的仿古砖用手敲击后会发出清脆的声音，即使用硬物划一下砖的釉面也不会留下痕迹，而且同批砖的色差非常小，光泽纹理一致。

第2点，仿古砖的款式一般分为浪漫欧洲、原始非洲、神秘埃及、古印度风情、儒雅中国、古巴比伦王国等几个系列，目前比较流行的是浪漫欧洲和儒雅中国系列的仿古砖。

第3点，目前最为流行的仿古砖款式有单色砖和花色砖之分。单色砖主要用于大面积铺装，而花色砖则作为点缀用于局部装饰。一般花色砖的图案都是手工彩绘的，表面为釉面，复古中带有时尚感，简洁大方又不失细腻。

第4点，注意搭配。在视觉上，大块砖使表面扩展，小块砖能丰富小空间。原则上欧式古典风格可用小尺寸仿古砖，现代时尚风格可用大尺寸仿古砖；小房间使用小尺寸的仿古砖，大房间使用大尺寸的仿古砖。但是按时下的流行趋势，人们喜欢视野开阔一些，故以大块砖为主。

第5点，仿古砖同样要精心保养。亚光面仿古砖抗油性差，清洁时可用中性清洁剂清洗；而釉面仿古砖表面无细孔，日常保养不要打蜡，以免砖面变滑。

5.1.4 全抛釉瓷砖

1 全抛釉瓷砖的定义

全抛釉瓷砖不同于普通抛光砖，其表面的釉料为专用的水晶耐磨釉，经高温烧结后分子完全密闭，几乎没有间隙，能长时间保持高亮不黯淡，且坚硬耐磨，装修时使用全抛釉瓷砖可使房屋更加光洁亮丽。

全抛釉瓷砖部分款式

2 全抛釉瓷砖的规格

全抛釉瓷砖的尺寸规格：250mm×250mm、300mm×300mm、300mm×400mm、300mm×450mm、300mm×500mm、300mm×600mm、400mm×400mm、500mm×500mm、600mm×600mm、600mm×900mm、1000mm×1000mm 等，厚度为10mm 左右。

❸ 全抛釉瓷砖的应用

全抛釉瓷砖的适用范围：客厅、卧室、书房，酒店的大堂地面、墙面、柱体、电梯间、过道，甲级写字楼的墙面干挂、接待台形象墙、电梯大堂墙和地面等。

❹ 全抛釉瓷砖的优点

第1点，高档精致。全抛釉瓷砖的花纹看起来非常的细致独特，毫无粗糙之感，并且花纹颜色也丰富多样。

第2点，百搭。全抛釉瓷砖的表面光亮、色泽匀称、图案丰富，设计极具个性化，可搭配各种家居装饰。

第3点，使用寿命长。全抛釉瓷砖的表面是水晶耐磨釉面，能够较长时间地保持光亮、不褪色，比较耐磨。

第4点，吸水，透气。全抛釉瓷砖具有非常好的透气性，而且吸水率较低，相比其他天然材质的瓷砖，这种瓷砖的质地均匀、稳定、致密。

❺ 全抛釉瓷砖的缺点

第1点，硬度不足。虽然该瓷砖较坚硬又耐磨，但市面上的全抛釉瓷砖普遍存在硬度不足的情况，使用中釉面容易出现刮花和留痕等现象。

第2点，抗冲击力差。全抛釉瓷砖表面都比较脆弱，如果将其装饰在通道和墙面等地方，很容易因碰撞而破碎，因此其抗冲击力比较差。

第3点，釉面偏薄。全抛釉瓷砖的表面材质普遍偏薄，因此在经济性和耐用性等方面仍有很大的提升空间。

5.1.5 柔光砖

❶ 柔光砖的定义

柔光是相对抛光而言的，也就是非亮光面。柔光砖可以避免光污染，维护起来比较方便。抛光亮面砖与柔光砖所用的釉料不同，一般柔光砖的烧制温度要比抛光亮面砖高，柔光砖相对抛光亮面砖容易吸脏，但不会渗到釉面内，用常见的清洁剂就可去除。柔光砖在强光照射下对人的眼睛损伤较小，而且视觉效果也较好。因此有些人认为柔光砖优于抛光亮面砖，并且更有品位。

柔光砖部分款式　　　　　　　　　柔光砖运用效果

2 柔光砖的优点

第1点，视觉舒适，无光污染。通过砖面柔抛技术，照射到柔光砖表面的光线会产生散射光效果，降低砖面反光率，使其质感更柔和、细腻，从而解决了亮光瓷砖产品的光污染问题，并营造出视觉舒适且极具艺术气息的温暖空间，体现出更适合人居住的"柔和空间"理念。

第2点，坚固耐磨，不易刮花。柔光砖耐磨且不易刮花，同时也解决了仿古砖容易藏污的问题，清洁打理更方便。相对于全抛釉、微晶石出现划痕很容易显现出来，柔光砖的划痕不容易看出。

第3点，砖面更平整，不显"水波纹"。常规的高亮釉面砖，在抛光时容易造成砖面不平整，出现"水波纹"现象，影响铺贴效果，而柔光砖不存在这种情况。

第4点，层次更强，手感更佳。相较于传统抛光砖和全抛釉瓷砖，柔光砖更容易凸显石材的质感和纹理的立体感，层次更立体丰富，高度迎合了高品质家居生活人群的极致追求。

5.1.6 大板砖

1 大板砖的定义

大板砖就是超出常规规格的大尺寸瓷砖。为了消除传统小规格瓷砖带来的审美疲劳，各大瓷砖品牌纷纷推出了大规格瓷砖。大规格瓷砖除了铺贴简单、缝隙少、能减少细菌滋生外，还有更好的视觉效果，相对传统小瓷砖更有优势，因此深受消费者的喜爱，也越来越受市场欢迎。大板砖常见规格（长 × 宽）如下所示。

600mm×900mm	900mm×900mm
600mm×1200mm	800mm×1600mm
900mm×1800mm	1200mm×2400mm
1500mm×3000mm	1600mm×3200mm

2 大板砖的运用

■ 工装大堂

一个漂亮的大堂能更好地展现企业的形象与实力，而大板砖可以轻松打造出现代时尚、大气奢华的装饰风格，带来无与伦比的高端感受，瞬间提升工装的档次。

■ 商场店面

一个成功的商场店面，除了精美的产品，店面装修也十分重要。选择大板砖进行整体铺贴，使商场店面充满个性的同时，也显得高端大气。

■ 通风外立面

用瓷砖打造的通风外立面具有更加美观、耐用等优势，尤其是大板砖兼具超轻超薄的特色与卓越的性能。同时，其抗霜冻与耐用性极佳，是铺贴建筑物通风外立面的理想选择。

■ 家装

大板砖用于客厅的背景墙，可以消除空白墙面和单纯墙漆的单调感，还能装点生活、丰富空间，赋予客厅新的生命。

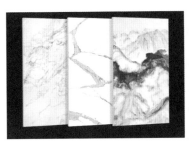
大板砖的款式与家装场景运用

5.1.7 微晶石瓷砖

1 微晶石瓷砖的定义

微晶石在行业内称为微晶玻璃陶瓷复合板，是将一层3~5mm厚的微晶玻璃复合在陶瓷玻化石的表面，经二次烧结后完全融为一体的高科技产品。微晶石瓷砖厚度为13~18mm，光泽度大于95。

微晶石组成结构

2 微晶石瓷砖的优点

第1点，环保。众所周知天然石材具有一定的辐射，会影响人的健康。而微晶石具有天然石材的纹理和色泽，却不会像天然石材那样存在辐射，是一种安全环保的建筑材料，在装修时可以放心使用微晶石瓷砖。

第2点，色彩丰富，应用范围广。微晶石瓷砖在生产工艺上和老式的瓷砖不同，普通的瓷砖颜色单一，而微晶石瓷砖色彩更加丰富，特别以水晶白、米黄、浅灰白、浅灰麻4个色系最为时尚，在家装中一般使用在墙面、饰面及地面上。

第3点，耐酸碱度佳。虽然天然石材有很好的装饰效果，但是性能并不稳定，没有很好的耐酸碱度和抗腐蚀性能。而微晶石是一类化学性能稳定的无机质晶化材料，又包含玻璃基质结构，其耐酸碱度和抗腐蚀性能都优于天然石材，尤其是耐候性更为突出，即便经受长期风吹日晒也不会褪色，更不会降低强度。

第4点，质地细腻。光辐射是人们在家装中很担心的一大问题，而选用微晶石装修则不用担心此类问题。这是由于微晶石具有特殊的微晶结构，并且有特殊的玻璃基质结构，因此微晶石质地细腻，板面晶莹亮丽，对于射入光线能产生漫反射效果，使人感觉柔美和谐。

3 微晶石瓷砖的缺点

第1点，强度较低。微晶石瓷砖表面的晶玉层的莫氏硬度为5~6级，强度低于抛光砖的莫氏硬度（6~7级），稍不注意就会刮花瓷面。同时微晶石瓷砖不耐磨损，外观犹如玻璃质地，不太适合大面积铺贴，否则会造成不同程度的划伤，从而影响装饰效果。

第2点，划痕明显。微晶石表面光泽度高（可以达到90），如果有划痕，则会很明显。

第3点，易显脏。虽然微晶石有着不错的美观度，但是瓷砖表面结构是由细小的缝隙孔组成的，如果地面上有污渍很容易被瓷砖吸入，而且清洗也十分不便，有小孩的家庭要慎重选择。

第4点，硬度较低。微晶石瓷砖硬度不高，相比传统的瓷砖装饰材料，会给日常家居使用造成一定的困扰。同时微晶石瓷砖在清洁后，表面水分比较难干，光滑的表面容易使人滑倒，不太安全，尤其是有老人和小孩的家庭要慎重选择。

5.1.8 木纹砖

1 木纹砖的定义

木纹砖是一种在瓷砖表面逼真还原木纹肌理效果的高档瓷砖，性能优于木地板，是木地板的升级替代品。

2 木纹砖的优点

第1点，木纹砖原料采集于天然泥土，经过1200℃以上高温烧制，没有有害物质释放，安全、环保。

第2点，木纹砖容易打理，保养简单，使用寿命长，一般可以使用10~20年。

第3点，木纹砖硬度高，不怕划，不会发霉和干燥开裂，具有防火功能。

木纹砖部分款式

第4点，木纹砖纹路逼真、自然朴实，没有木地板花色单一、易褪色等缺点。

第5点，陶瓷材料本身导热性能好，适合要安装地暖的房间使用，冬暖夏凉。

3 木纹砖的选购技巧

第1点，观察样品，要选择具有逼真木纹效果的木纹砖。

第2点，因为木质的纹理是千变万化的，所以要选择纹理不一样的木纹砖。

第3点，尽量选择手感较好的木纹砖。

第4点，木纹砖要与整体风格搭配，主要是颜色与纹理的搭配。

5.2 墙砖类

5.2.1 瓷片

1 瓷片的定义

瓷片是指墙面用的表面有瓷面的薄层贴片，是内墙砖的一种，其表面光滑。瓷片是由通体砖坯体的表面经过打磨而成的一种光亮的砖，属于通体砖的一种。

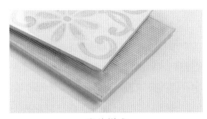

瓷片样式

2 瓷片的特点

第1点，瓷片是呈片状的，通常用来装饰墙面，瓷片与墙面之间不能直接接触，一般都留有一定的距离。

第2点，瓷片薄，质量较轻。

第3点，瓷片是用于装饰的，要求越光滑越好，如果瓷片的表面不光滑，则说明质量不过关。

第4点，瓷片属于通体陶瓷，与花瓶、盘子的材质相同，因此属于瓷器。

第5点，瓷片的内部不能有气泡，否则容易受冻而破裂。

5.2.2 马赛克瓷砖

1 马赛克瓷砖的优点

装饰性强：马赛克瓷砖的款式非常丰富且色彩变化多，在装饰室内空间时，既可将其用作其他装饰材料的点缀材料，又可大面积运用来制作马赛克背景墙，还可以运用拼图的形式加强其装饰性。

耐磨性强：马赛克瓷砖的主要原料多为天然的石材，在耐磨性方面，是瓷砖和地板等材料无法比拟的；又因马赛克瓷砖的每块小颗粒间的缝隙较多，所以其抗压力要比其他的装饰材料更强。

满足个性需求：很多人喜欢将不同色彩、不同规格、不同形状的马赛克瓷砖加以组合，体现出个性。在房间曲面或转角处，马赛克瓷砖更能发挥其小巧的优势，把弧面包盖得平滑完整。

马赛克瓷砖样式

2 马赛克瓷砖的选购技巧

第1点，在自然光线下，距马赛克瓷砖半米，目测其有无裂纹、疵点、缺边、缺角现象。如果马赛克瓷砖内含装饰物，其分布面积应占总面积的20%以上，且分布均匀。

第2点，马赛克瓷砖的背面应有锯齿状或阶梯状沟纹。选用胶黏剂时，除了要保证粘贴强度外，还要容易清洗。此外，胶黏剂还不能损坏背衬纸或使马赛克瓷砖变色。

第3点，抚摸马赛克瓷砖的釉面，感受其防滑度，然后看其厚度。马赛克瓷砖的厚度决定了它的密度，密度高的马赛克瓷砖吸水率低，而吸水率低是保证马赛克瓷砖持久耐用的重要因素。把水滴到马赛克瓷砖的背面，看水滴是否往外溢，水滴往外溢的马赛克瓷砖质量好，水滴往内渗透的马赛克瓷砖质量差。另外，内层中间打釉的通常是品质好的马赛克瓷砖。

第4点，注意马赛克瓷砖各颗粒是否为同等规格，大小是否一样，颗粒边缘是否整齐。将单片马赛克瓷砖置于水平地面，检验其是否平整，单片马赛克瓷砖背面不应有过厚的乳胶层。

第5点，品质好的马赛克瓷砖，其包装箱表面应印有产品名称、厂名、注册商标、生产日期、色号、规格、数量和质量（毛重、净重），并应印有防潮、易碎、堆放方向等标志。

5.2.3 金属砖

1 金属砖分类

因为金属材质的金属砖价格昂贵，所以很多人会选择价格较为低廉的仿金属色泽的瓷砖。目前市面上有仿铜、仿铁、仿铝3种金属砖。

仿铜金属砖：每片瓷砖颜色深浅不一，能营造出自然的铜质感。

仿铁金属砖：具有铁金属的厚重质感，能营造出宁静的氛围。

仿铝金属砖：具有铝的颜色与冷冽的质感，能呈现现代科技感。

金属砖也注重表面的花色和图案，根据制作方式的不同效果也不同，有的能呈现出涟漪状的梦幻图案，有的则是普通的格纹状图案。

大多数金属砖是在瓷砖胚体表面添加一层金属釉，使瓷砖表面呈现金属质感，这样的砖更耐磨，颜色更温润清透，因此建议购买仿金属色的釉砖。还有少数添加了金属成分的金属砖，有以下3种。

立体施釉砖：立体施釉砖的制作方法烦琐，其价格是普通金属砖价格的3~5倍不等，其主要工艺流程是上玻璃结晶→上釉彩底色→熔铸玻璃结晶→上金属釉。

有金箔和铂金等金属材料的金属砖：在瓷砖的胚底加上一些金属材料，如金箔和铂金等，而瓷砖的表面有一层玻璃砖。

不锈钢砖：不锈钢砖是真正的金属砖，除了一贯的用法，还可以将其裁切成形状大小不一的产品，其主要代表是金属马赛克砖。

2 金属砖的应用

因为金属砖的颜色较为冷冽，所以常应用于室外，起点缀作用；或应用于室内做局部装饰，如金属灯、金属画框、金属腰线等，可提升空间整体装饰效果。

除了颜色较为单一的金属砖，还可以用有图纹的金属砖拼贴成一幅画来装饰空间，给人强烈的视觉冲击力。

金属砖还能在不同光线的照射下，呈现出不同的色调和艺术感，展现现代简约风格的美。

5.2.4 布纹砖

布纹砖是仿古砖的一种，表面纹路仿布艺。

布纹砖款式

5.2.5 皮纹砖

皮纹砖与布纹砖一样，也是仿古砖的一种，表面仿皮纹纹理。

皮纹砖款式

5.2.6 文化石

1 文化石的定义

文化石是一种人造石，外形类似于自然石材，是以水泥掺杂砂石等轻质材，灌入模具而制成的。成品与自然原石几乎一样，而且与自然石材相比，质量还少了1/3~1/2，可以像瓷砖一样铺贴，价格也相对便宜；而且外观很逼真，样式也多，常用作壁炉的壁材或用于装饰客厅电视主墙面，为空间增添自然气息。

文化石样式

2 文化石的用途

建筑外饰：外墙、门廊、门柱、窗沿、烟道等。

景致标识：花园围栏、立柱、路径、小桥、公共标牌等。

室内装饰：背景墙、火炉、电视墙、走廊、厨房等。

3 文化石的优点

第 1 点，质地轻。重量为天然石材的 1/3~1/2，无须额外的墙基支撑。

第 2 点，经久耐用。不褪色、耐腐蚀、耐风化、强度高、抗冻与抗渗性好。

第 3 点，绿色环保。无异味、吸音、防火、隔热、无毒、无污染、无放射性。

第 4 点，防尘自洁功能。经防水剂工艺处理，不易黏附灰尘，风雨冲刷后即可洁净如新，无须维护保养。

第 5 点，安装简单，节省费用。无须将其铆在墙体上，直接粘贴即可，且安装费用仅为天然石材的 1/3。

第 6 点，可选择性多。风格、颜色多样，组合搭配使墙面极富立体效果。

4 文化石的缺点

文化石的缺点是表面粗糙，有撞伤风险，如果家里有儿童，建议不要大量使用。另外，文化石质轻，不够坚固，破裂后会露出里面的材质，影响美观。如果家中使用文化石，可以每两年上一次防护剂，以保护建材。

5.3 装饰砖类

5.3.1 踢脚线

1 踢脚线的定义

踢脚线是指脚踢得到的墙面区域，该区域较易受到冲击。做踢脚线可以更好地使墙体和地面结合牢固，减少墙体变形，同时也能避免外力碰撞造成破坏。另外，踢脚线也比较容易擦洗，如果拖地溅上脏水，则擦洗非常方便。踢脚线除了有保护墙面的功能外，还有美化家居的功能，因为它是地面的轮廓线，人们的视线经常会很自然地落在上面。一般装修中踢脚线的高度为 5~12mm 或者 8~15mm。

2 踢脚线分类

常见的踢脚线材质有石材、瓷陶、木材、PVC、不锈钢和铝合金等。

■ 石材或瓷陶踢脚线

石材或瓷陶类材质在视觉上给人一种坚硬、耐用、光滑的感觉。这类材质具有硬度大、耐磨损、表面光滑和施工方便等优点，常用于客厅、餐厅等公共区域。

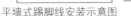

平墙式踢脚线安装示意图　　　石材和陶瓷踢脚线

■ 木材踢脚线

木材踢脚线一般分为复合木材和实木材质两种。木材材质的视觉感比较柔和，看起来非常温馨、漂亮，施工也很简单，直接用钉子固定即可。

木材踢脚线的使用频率不高，主要是因为价格较贵，且木材的耐磨性没有石材好，容易因天气变化产生拱起的现象，所以使用寿命比较短，一般使用5~6年就需要更换了。

■ PVC 踢脚线

PVC 踢脚线其实就是木材踢脚线的低价替代品。PVC 踢脚线仿造木材踢脚线的外观，用贴皮呈现出木纹或油漆的效果，但呈现出来的效果比较差。

PVC 踢脚线很容易磨损，贴皮层可能会脱落，使用寿命更短。家庭装修预算不多的业主可以考虑使用。

■ 不锈钢踢脚线

在家装中，选择不锈钢踢脚线的人群比较少，主要是因为不锈钢踢脚线工艺较为复杂，价格高，施工难度大。

不锈钢踢脚线经久耐用，几乎不需要维护，清洁也比较方便，且铺装效果时尚、大气、有个性，适用于现代和后现代等风格。

■ 铝合金踢脚线

铝合金踢脚线与不锈钢踢脚线一样，都是金属材质的踢脚线。铝合金踢脚线同样具有金属质感强、不褪色、不易变形、强度高、防水、防潮、防蛀和耐磨等优点。此外，铝合金踢脚线还可以重复利用，价格比不锈钢踢脚线便宜。

3 踢脚线的优点

第1点，收口。地面与墙面之间的结合可能不是很好，因此需要踢脚线的加入使其平整。

第2点，易清洁。使用了踢脚线，灰尘不易落入墙角缝隙，打扫更加方便。

第3点，保护墙面。使用了踢脚线，拖地时，拖把带的水不易渗入墙面，同时可以保护墙面。

第4点，美观。踢脚线的材料和颜色与地面或墙面形成差异，让空间更有层次感，看起来更加美观。

5.3.2 波导线

1 波导线的定义

波导线又称波打线，也称为花边或边线等，主要用在地面周边或者过道玄关等地，一般用作块料楼（地）面沿墙边四周的装饰线，宽度不等。在楼（地）面施工时，加入与整体地面颜色不同的波导线可以增强设计效果。波导线的材料主要是石材或者瓷砖裁割两种。

2 波导线的作用

波导线的外形与用来铺设地板和墙壁的砖石产品的区别很明显，能够起分割功能区、加强视觉层次感的作用。

3 波导线在不同空间的表现

第1点，对于纵深较大的过道，加上波导线一是为了装饰，二是为了从视觉上减弱纵深感。

第2点，过道空间用波导线点缀，再结合瓷砖的不同铺法，可以突出过的装饰效果。

第3点，厨房空间使用波导线比较少，U形厨房可根据格局铺贴波导线，效果还是不错的。

第4点，空间比较大的卫生间也可以采用波导线与花砖结合的方式铺贴，可提升档次。

第5点，根据风格需要，可以采用彩色波导线分割不同区域。在欧式装修中，往往采用波导线和拼花瓷砖相结合的方式分割区域，提升档次。欧式的描金波导线配饰，能体现奢华感。中式波导线和花砖可以拼出地毯效果。

5.3.3 腰线

1 腰线的定义

腰线是建筑装饰的一种，在一些较早的、装饰比较简单的建筑中经常可以看到。腰线一般指建筑墙面上的水平横线，在外墙面上通常是在窗口的上沿或下沿（也可以在其他部位）将砖挑出60mm×120mm，做成一条通长的横带，主要起装饰作用。建筑中还有用不同的装饰材料或不同的颜色来做腰线的装饰方法，如在卫生间的墙面上用不同花色的瓷砖（有专门的腰线瓷砖）贴一圈横向的线条，这也称为腰线。

2 腰线的常见型号与运用

树脂腰线逐渐变得热门，随着消费者需求的增加，规格尺寸也越来越多，目前常见的规格尺寸主要有 100mm×330mm、100mm×300mm、80mm×250mm、80mm×300mm、100mm×600mm 和 330mm×600mm。

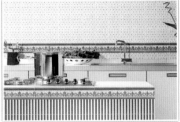

腰线运用效果展示

3 腰线注意事项

在家装中，腰线是指瓷砖的一种铺砖方式，实际上就是墙面中间的一条装饰线，可以增强墙面的装饰性和空间的立体感，让墙面整体看上去更加大气。

要注意空间大小，如果卫生间面积过小，建议不要贴腰线，以免产生压抑感。

5.4 装饰石材类

5.4.1 人造石

1 人造石的定义

人造石是指以天然石粉，如大理石粉、玻璃粉和方解石等，以及树脂等为原材料，混合胶黏剂并通过挤压固化等工艺制造而成的人造石材，常见的人造石有人造石英石和人造花岗石等。

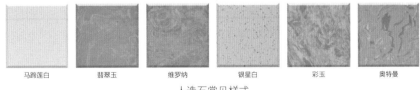

| 马蹄莲白 | 翡翠玉 | 维罗纳 | 银星白 | 彩玉 | 奥特曼 |

人造石常见样式

2 人造石的优点

第 1 点，外观美观大方。人造石表面光滑不易褪色，还具有天然石材的质感，装饰性非常好。另外，其外表无缝隙，不易进水，吸水率低，防污耐脏效果非常好，清洁起来也比较方便。

第2点，耐磨耐高温。人造石也是石材，具有一定的耐磨性，其使用寿命比较长。人造石还具有一定的耐温性，如果作为橱柜台面使用，则会非常耐用。

第3点，色彩、款式选择多。人造石是人工制造出来的，其可塑性非常强，可以根据市场需求制造各种造型和色彩的石材，装饰效果非常好。

第4点，天然环保无污染。虽然人造石是人工制造的，但是其采用的原材料是石粉和树脂类的天然材料，施工过程中也不需要掺入有害物质，因此人造石还是比较绿色环保的。

第5点，价格便宜。比起天然石材，人造石的价格要低很多。

3 人造石的缺点

第1点，质地较软，容易刮伤。比起天然石材，人造石在硬度方面略逊一筹，比较容易出现刮痕，影响美观。平时使用时应注意不要用尖锐物品刮擦或者撞击，以防石材破裂。

第2点，收缩性能差。人造石材毕竟是用石粉凝聚而成的，因此收缩性能较差，如果冷热温度交替频繁，则容易开裂。

第3点，高温易使人造石失去光泽。如果将人造石用作橱柜的台面，最好不要将过热的器具放在石材表面，否则高温会使石材失去光泽，影响美观。

5.4.2 花岗岩

1 花岗岩的定义

花岗岩表面纹理深浅交错，质地坚硬致密。这种美丽又牢固的石材经常被用作建筑材料，如纪念碑、地板砖、桌面、厨房台面等。

花岗岩样式

2 花岗岩的优点

第1点，花岗岩具有良好的硬度，抗压能力强、孔隙率小、吸水率低、导热快、耐磨性好、耐久性高、抗冻、耐酸、耐腐蚀、不易风化。

第2点，表面平整光滑，棱角整齐，色泽持久且稳重大方。

第3点，一般使用寿命可达数十年甚至上百年。

第4点，是一种较高档的装饰材料。

5.4.3 大理石

1 大理石的定义

大理石是由沉积岩和沉积岩的变质岩形成的，主要成分是碳酸钙（含量约为 50%~75%），呈弱碱性。有的大理石含有一定量的二氧化硅，有的不含二氧化硅。大理石的颗粒（指碳酸钙）细腻，表面条纹分布一般较不规则，硬度较低。

大理石样式

2 大理石的优点

第 1 点，用途广。大理石有天然的纹理及质感，色彩层次丰富，在家装中多用于地面、墙面、饰面、吧台和洗手台等。

第 2 点，大理石物理特性稳定，组织紧密，受撞击会造成晶粒脱落，表面不起毛边，不影响其平面精度，材质稳定，能够保证长期不变形。

第 3 点，大理石具有优良的加工性能，可以对其进行锯、切、磨光、钻孔和雕刻等操作。

第 4 点，大理石资源分布广泛，便于大规模开采和工业化加工。

3 大理石的缺点

第 1 点，大理石属于天然石材，价格相对较高。

第 2 点，大理石用于室内地面，需要经常抛光保养以保持它的光洁度。

5.4.4 水磨石

1 水磨石的定义

水磨石也称磨石，是将碎石、玻璃、石英石等材料拌入水泥胶黏剂制成混凝制品后，经表面研磨、抛光而成的制品。

水磨石多用于地面。由于水磨石的纹理比较个性且多样化，如今越来越多的人将其用在墙面或饰面上。现在又出现了水磨石砖，运用广泛。

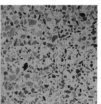

水磨石样式

2 水磨石的优点

第1点，水磨石不开裂、不怕重车碾压，也不收缩变形。

第2点，水磨石在制作之初可自定义配置颜色，水磨石地面花色可随意拼接。

第3点，水磨石不起尘，洁净度高，可满足高洁净环境的要求。

第4点，水磨石是混凝土制品，因此无异味、无任何污染，可放心使用。

第5点，水磨石分隔条横平竖直，分隔条之间没有间隙，连接紧密，整体美观性好。

3 水磨石的缺点

第1点，质量较大。水磨石是一种混凝土制品，一块水磨石地板约重5kg，越大的水磨石地板越重，使得其在搬运过程中十分费时费力。

第2点，易风化、易腐蚀、使用寿命短。水磨石地面抗腐蚀能力较差，如果用在强腐蚀场所，或者用强腐蚀性的清洁剂清洗水磨石地板，水磨石地板的使用寿命会大打折扣。

第3点，不防水，渗透性强。水磨石地板中间有很多的空隙，这些空隙不仅容易藏灰还容易渗水。如果地面有水渍，可轻易地渗透到地板下，而且会将地面的污渍也带下去，污染水磨石地面，清洗十分困难。

5.5 收边条类

5.5.1 PU 线条

1 PU 线条的定义

PU 线条的原材料是瓷塑线条，是采用纳米石粉、胶质、玻纤维和石英粉等混合制成的材料，有着近似石材的质感、质量和硬度。

新型 PU 线条的主要原材料来源于植物纤维，如稻草、秸秆和木屑等，能够有效地减少森林砍伐，保护大自然，绿色无污染。并且 PU 线条弃用后完全降解所需时间仅为 40~50 年。

仿大理石样式　　　　仿木纹样式

2 PU 线条的优点

第1点，PU 线条作为"第五大塑料"，是一种防水性能很高的建材产品，遇水能够自然风干，不用担心遇水开裂、变形等问题，是浴室常用的装饰建材之一。

第 2 点，PU 线条是高科技新型合成材料，对虫蚁等不具有吸引力。另外，PU 线条具有很高的墙面服帖性，密封性好，虫蚁不易钻进墙缝寄生。因此即使长时间使用也不用担心蛀虫使建材内部产生空洞，从而破坏房屋结构。

第 3 点，PU 线条采用非化学工艺制造，没有污染成分。

第 4 点，PU 线条的表面花纹可以做到非常精细和立体。因为 PU 线条是在模具内完成发泡和成型，所以脱模后，线条表面花纹不仅清晰、细腻，还有很强的立体效果。

第 5 点，PU 线条一旦损坏，可修复能力强，基本可做到与新品一致。

第 6 点，PU 线条可锯、可刨、可钉，特殊的软性 PU 线条可随意弯成各种弧度，做出漂亮的造型，还能够用它灵活地处理装修过程中遇到的各种边角。

第 7 点，PU 线条质量小，施工便捷。

5.5.2 石材线条

1 石材线条的定义

整体的、连续的石材线条通常由天然大理石或者花岗岩加工成单件或者多件后进行拼接组合而成。

爵士白　　黑金花

大理石线条

2 石材线条的特性

石材线条的密度与质量一般为 2600~3500kg/m^3，人造石材线条的密度约为 2500kg/m^3，是 PU 线条的 10 倍以上。

人造石材线条利用可再生资源，在生产过程中能源消耗量低，污染排放低；生产过程中采用非化学工艺，有机无毒害，减少木材损耗，能够有效保护大自然，在切割的过程中无异味。但是需要注意有些石材线条会散发挥发性气味和辐射等，对人体造成一定的危害。

3 石材线条的优点

第 1 点，石材线条从浅色至深色，从素色到含有颗粒的花色在市场上都能见到，颜色的选择范围非常广。

第 2 点，石材线条的防潮和防腐等功效都非常强，基本不需要花费太多的保养费用。

第 3 点，石材线条的装修效果很不错，用在客厅会显得非常大气。

第 4 点，石材线条具有很强的耐磨性。

4 石材线条的缺点

第1点，大理石材线条的材质表面泛碱，如果粘贴不好就容易脱落。

第2点，大理石材线条相对其他材质的线条施工工艺要复杂很多，而且施工周期长、样式多，比较麻烦。

5.5.3 不锈钢线条

1 不锈钢线条的定义

不锈钢线条具有强度高、耐腐蚀、表面光洁、耐水、耐擦、耐气候变化等特点。不锈钢线条的装饰效果好，属于高档装饰材料。不锈钢线条可用作各种装饰面的压边线、收口线和柱角压线等，主要有角形线和槽线两类。

不锈钢线条款式

2 不锈钢线条的优点

第1点，不锈钢线条安装方便、省工、省料。

第2点，不锈钢线条装饰美观、亮丽，角线弧面平滑，线条笔直，能有效保证包边贴角平直，使装饰的边角更具有立体美感。

第3点，不锈钢线条性能稳定，不受任何气候条件的影响，防撞性极好，能按照装饰的要求贴出理想的效果。

5.6 地板类

5.6.1 PVC 地板

1 PVC 地板的定义

PVC 地板是一种比较流行的新型地面材料，主要材料为天然石粉和 PVC 树脂，是国际公认的环保地板，具有无毒无害、防火阻燃的特性。

PVC 地板样式

2 PVC 地板的优点

第 1 点，价格适中。

第 2 点，无污染。

第 3 点，美观性和可选择性比较强。

第 4 点，安装简便。

第 5 点，防水性好。

3 PVC 地板的缺点

第 1 点，PVC 地板对地面的平整度要求比较高，远高于实木地板。

第 2 点，怕烟头烫烧。

第 3 点，怕利器划伤，如小刀等。

第 4 点，脚感没有实木地板好。

5.6.2 实木地板

1 实木地板的定义

纯实木地板又叫原木地板，是由天然木材烘干加工后制成。由于实木地板是原材料直接加工的地板，甲醛含量低，更加环保，因此深受消费者的喜爱。

实木地板

2 实木地板的优点和缺点

优点：实木地板具有天然的木材纹理，更亲近自然，给人一种浑然天成的感觉，冬暖夏凉，触感舒适。

缺点：实木地板的保养方式复杂，需要防潮防干燥；不耐磨，易失去光泽，易变形，怕酸、碱等化学品腐蚀。

3 实木地板保养常识

注意防水、防火、防损伤和防污垢。室内需经常通风，不能用湿拖把清洗，不能随意丢未熄灭的烟蒂及火柴杆在实木地板上。电炉、电饭锅、电熨斗、电烙铁等，在未放置好防燃、防烫垫层前，都不能随意放在实木地板上，否则容易灼伤实木地板。不能用汽油擦实木地板面上的灰尘、污垢，以防摩擦产生静电，引起火灾。建议每年打一次蜡，打蜡前须将实木地板上的油污和灰尘擦拭干净。

▌5.6.3 强化地板

1 强化地板的定义

强化地板也叫强化木地板，属于复合地板。强化
地板俗称"金刚板"，标准名称为"浸渍纸层压木质
地板"。

强化地板的结构: 耐磨层(三氧化二铝)、装饰层(面
纸层)、高密度基材层、平衡（防潮）层。

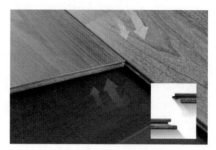

强化地板

2 强化地板的优点

第 1 点，印刷纸花色品种多，无色差，美观。

第 2 点，耐磨性好，约为普通漆饰地板的 10~30 倍。

第 3 点，稳定性好不易变形，适用于有地暖系统的房间。

第 4 点，防滑、耐污、耐晒、抗冲击、抗静电、抗酸碱性好，抗菌、防虫蛀霉变。

第 5 点，铺装容易，无须抛光、上漆、打蜡。

第 6 点，硬度高、质量小，易维护保养。

第 7 点，价格选择范围大，适用范围广。

3 强化地板的缺点

第 1 点，脚感较差。

第 2 点，可修复性差，遇水或长期暴晒后容易反翘变形，泡水损坏后不可修复。

第 3 点，地板中含胶水，会释放甲醛。

▌5.6.4 竹地板

1 竹地板的定义

竹地板是用竹子切成片压成的。竹地板格调清新
高雅，光泽淡雅柔和，结构别致新颖，外形美观精致，
有很好的装饰效果，具有无毒、无害和无污染等特点。

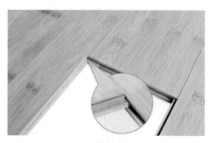

竹地板

2 竹地板的优点

因为竹子自身导热系数低，所以不会出现生凉放热等情况，适合铺装于客厅、健身房、卧室、演播厅、书房、酒店、宾馆等场所。竹地板在颜色上可分为自然色和人工上色，竹地板本身的色差比木质地板小，而且色彩匀称。竹地板的使用寿命为 20 年左右，同时还具有色泽美观、富有弹性、可防潮、硬度强、不发霉、冬暖夏凉等优点。

3 竹地板的缺点

第 1 点，耐用性差。 第 2 点，环保度低。 第 3 点，色调单一。

4 竹地板的选购技巧

第 1 点，首先看表面，检查漆上有无气泡，是否清新亮丽，竹节是否太黑，表面有无胶线。

第 2 点，然后看四周有无裂缝，有无批灰痕迹，是否干净整洁；再就是看背面有无竹青竹黄剩余，是否干净整洁。一切看完后还要验货，看样品与实物是否有差距。

5.6.5 软木地板

1 软木地板的定义

软木地板和红酒木塞一样都是纯天然材料，来自栓皮栎或软木栎树木（俗称橡树）。

软木地板

2 软木地板的优点

第 1 点，软木地板是颗粒状结构，受热以后热量会被四散分解、互相抵消，也就是说会有效释放来自温度变化给地板产生的内应力。地面热量通过地板传到地面以上，中间必然有所损失。因此适合地热环境铺设的地板首先应该将热损失减到最小；而直接影响热传导速度的就是地板的厚度，因此地板"宜薄不宜厚"。一般情况下，实木地板厚度为 10~14mm，实木复合地板厚度为 15~20mm，而软木地板厚度只有 4mm。

第 2 点，软木地板的抗变形能力强。软木地板可承受 –60~80℃的温度变化。进入冬季，从天气转凉到城市供热开始，室内温度会有一个比较大的温度差，因此地板对温度的适应能力和控制力也非常重要，地面采暖更要考虑这个因素，否则将造成地板开裂变形。一般地板的结构是纤维状，如实木复合地板和强化木地板，温度的变化会导致地板部分过热或过冷，并沿着纤维进行传递，如果受热或受冷不均匀，就容易造成地板变形。软木地板内部是死细胞排列的蜂窝状结构，不存在变形问题。

第3点，甲醛释放量小，基本达到 E0 级标准。

第4点，虽然软木地板的导热性比较差，但是它比其他地板薄，因此升温速度快，散热也比较慢，会让室内有一种温而不燥的舒适感。

3 软木地板的缺点

第1点，耐磨性偏弱。一般实木地板都具有这样的通病，相比之下倒也不算很大的问题了。

第2点，价格昂贵。因为软木地板的生产材料是橡树的树皮，为独特的制作原料且产量低，所以价格高昂。因此软木又有着"软黄金"的称呼。

5.7 厨卫天花板类

5.7.1 铝扣板

1 铝扣板的优点

第1点，铝扣板吊顶质感好，档次高，与瓷砖、卫浴、橱柜容易形成统一的风格。

第2点，铝扣板吊顶具有良好的防火、防潮、抗静电作用。

第3点，铝扣板吊顶使用寿命长，质量过硬的铝扣板可以使用 50 年。

第4点，铝扣板吊顶易清洁。

2 铝扣板的缺点

第1点，铝扣板吊顶的安装要求高，特别是对于平整度的要求最严格。

第2点，铝扣板的板型和款式没有塑钢扣板的板型和款式丰富。

第3点，铝扣板吊顶不如塑钢扣板吊顶紧密。

铝扣板样式和应用效果

5.7.2 PVC 吊顶

1 PVC 吊顶的优点

第 1 点，PVC 扣板吊顶材质轻、防水、防潮，还具有抗碱性等特点，主要安装于厨房和卫生间。PVC 扣板吊顶是厨卫吊顶的主要选材。

第 2 点，PVC 扣板吊顶价格实惠，是比较大众的一种装修材料，比其他石膏板吊顶和矿棉板吊顶的价格低，因此深受消费者的青睐。

第 3 点，PVC 扣板吊顶无毒无害，非常环保，是一种非常理想的装修材料。对家中有对油漆过敏的人来说，选择 PVC 扣板吊顶是最合适的。

第 4 点，PVC 扣板吊顶安装和拆卸方便，要是需要重新更换，只需将一端的压条取下，再将板材从压条中抽出，用新板更换旧板即可。在更换的时候，要尽量减少 PVC 扣板吊顶材料的色差。

2 PVC 吊顶的缺点

第 1 点，环保性较低，废弃的 PVC 扣板难以处理，会对环境造成污染。

第 2 点，老化速度快，容易变色，使用寿命较短，一般使用 3~5 年后看起来就很旧了。

第 3 点，因为塑料材质的普遍缺点就是物理性能不够稳定，所以即便 PVC 不遇水，时间长了也会变形。

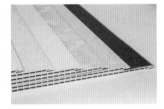

PVC 吊顶的样式

5.8 开关控制类

5.8.1 开关面板

材料：优质开关面板所使用的材料，在阻燃性、绝缘性、抗冲击性和防潮性等方面都十分出色，材质稳定性强，不易变色；开关面板除了采用高级塑料之外，还有镀金、不锈钢、铜等金属材质，为人们提供了更多的选择。

外观：表面光洁平滑、色彩均匀、有质感的开关面板一般是好产品。此外，面板上的品牌标识应该清晰、饱满，表面不能有任何毛刺。插座的插孔需装有保护门，插头插拔应需要一定的力度并且单脚无法插入。

手感：好的开关弹簧软硬适中，弹性极好，开和关的转折比较有力度，手感轻巧而不紧涩；而差的开关则非常软，甚至经常发生开关手柄停在中间位置的现象。

内部构造：开关通常采用纯银触点和银铜复合材料做导电桥，这样可防止开关启闭时电弧引起氧化。优质面板的导电桥采用银镍铜复合材料，银材料的导电性优良，而银镍合金抑制电弧的能力非常强。采用黄铜螺钉压线的开关，接触面大，压线能力强，接线稳定可靠。如果是单孔接线铜柱，接线容量大，不受导线粗细的限制，十分方便。此外，开关面板预留6~8个（上下左右及四角）固定安装孔，自由灵活，适合多种情况的安装需要。

安全性：插座的安全保护门是必不可少的，插座目前已有安全性设计，在插座插孔中装上两片自动滑片，只有在插头插入时，滑片才向两边分开露出插孔，拔出插头时，滑片闭合，堵住插孔，可避免事故的发生。专门为厨卫设计的开关插座，会在面板上安装防溅水盒或塑料挡板，能有效防止油污、水汽侵入，延长使用寿命，预防因潮湿引起短路。另外，要检查一下插座夹片的紧固程度，插力平稳是一个关键因素。

开关面板

5.8.2 网络插座

如果所在环境宽带网速低于100Mb/s可以选用超五类网络插座，如果高于100Mb/s、低于1000Mb/s，则选择六类或超六类网络插座。前提是超六类网络插座必须配备超六类高速网线。

网络插座

超五类模块

六类模块

超六类模块

网络插座内部结构

5.8.3 Wi-Fi 增强器

Wi-Fi增强器又叫作无线扩展器，可以扩展无线信号的覆盖范围，使路由器的Wi-Fi信号扩展到更宽的空间，但是不能提升网络速度。

Wi-Fi增强器样式

5.9 门类

5.9.1 推拉门与谷仓门

第 1 点，推拉门的款式要与装修风格相匹配。

第 2 点，颜色搭配是消费者在选择推拉门时最纠结的问题，如纠结门扇与门套颜色的搭配。消费者最好选择百搭的颜色，避免选择两种不同的深色搭配。

第 3 点，一般的型材的厚度分为国标和非国标，需要用游标卡尺测量，同系列非国标的厚度比国标的薄。以铝合金材质的为例，一般家庭用门的厚度为 1.4mm 的居多，而实际上国标规定的厚度为 2.0mm 的才可以满足 2.3m×2.3m 做两扇门的要求。

第 4 点，从型材的横截面可以看出型材是原生的还是再生的，原生的横截面光泽度很好，再生的光泽度略微发乌。而且再生的型材整体性和结构性比原生的型材差很多，价格上也有一定的差异。

第 5 点，滑轮是最关键也是最容易被忽视的。好的推拉门是上下两组滑轮，上轮可调节，起导向作用；下轮推起来没有跳动感最好。吊轨（吊趟门）基本已被淘汰，最好不要考虑。

第 6 点，应选择钢化玻璃推拉门。

推拉门款式

5.9.2 谷仓门

1 谷仓门的优点

第 1 点，颜值高。

第 2 点，相对便宜。

第 3 点，安装简单。

谷仓门款式

2 谷仓门的缺点

第1点，各种性能相对较差。为了确保推拉顺畅，需要离地10cm左右的空隙，侧面也需要10~15cm的空隙，这就意味着谷仓门的密封性、隐私性、隔音和保温性都不好。因此卫生间、厨房和卧室等有气味或者需要隐私的空间，就不太适合安装谷仓门。

第2点，对安装墙面有限制。谷仓门是悬挂着的，完全靠上面的轨道受力，门洞上的梁一定要能承重，因此谷仓门必须安在承重墙或者承重梁的位置。

第3点，难上锁，虽然可以装锁，但是装上锁后颜值会大打折扣。

第4点，对五金件质量要求较高。想要谷仓门使用得长久和顺心，一套好的五金是必需的，越好的五金件拉得越顺畅且声音小。

5.9.3 原木门

环保性：原木门采用整板木材制作，无指接，不贴皮，胶黏剂的用量比实木门少50%，大大减少了甲醛等有害气体的释放。

耐用性：原木密度大，稳定性强，耐腐蚀，使用寿命可超70年。

价格上：原木门使用的木材成本高，且工艺复杂，因此价格比实木门和复合门都要贵一些。

其他：原木门隔音效果好，且原木能分泌油脂，散发清香味，对人的神经系统能起镇定作用，也能驱蛇、虫、鼠、蚁。

原木门结构

5.9.4 实木复合门

环保性：因为要外粘密度板和实木木皮，所以实木复合门的甲醛含量比实木门高，要是有刺鼻气味，则很有可能是甲醛含量过高。

耐用性：一些高档的实木复合门采用工业化制作，精密度较高，油漆工艺上也比较讲究，因此变形和翘曲的可能性比较小；但和实木门相比，实木复合门容易破损，而且很怕水，长时间处于潮湿环境会导致木材体积变大，油漆的张力不足，出现油漆破裂、表面有气泡等问题。

价格上：实木复合门的价格差别也较大，一些高档的实木复合门用材优良，外观纹理清晰，表面用漆环保安全，价格会比中低端的实木复合门高一些。

其他：实木复合门的造型多样、款式丰富，可选择性大。

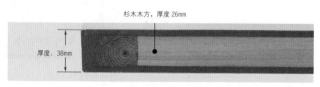

实木复合门结构

5.9.5 免漆门

顾名思义,免漆门就是不需要再刷油漆的木门。目前市场上的免漆门绝大多数是指 PVC 贴面门,它是在实木复合门或模压门最外面采用 PVC 贴面真空吸塑加工工艺制作而成,且门套也进行了 PVC 贴面处理。另外,工厂已经进行油漆处理的成品木门也叫免漆门。

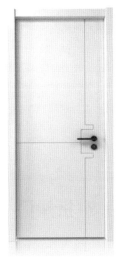

免漆门

1 免漆门的优点

第 1 点,色彩变化丰富,更具有现代感,能够满足个性定制和绿色环保的要求。

第 2 点,产品表面光滑亮丽,免油漆。

第 3 点,一次成型,施工周期短,交工验收即可使用。

第 4 点,施工方便,可切、可锯、可刨、可钉。

2 免漆门的缺点

质量不好的免漆门使用时间长了容易受湿度、温度和空气的影响,表面会开胶变形。

5.9.6 烤漆门

烤漆门的基材为密度板,表面经过 8 次喷烤进口漆(三底、三面、二光)而成,即喷漆后进烘房加温干燥的油漆门板。

烤漆门

1 烤漆门的优点

烤漆门色泽鲜艳、易于造型,具有很强的视觉冲击力,非常美观时尚,且防水、防潮性能极佳,抗污能力强,易清理,使用寿命长。

2 烤漆门的缺点

工艺水平要求高,而且烤漆门环保性差、加工周期长。并且在使用时也需要精心呵护,相对怕磕碰和划痕,一旦出现损坏就很难修补,要整体更换。

5.9.7 塑钢门

以聚氯乙烯树脂为主要原料，加上一定比例的稳定剂、着色剂和填充剂等，经挤出成型材，然后通过切割、焊接或螺接的方式制成门窗框扇，再配装上密封胶条、毛条和五金件等，同时为增强型材的刚性，超过一定长度的型材空腔内需要添加钢衬，这样制成的门称为塑钢门。

塑钢门

5.9.8 折叠门

1 折叠门的优点

第1点，折叠门打开后可以一推到底，只占用一点侧边的空间，因此十分省地方，而且光线也不会受到阻隔，可以让室内更加敞亮。

第2点，折叠门的保温性和密封性都不错，可以隔冷隔热、隔绝油烟、防潮防火、降低噪声。

第3点，折叠门大多是用新型材料制造而成，质量比较轻，因此开启和关闭都很方便。

第4点，折叠门款式较多，可以根据家里的装修风格选择，能够提升家里的装修格调。

2 折叠门的缺点

第1点，因为折叠门的工艺比较复杂，所以价格比较高。

第2点，折叠门一道叠着一道，容易藏污纳垢，做清洁的时候要擦的范围大，比较麻烦，特别是安装在厨房的折叠门，就更难清洁了。

第3点，折叠门的轨道通常会比地面高出40mm左右，一不小心可能会绊到脚。

第4点，折叠门使用时间长了，铰链和滑轮的灵活性肯定会降低，甚至破损，门扇之间的缝隙也会越来越大，会影响保温性和密封性。

折叠门应用效果

5.9.9 铜门

铜门通常可以分为纯铜门、覆铜门、镀铜门、仿真铜门、铜铝门和仿铜门等。

由于价格和工艺的原因，越来越多的消费者会选择仿铜门和镀铜门，毕竟价格实惠。在平时使用时要爱护铜门，如在开关铜门的时候不要用力过猛，不要用尖锐或具有腐蚀性的物品接触铜门。尽量不要用湿手去开关铜门，铜门在长时间接触水后会氧化生锈，影响铜门的光泽度；在清洗铜门时，不要用湿抹布或水擦洗，可以用百丽珠喷涂并用柔软的干抹布擦拭铜门。

铜门款式

5.10 窗类

5.10.1 隐形纱窗

1 隐形纱窗的定义

隐形纱窗是纱网能自动回卷的纱窗，主要是通风防蚊用的。隐形纱窗框架紧附在窗框上，要用的时候把纱网拉下来，不用的时候纱网会自动地回卷到网盒里。隐形纱窗不占空间，而且密封性强。

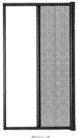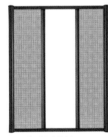

侧拉式　　　　对拉式（对碰式）

纱窗样式

2 隐形纱窗选购技巧

第1点，编制隐形纱窗的材料要具有很高的抗拉强度、透明度，耐腐蚀性、耐候性、稳定性较强，折光率较低。

第2点，必须使用透明单丝。

第3点，编制密度较大，所以可以形成光的衍射现象，形成"高级白"。

第4点，化学镀膜，增加透光率。常用窗纱有玻璃纤维纱和聚酯纱，玻璃纤维纱和聚酯纱都是平织纱，都有黑色、灰色和灰白色。

5.10.2 隐形防护网

相比传统防护网，隐形防护网外观简约、大方，对采光和视野的影响较小。标准的隐形防护网采用的是每条能够独立承受 110kg 以上拉力的 316 型号钢丝。通过上下两端固定时，钢丝的固定间距需要控制在 5cm 以内。这类防护网的缺点也比较明显，首先隐形防护网并不"隐形"，实际上在室内可以清楚地看到防护网，只有在 15m 以外才能有隐形的效果。其次，用普通老虎钳即可剪断隐形防护网的钢索，而且防护网采用的钢索，在经历长期风吹雨淋之后容易松弛、老化，存在安全隐患。

隐形防护网的应用效果展示

5.10.3 铝合金窗

1 铝合金窗分类

铝合金窗主要可分为普通铝合金窗和断桥铝合金窗。断桥铝合金窗是在普通铝合金窗基础上，为了提高窗户保温性能而推出的改进型窗户。它通过增强尼龙隔条将铝合金型材分为内外两部分，阻隔了铝的热传导。断桥铝合金窗隔热性能优越，彻底解决了普通铝合金窗传导散热快、保温性差的问题。

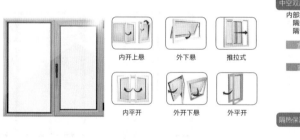

铝合金门窗样式及开启方式

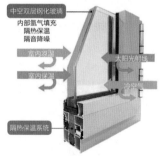

断桥铝合金窗结构图

2 铝合金窗的优点

第 1 点，铝合金窗为铝材质，自重轻，强度高，密度仅为钢材的 1/3。

第 2 点，铝合金窗密闭性能好。密闭性能直接影响着窗的使用功能和能源的消耗，密闭性能包括气密性、水密性、隔热性和隔音性 4 个方面。铝合金窗的气密性、水密性和隔音性都比较好。

第 3 点，铝合金窗耐久性好，使用维修方便。铝合金窗不锈蚀、不褪色、不脱落，几乎无须维修，零配件使用寿命极长。

第 4 点，铝合金窗装饰效果较好。铝合金窗表面都有人工氧化膜并着色形成复合膜层，不仅耐蚀、耐磨，还有一定的防火性能，而且光泽度极高，大方美观。

3 铝合金窗的安装

铝合金窗安装的一般流程：标记定位→铝合金窗披水安装→防腐处理→铝合金窗安装固定→窗框与墙体间隙的处理→窗扇及窗玻璃的安装→安装五金配件。

5.11 橱柜类

5.11.1 实木橱柜

1 实木橱柜的定义

实木橱柜通常是指整体橱柜中以实木或者实木复合材料做门板的橱柜。

实木橱柜效果图

2 实木橱柜的优点

第1点，实木主要包括樱桃木、松木、橡木和柏木等。这些树木有着自己独特的生长环境，而且它们还有自己的生长年纹。使用这些板材制作橱柜，能够增添厨房的美感。实木橱柜具有良好的防潮性能和耐腐蚀性能。

第2点，实木橱柜十分环保，它里面不含任何有害添加物和甲醛，对于人体和环境没有任何危害，安装完就可以立即使用。

3 实木橱柜的缺点

实木橱柜由于材质完全是实木，这种材质在进行加工时需要一定的技术和设备。纯实木里面含有的水分是很难清理掉的，如果使用含有水分的实木制作柜子，时间长了，柜子就会被虫子咬；由于潮湿的环境，柜子会长出青苔等物质，不仅影响了柜子的使用，而且也影响了厨房的美观度。

5.11.2 石材橱柜

石材橱柜的优点如下。

第1点，因为石材橱柜没有能够引发细菌滋生的成分，所以完全不会有霉变的可能。

第2点，刚从燃气灶上端下来的锅具，直接放在石材橱柜上也不会留下烧焦的痕迹。

第3点，让很多人头痛的就是整理厨房了，石材橱柜不仅抗油污，还可以直接用水冲洗，因此清洁起来非常方便。

第4点，木质橱柜一般是用木质材料通过黏合而成，多多少少都含有有害的成分，如甲醛等。而石材橱柜，制作过程中采用的是钙粉和树脂等材料进行高压压制，不含任何可能污染环境的成分。

第5点，厨房作为油烟重地，要考虑防火性能，而石材橱柜能很好地防火防油烟。

第6点，石材橱柜既防潮又防水。

石材橱柜样式

5.11.3 不锈钢橱柜

1 不锈钢橱柜的定义

不锈钢橱柜是从酒店食堂的不锈钢厨具演化而来，家庭不锈钢橱柜的概念提出和形成要比木质橱柜稍晚。不锈钢橱柜具有强烈的后现代特征。

不锈钢橱柜的样式

2 不锈钢橱柜的优点

第1点，不锈钢橱柜和台面是一体的，永远不会开裂。

第2点，不锈钢橱柜环保健康，不会散发有毒气体，也不会造成二次污染。

第3点，不锈钢橱柜的整体感非常强，无缝隙，防渗透性好。

第4点，不锈钢橱柜防火耐热性能好。

第5点，不锈钢橱柜耐旧性好，使用寿命较长。

第6点，不锈钢橱柜清洗方便，用湿抹布沾洗洁精简单擦洗即可。

3 不锈钢橱柜的缺点

第1点，质量差的不锈钢橱柜的台面容易被利刃划伤，会留下痕迹。

第2点，很多不锈钢橱柜没有消音垫，噪声大。

5.11.4 铝合金橱柜

1 铝合金橱柜的定义

铝合金橱柜也叫"全铝橱柜"，其材质为全铝合金。铝合金表面用热转印工艺把印刷好的木纹直接印在橱柜上，纹理逼真，质感和美观度与实木橱柜不相上下。铝合金橱柜的表面有一层保护膜，水泡不烂，用手撕不掉，可以更好地保证柜体的美观度。

全铝橱柜样式

2 铝合金橱柜的优点

第1点，由于原材料是铝合金，因此价格要比实木橱柜便宜。全金属材质非常环保，零甲醛。

第2点，铝合金橱柜有很强的耐热性能，能经受住100℃的高温。厨房使用，不用再担心开裂变形的问题，长期浸泡在水中也不会发霉腐烂和发臭。

第3点，铝合金橱柜能防火、防水、防虫蛀。柜体承重力强、坚硬无比，强度是实木橱柜的4倍以上，十分耐撞击。

第4点，颜色多样，还能定制自己喜欢的纹理图案。用30多年都不会坏，好清洁易打理，脏了直接用清水擦洗立马能焕然一新。

第5点，材质轻巧，开启时不会产生难听的金属噪声。拆卸和安装都很方便，用久了的铝合金材料还能回收再利用，"以铝代木"能有效保护环境，还能缓解实木资源紧缺的现状。

5.12 卫浴洁具类

5.12.1 洗手盆

1 台上盆

台上盆又名碗盆，顾名思义就是安装在洗手台面上的盆，选用这种洗手盆的优缺点和注意事项有以下几点。

第1点，台上盆款式独特且新颖，造型丰富，应根据不同的装修风格进行选择。

第2点，安装时需注意台盆上边缘离地面高度应保持在800~850mm（个子较低的人可以考虑750mm）。

第3点，选择台上盆也有一个缺点，就是"不方便台面清洁"。因为增加了台面的死角区域，一旦有角落未及时清理，不仅影响美观，还会滋生细菌。

台上盆

② 台下盆

台下盆安装在洗手台面下方，选用这种洗手盆的注意事项有以下两点。

第1点，台下盆最大的好处就是方便台面清洁，洒落在台面的水渍可以轻松用抹布往台盆方向擦干净。

第2点，应注意台盆的固定方式，务必保证安装牢固。

台下盆

③ 台面盆

洗手盆的边沿安装在洗手台面上方，它的优劣势与台上盆相似。另外，需要选用与台面盆相配的水龙头，市面上大多数此类洗手盆都是台盆与水龙头成套销售的。

台面盆

④ 半埋盆

盆体一半嵌入台面，一半外露。虽然此款台盆的样式新颖美观，但必须与台面紧密结合，选择时一定要提前告知设计师，设计师也应根据选型调整台面的宽度和施工方式。如要节约空间，则可在选择配合半埋盆的水龙头时优先考虑入墙式水龙头。

半埋盆

⑤ 台盆一体型

这种洗手盆属于成品，是普通家庭选择最多的类型，安装方便，且经济实惠，款式丰富多样。

台盆一体型

5.12.2 马桶

1 马桶的定义

马桶又名坐便器，属于建筑给排水材料领域的一种卫生器具。

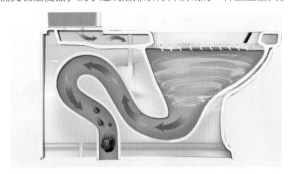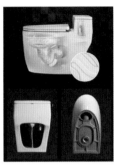

常见马桶结构

2 马桶的分类

按整体结构划分，马桶可以分为分体式、连体式、挂墙式和无水箱马桶。

■ 分体式马桶

分体式马桶就是底座跟水箱是各自独立的，分开制作。分体式马桶成型率高，因此价格相对便宜。分体式马桶采用直落式下水。

分体式马桶占用空间大，不容易靠墙，水箱与底座之间的缝隙会形成卫生死角，不易打理，容易藏污纳垢甚至产生霉变，影响美观。独立的水箱对水件的要求也更高，水件质量差、密封圈老化等都会导致水箱连接处出现漏水的问题。

优点：价格低，冲力强，不易堵塞。

缺点：美观度不够、空间占比大、噪声大、漏水风险大。

适用家庭：极少数人还在使用，基本已被淘汰。

■ 连体式马桶

连体式马桶算是分体式马桶的改进产品，其水箱与底座整体烧制，不可单独分开。由于烧制体积增大，故其成型率较低（只有60%~70%），因此相对于分体式马桶的价格要高一些。连体式马桶一般采用虹吸式下水，水位低，冲水噪声小；水箱与底座之间没有缝隙，便于清洁；可选择的款式很多，可以满足不同的装修风格，是现在主流的马桶类型。

优点：款式多样，易于清洁，冲水噪声较小。

缺点：虹吸式下水相对费水，易堵塞。

适用家庭：对马桶的造型和功能有一定要求的消费者。

■ 挂墙式马桶

挂墙式马桶最早起源于欧洲，是由隐蔽式水箱和坐便器组合而成，近几年逐渐在国内流行起来。挂墙式马桶背后要砌假墙，所有管线要全部封在假墙中，安装成本比较高。其优点是节省空间，方便打扫，同时有了墙体的阻隔，冲水噪声也会明显降低。

挂墙式马桶最适合使用墙排水方式（马桶的排污口在墙壁上）的卫生间，一些采用墙排水的新小区可以很方便地安装。如果卫生间使用的是地排水方式，则需要改变排水管的走向或者用 S 弯头一类的器具引导排水，安装相对麻烦。

至于稳固性，使用挂墙式马桶时受力的是钢支架，而不是马桶，只要施工得当完全不必担心。由于水箱是嵌入型的，挂墙式马桶对水箱和水件的质量要求比较高，整体价格也很高。同时入墙水箱需精密安装，最好由专业技术人员来操作。

优点：节省空间，移位方便，外观优美，冲水噪声很小。

缺点：价格高，对质量和安装要求高。

适用家庭：追求高品质生活或极简主义风格的消费者可以选择。

■ 无水箱马桶

无水箱马桶是一种不设水箱，采用城市自来水直接冲洗的新型节水型马桶。这种马桶充分利用城市自来水水压并应用流体力学原理完成冲洗，相比之下更为节水，同时也对水压有一定要求（绝大部分城市都没问题）。由于没有水箱，因此在节省空间的同时也避免了水箱里水的污染和倒流问题，比较卫生，便于清洁。

无水箱马桶通常为一体式设计，外形豪华典雅，同时融合了诸多科技元素，如智能加强动力型冲水系统、根据微波感应自动开闭马桶盖、触屏式遥控器、可调节水温的移动式卫生清洗器等，功能相当齐全，能给使用者带来舒适的体验。因此大品牌的无水箱马桶通常造价不菲，适合装修偏豪华的家庭。

优点：外形新颖漂亮，节省空间，节水、卫生，功能齐全，综合体验效果好。

缺点：对质量要求高，不适合缺水（经常停水）或水压低的地区，价格高。

适用家庭：预算充足，追求全方位卫浴享受的消费者。

5.12.3 蹲盆和水箱

蹲盆也叫蹲便器，指人体屈蹲使用的便器。蹲便器结构分为有存水弯和无存水弯两类。存水弯的工作原理是利用一个横 S 型弯管，造成一个"水封"，防止下水道的臭气倒流。

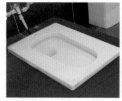

蹲盆

水箱

1 蹲盆的选购技巧

第1点，看整体。知名的店铺都有自己的特色，且设有样板间，把能证明自己实力的各种资格证书摆放在比较明显的位置。样品摆放得是否整齐、美观，能从侧面反映出厂家对自己品牌的重视和用心程度。

第2点，摸表面。高档的蹲盆表面的釉面和坯体都比较细腻，手摸表面不会有凹凸不平的感觉。中、低档蹲盆的釉面比较暗，在灯光照射下，会发现有毛孔，釉面和坯体都比较粗糙。

第3点，掂分量。高档蹲盆必须采用卫生陶瓷中的高温陶瓷，这种陶瓷的烧制温度在1200℃以上，材料结构全部完成了晶相转化，达到了卫生洁具全瓷化的要求，手掂会有沉甸甸的感觉。中、低档的蹲盆均采用的是卫生陶瓷中的中、低温陶瓷，这两种陶瓷由于其烧制的温度低，烧制的时间短，无法完成晶相转化，因此达不到全瓷化的要求。

第4点，比吸水率。高温陶瓷与中、低温陶瓷最明显的区别是吸水率，高温陶瓷的吸水率低于0.2%，产品易于清洁且不会吸附异味，不会发生釉面的龟裂和局部漏水现象。中、低温陶瓷的吸水率远高于这个标准且容易进污水，不易清洗还会发出难闻的异味，时间久了会发生龟裂和漏水。

2 水箱的选购技巧

第1点，看冲水效果。冲水效果是判断蹲厕水箱设计是否合理的关键要素，冲水太大或者是太小都不合适。

第2点，看外观。用手抚摸表面，看表面是否光滑细腻，是否有凹凸不平的问题。

第3点，掂份量。一般越重的水箱质量越好。

5.12.4 花洒

1 花洒的定义

花洒又称莲蓬头，原是一种浇花的装置。后来有人将其改装成为淋浴装置，随后成为浴室常见的用品。花洒按用途可以分为3种，分别是手持花洒、头顶花洒和侧喷花洒。

2 花洒的选购技巧

第1点，即便外观相似的花洒，其喷射效果也可能会截然不同，挑选时一定要看花洒的喷射效果。质量好的花洒每一个喷孔喷射的水都均匀一致，且在不同的水压下都能给人畅快淋漓的淋浴体验。

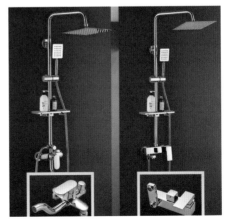

花洒款式

第 2 点，花洒喷头外表面最好经过多次电镀处理，挑选时可看其光泽度与平滑度，光亮与平滑的花洒镀层均匀，质量较好，这样的淋浴花洒龙头才经久耐用。

第 3 点，阀芯影响着花洒的使用感和使用寿命，好的花洒采用陶瓷阀芯，平滑无摩擦。在挑选时可用手扭动开关，手感舒适、顺滑的花洒在使用时才会顺畅、可靠。

第 4 点，花洒配件会直接影响其使用的舒适度，也需格外留意。例如，水管和升降杆够不够灵活，花洒软管加钢丝抗屈能力如何，花洒连接处是否设有防扭缠的滚球轴承，升降杆上是否安有旋转控制器等。

5.12.5 淋浴房

1 淋浴房适用场地

第 1 点，卫生间要有 900mm × 900mm 以上的空间，不会影响其他设备时才可做淋浴房。如果小于这个尺寸，就没必要做淋浴房。虽然淋浴房也有 800mm 宽的极限尺寸，但洗澡时手肘会很容易碰到玻璃，因此还是挂浴帘比较方便。

第 2 点，需要干湿彻底分离。花洒的常规高度为 2.1m，淋浴房高度基本在 1.8m 以上，才能保证花洒水落到人头顶不外溅。可以根据身高最高的家庭成员选择合适的淋浴房高度。

第 3 点，对于洗澡怕冷的人，特别是家里有老人时，淋浴房可以更好地保温。

2 淋浴房样式

■ 一字形淋浴房

大多数家庭的淋浴区位于卫生间深处，占据整面墙，用一字形淋浴房正好把干湿区隔成两半。玻璃隔断是一字形淋浴房的"极简版"，有一定的干湿分离作用，价格也不高。

■ 方形淋浴房

如果不能像一字形淋浴房那样占满整面墙，也可以用方形占一个角，当然也要满足 900mm × 900mm 的空间要求。

■ 钻石形淋浴房

有的卫生间面积有限，方形的直角可能紧挨着马桶，比较局促。切掉直角使淋浴房变成钻石形，淋浴房外部的通道能宽松很多，而且有了开门的空间。

■ 圆弧形淋浴房

圆弧形淋浴房适合有老人和小孩的家庭，不会使他们磕碰到。圆弧形淋浴房完全可以定制，850mm × 850mm 是极限尺寸。

圆弧形淋浴房　　　　　　方形淋浴房

第6章

量房与报价预算

6.1 量房工具 ┃ 6.2 快速掌握量房技巧 ┃ 6.3 认识报价预算表 ┃ 6.4 入户报价预算及材料整合

6.5 客厅、餐厅、过道报价预算及材料整合 ┃ 6.6 厨房报价预算及材料整合 ┃ 6.7 卫生间报价预算及材料整合

6.8 卧室报价预算及材料整合 ┃ 6.9 阳台报价预算及材料整合 ┃ 6.10 电安装报价预算及材料整合 ┃ 6.11 水安装报价预算及材料整合

6.12 杂项报价预算及材料整合 ┃ 6.13 费率提取报价预算及注意事项

扫码看视频

6.1 量房工具

量房是室内设计师必备的基础技能，很多新入行的室内设计师对于量房一知半解，这样会造成工作效率低、测量的数据不精准等问题。

量房时一定要正确使用工具，适合的工具可以提高速度和准确率。室内设计师量房的常用工具主要有以下 5 种。

■ 激光测距仪

激光测距仪在测量长距离时非常方便，测量数据也比较精准。激光测距仪常用的功能有：长度测量、面积测量和数据存储。建议选购 40m 的激光测距仪，它可以满足家装测量需求。

■ 卷尺

卷尺对于小空间的尺寸测量还是非常精准和方便的。一般最常用的卷尺是 5m 的。如果墙面不平，激光测距仪测不到的位置也可以使用卷尺测量。因此室内设计师一般都会将激光测距仪和卷尺配合使用。

激光测距仪　　　　　　　　　　卷尺

■ 纸笔和夹板

纸一般选用 A3 或 A4 的白纸。

笔一般选用双色（黑色和红色）的中性笔。黑色笔用来画室内框架，红色笔用来记录尺寸，这样区分会方便观看，不会造成干扰。

夹板一般用来夹纸张，方便勾画与记录。一般选用 A3 或 A4 的夹板。

双色笔　　　　　　　　　　夹板

■ 手机

主要使用手机里的拍照功能，对量房而言，手机是记录原始空间形体关系的好工具。一般是用手机来拍摄每个墙面关系、管道和梁柱位置等。多拍照片和视频可以帮助室内设计师在设计时回顾现场情况。

> **提示** 特殊尺寸可以直接用手机自带的画图软件在照片上进行标注。

工地现场照片

■ 平板电脑

平板电脑汇聚了激光测距仪、卷尺、纸、笔、夹板和相机等功能，十分方便。很多室内设计师都会用平板电脑辅助完成设计工作。例如，平板电脑里有一些关于测量的 App，配合特定的激光测距仪可以在测量的同时，自动生成对应的三维数据模型。或者是打开测量 App，可以根据 App 的使用说明点对点地测量出尺寸。

6.2 快速掌握量房技巧

6.2.1 量房步骤

第 1 步，巡视一遍所有的房间，了解基本的户型结构。

第 2 步，手绘房子的结构图。一般从入户门的左边或者右边开始画，设计师可以根据自己的习惯而定，沿墙走，最后再回到入户门。新手不需要过于讲究手绘结构图的尺寸和比例，这个结构图只是用于记录现场具体尺寸使用，不过要体现出房间与房间之间的前后左右连接方式。

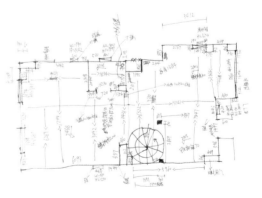

手绘房屋结构图

第 3 步，从入户门开始，朝着一个方向，一个房间一个房间地测量，并把测量的数据记录到结构图中对应的位置上。设计师也可以提前向物业索要户型结构图打印出来，再现场核对尺寸。

第 4 步，要注意窗台离地面的高度、窗户的高度和宽度、窗户左右两边到墙面的距离。

第5步，量层高，要注意顶上有没有梁，梁的位置要标清楚，梁高、梁宽都要测量准确。

第6步，顶面有管道的地方，要在结构图内画好管道所在的位置、管道的直径、管道距离地面和顶面的尺寸。如果管道是斜的，需要测量并且标注好管道最低点和最高点距离地面的高度。地面所呈现出来的下水口也要测量，需要测量下水口的直径、下水口距离四周墙面的尺寸，下水口的位置也要在结构图内标明，并且分别标注好是什么下水口，如洗脸台的下水口、洗衣机的下水口、马桶的下水口等。

第7步，煤气管道的位置和尺寸，以及空调孔的位置尺寸也需要测量并标注在图上。

第8步，强电箱和弱电箱的高度和宽度，以及箱体边框与地面、顶面、左右两侧到墙面的距离也要测量并标注在图上。

第9步，现场敲击墙体，标记承重墙的位置。一般厚度超过24cm的墙体很有可能是承重墙。敲击墙体，发出沉闷的声音的墙体也很有可能是承重墙。最直观的方法就是向物业索要户型结构图，从建筑图纸上得知哪些是承重墙。要特别注意的是，有时候一整面墙可能只有一部分是承重墙。

6.2.2 量房注意事项

在量房时除了上面所讲的步骤，还需要特别注意以下几点。

第1点，测量房间的高度时要紧贴地面测量，测量房间的长度时要紧贴墙体拐角处测量，尽量不要斜着测量。

第2点，先测量门洞的长、宽、高，再测量门与所属墙体的左右间隔，门与天花板的间隔。

第3点，要注意测量窗与地面的间隔尺寸。

第4点，按照门窗的测量方式记录开关、插座、管子的尺寸。厨房和卫生间要特别注意。

第5点，有特殊之处要用不同颜色的笔标注清楚。

第6点，根据户型图区分承重墙。注意，不是买房子的时候拿到的户型结构图，而是由物业提供的准确的建筑户型结构图。

第7点，了解入户水管的位置，以及入户后的水管是几分管。

第8点，了解下水的位置和坐便器的坑位。

第9点，测量空调孔位置，以及了解空调的外机位置。

总而言之，现场所能看到的一切内容都需要测量尺寸，标记好位置，直到能准确地在CAD里面还原现场户型结构和尺寸数据为止。

6.3 认识报价预算表

报价预算表是由数量、单位、材料的单价与总价、人工的单价与总价组成的。报价预算表的主要功能是计算开工前的预算和完工后的结算，这是室内设计师必须要掌握的。表6-1是一个没有展开的项目预算总表，大致地区分了每个区域进行报价计算。

表 6-1 项目预算总表

工程名称：				日期：			
序号	工程项目	数量	单位	价格 / 元			
				材料		人工	
				单价	总价	单价	总价
1	入户						
2	客厅、餐厅、过道						
3	厨房						
4	卫生间						
5	卧室						
6	阳台						
7	电安装						
8	水安装						
9	杂项						
10	费率提取						

表 6-2 展示了项目预算表的局部细节，根据空间大小和区域不同，对报价的大类项目也会进行整体调整。因为全国各地及不同公司的报价预算方式各有不同，所以此报价表仅作为参考。

表 6-2 项目预算表局部展示

序号	工程项目	数量	单位	价格 / 元			
				材料		人工	
				单价	总价	单价	总价
1	铺地砖	0	m²	22	0	28	0
2	鞋柜 （可根据设计及用料复杂程度而调整）	0	m	650	0	255	0
3	地面保护	0	m²	15	0	4	0
4	贴墙砖	0	m²	25	0	35	0

下面详细介绍一下大项展开后每一项的计算方式，以便设计师全面掌握报价预算。

6.4 入户报价预算及材料整合

入户一般是指房子的进门处，就是进入房屋的过道。该空间需要做的项目有铺地砖、现场制作一体鞋柜（也可购买成品）、地面保护、铺设墙砖、天花板造型（看需求，可以原顶刷白，也可以做天花板造型）。入户项目预算表如表 6-3 所示。

表 6-3 入户项目预算表

序号	工程项目	数量	单位	价格 / 元				施工工艺及材料说明
				材料		人工		
				单价	总价	单价	总价	
1	铺地砖	0	m²	22	0	28	0	国标 32.5# 水泥、建筑专用沙，水泥砂浆铺设。 斜铺、弧形（异形）铺贴的人工费每平方米另加 23 元。 若水泥厚度超过 60mm，材料费每平方米另加 8 元。 地砖（业主自购）
举例	铺地砖	6	m²	22	132	28	168	铺地砖的面积计算公式是长 × 宽。 假设入户长为 3m，宽为 2m，则总面积为 3m×2m=6m²。 材料费总价为 6×22=132 元，人工费总价为 6×28=168 元，铺地砖总价为 300 元
2	现场制作一体鞋柜（可根据设计及用料复杂程度而调整）	0	m	650	0	255	0	15mm 大芯板、9mm 夹板、5mm 夹板、外贴 4mm 饰面板，外框实木线收边，鞋柜深度 ≤ 350mm，高度 ≤ 1000mm。高度超过 1000mm 按"平方米"计价。 含缓冲合页，不含五金拉手，油漆另计。 注：传统鞋柜高度小于 1000mm 的，用米来计算；如果高度大于 1000mm，则按照平方米计算
举例	现场制作一体鞋柜（可根据设计及用料复杂程度而调整）	0.9	m	650	585	255	229.5	假设鞋柜长度是 0.9m，材料费总价为 0.9×650=585 元，人工费总价为 0.9×255=229.5 元，鞋柜的总价为 814.5 元
3	地面保护	0	m²	15	0	4	0	地面保护是指铺好砖后在地面上贴一层保护材质，目的是在施工过程中保护地面。 底层用防潮棉铺地，面层用纤维板铺面，接缝用透明胶封好

序号	工程项目	数量	单位	价格/元				施工工艺及材料说明
				材料		人工		
				单价	总价	单价	总价	
举例	地面保护	6	m²	15	90	4	24	地面保护的面积就是地面铺砖的面积。 因为铺砖的面积是 6m²，所以地面保护的面积也是 6m²。 材料费总价为 6×15=90 元，人工费总价为 6×4=24 元，地面保护总价为 114 元
4	贴墙砖	0	m²	25	0	35	0	清理墙面，水平定位，挂垂线。墙面砖由业主提供。瓷砖一般浸水 2h 以上，用国标 32.5# 水泥粘贴，阳角处 45° 磨边碰口，用填缝剂勾缝。 不含踢脚线安装。 斜铺或者贴小方块砖的人工费按每平方米 20 元另加。 贴 300mm×600mm 规格以上的瓷砖按照墙面砖湿挂工艺施工和计价
举例	贴墙砖	14	m²	25	350	35	490	贴墙砖按照面积来计算总价。 假设墙面长为 5m，高为 2.8m，总面积为 5m×2.8m=14m²，然后把该空间所有墙面要贴砖的面积加起来。切记，如有窗户，要减去窗户的面积。 这一面墙的材料费总价为 14×25=350 元，人工费总价为 14×35=490 元，贴墙砖的总价为 840 元

6.5 客厅、餐厅、过道报价预算及材料整合

　　客厅、餐厅、过道一般需要做的项目有铺地砖、过道地砖斜铺、过道贴波导线、地面保护、电视背景墙、窗帘盒、双层造型天花板、酒水柜、贴踢脚线和防潮处理等。客厅、餐厅、过道项目预算如表 6-4 所示。

表 6-4 客厅、餐厅、过道项目预算表

| 序号 | 工程项目 | 数量 | 单位 | 价格/元 | | | | 施工工艺及材料说明 |
| | | | | 材料 | | 人工 | | |
				单价	总价	单价	总价	
1	客厅铺地砖	0	m²	22	0	28	0	国标 32.5# 水泥、建筑专用沙，水泥砂浆铺设。 斜铺、弧形（异形）铺贴的人工费每平方米另加 23 元。 若水泥厚度超过 60mm，材料费每平方米另加 8 元。 地砖（业主自购）
举例	客厅铺地砖	50	m²	22	1100	28	1400	铺地砖的面积计算公式是长 × 宽。 假设客厅长为 10m，宽为 5m，总面积为 10m×5m=50m²。 材料费总价为 50×22=1100 元，人工费总价为 50×28=1400 元，铺地砖总价为 2500 元
2	过道地砖斜铺	0	m²	22	0	45	0	国标 32.5# 水泥、建筑专用沙，水泥砂浆铺设。 斜铺、弧形（异形）铺贴的人工费每平方米另加 23 元。 若水泥厚度超过 60mm，材料费每平方米另加 8 元。 地砖（业主自购）
举例	过道地砖斜铺	4.8	m²	22	105.6	45	216	过道地砖一般是斜铺，材料费基本上和平铺价格一样，但是人工费一般是平铺的一倍。 过道地砖斜铺的面积计算公式是长×宽，假设过道长为 4m，宽为 1.2m，则总面积为 4m×1.2m=4.8m²。 材料费总价为 4.8×22=105.6 元，人工费总价为 4.8×45=216 元，过道地砖斜铺总价为 321.6 元
3	过道贴波导线	0	m	10	0	23	0	国标 32.5# 水泥、建筑专用沙，水泥砂浆铺设。 直线镶贴，封缝收边。 弧形线人工费每米另加 8 元。 波导线（业主自购）

序号	工程项目	数量	单位	价格/元				施工工艺及材料说明
				材料		人工		
				单价	总价	单价	总价	
举例	过道贴波导线	10.4	m	10	104	23	239.2	过道波导线一般是按米计算，也就是地面的周长。 假设过道长为 4m，宽为 1.2m，那么周长就是 (4m + 1.2m) ×2=10.4m。 材料费总价为 10.4×10=104 元，人工费总价为 10.4×23=239.2 元，过道贴波导线总价为 343.2 元
4	地面保护	0	m²	15	0	4	0	底层用防潮棉铺地，面层用纤维板铺面，接缝用透明胶封好
举例	地面保护	54.8	m²	15	822	4	219.2	客厅、餐厅和过道的地面保护的面积是把铺砖的总面积加起来。 之前客厅和餐厅的地面铺设面积是 50m²，过道面积是 4.8m²，地面保护的总面积就是 50m² + 4.8m²=54.8m²。 材料费总价为 54.8×15=822 元，人工费总价为 54.8×4=219.2 元，地面保护总价为 1041.2 元
5	电视背景墙	0	m²	398	0	138	0	根据实际用料和设计造型进行施工
举例	电视背景墙	11.2	m²	398	4457.6	138	1545.6	电视背景墙的报价要看墙面设计的造型和尺寸，一般后期会根据实际情况调整，在这个阶段先大概报价。 例如，墙长为 4m，高度为 2.8m，总面积为 4m × 2.8m=11.2m²。 材料费总价为 11.2×398=4457.6 元，人工费总价为 11.2×138=1545.6 元，电视背景墙总价为 6003.2 元
6	窗帘盒	0	m	55	0	25	0	窗帘盒指的是暗藏在天花板内放置窗帘的位置，一般宽度为 150~200mm，窗帘盒的长度一般是窗户所在墙面的长度。 用夹心板和 9mm 夹板制作窗帘盒，宽度 ≤ 200mm

续表

序号	工程项目	数量	单位	价格/元				施工工艺及材料说明
				材料		人工		
				单价	总价	单价	总价	
举例	窗帘盒	5	m	55	275	25	125	假设客厅长 10m，宽 5m，窗帘盒的长度为 5m。 材料费总价为 5×55=275 元，人工费总价为 5×25=125 元，铺窗帘盒总价为 400 元
7	双层造型天花板	0	m^2	165	0	55	0	30mm×40mm 刨光面木方，膨胀螺丝在原顶固定光方，光方为吊杆固定木方网格，100% 正宗无石棉“艾特板”衬底，防锈螺丝固定，灯槽侧面用 9mm 夹板衬底处理，按展开面积计算。煽灰及喷漆的费用另计。 做防火涂料的费用每平方米另加 30 元
举例	双层造型天花板	19.88	m^2	165	3280.2	55	1093.4	造型天花板的面积一般是按照展开面积计算，展开面积就是封板位置的面积。 例如，400mm 宽的吊顶，有灯槽，从顶面吊下来 200mm，灯槽边为 100mm；室内周长为(10000mm + 5000mm)×2，那么吊顶的面积为(400mm + 200mm + 100mm)×[(10000mm + 5000mm − 400mm − 400mm)×2]=19.88m^2。 材料费总价为 19.88×165=3280.2元，人工费总价为 19.88×55=1093.4 元，双层造型天花板总价为 4373.6 元
8	酒水柜	0	m^2	650	0	220	0	15mm 夹心板、9mm 夹板、5mm 夹板、外贴 4mm 饰面板，实木线收口。 含缓冲合页，不含五金拉手，油漆的费用另计 深度≤ 400mm
举例	酒水柜	3.6	m^2	650	2340	220	792	因为酒水柜的深度≤ 400mm，所以只算面积，计算公式为长 × 高。 假设酒水柜长 1.5m，高 2.4m，总面积为 1.5m×2.4m=3.6m^2。 材料费总价为 3.6×650=2340 元，人工费总价为 3.6×220=792 元，酒水柜总价为 3132 元

序号	工程项目	数量	单位	价格 / 元				施工工艺及材料说明
				材料		人工		
				单价	总价	单价	总价	
9	贴踢脚线	0	m	7	0	8	0	国标 32.5# 水泥，建筑专用沙，水泥砂浆铺设。 踢脚线（业主自购）
举例	贴踢脚线	18.5	m	7	129.5	8	148	踢脚线的长度一般是空间墙面的周长，也就是用墙面周长减去有门洞的地方和做造型没贴踢脚线的地方。 假设空间中有 5 个门洞，有 3 个门洞的宽度是 900mm，厨房推拉门门洞的宽度是 1800mm，阳台门洞的宽度是 3000mm，因此需要减掉的门洞长度为 0.9m×3 + 1.8m + 3m=7.5m。 假设电视背景墙长为 4m，总共需要减去的长度为 4m + 7.5m=11.5m。 假设客厅、餐厅、过道长为 10m，宽为 5m，总周长为（10m + 5m）×2=30m，那么踢脚线的长度为 30m−11.5m=18.5m。 材料费总价为 18.5×7=129.5 元，人工费总价为 18.5×8=148 元，贴踢脚线总价为 277.5 元
10	防潮处理	0	m²	30	0	8	0	木制品靠墙面用光油刷一遍，柜体背面用光油刷一遍，墙面与柜体背面用防潮棉隔离
举例	防潮处理	5.28	m²	30	158.4	8	42.24	防潮是指对空间中定制的柜子与墙体接触的面进行防潮处理。因为客厅中只做了酒水柜，所以要做防潮的面积就是酒水柜的背面与墙体接触的面积，以及两个侧面与墙体接触的面积。 假设酒水柜的长度为 1.5m，宽度为 0.35m，高度为 2.4m，那么酒水柜的背面与墙体接触的面积是 2.4m×1.5m=3.6m²；侧面与墙体接触的面积是 0.35m×2.4m×2=1.68m²。防潮的总面积为 1.68m² + 3.6m²=5.28m²。 材料费总价为 5.28×30=158.4 元，人工费总价为 5.28×8=42.24 元，防潮处理总价为 206.4 元

6.6 厨房报价预算及材料整合

厨房一般需要做的项目有防滑砖铺地、贴瓷片、防水处理（厨房防水也可以不做，看甲方的需求）。厨房项目预算如表 6-5 所示。

表 6-5 厨房项目预算表

| 序号 | 工程项目 | 数量 | 单位 | 价格 / 元 | | | | 施工工艺及材料说明 |
| | | | | 材料 | | 人工 | | |
				单价	总价	单价	总价	
1	防滑砖铺地	0	m²	22	0	28	0	国标 32.5# 水泥、建筑专用沙，水泥砂浆铺设，白水泥勾缝。不含踢脚线安装。斜铺或铺贴小方块砖每平方米另加 20 元人工费。 防滑砖（业主自购）
举例	防滑砖铺地	7.5	m²	22	165	28	210	铺防滑砖的面积计算公式是长 × 宽。假设厨房长为 3m，宽为 2.5m，总面积为 3m×2.5m=7.5m²。材料费总价为 7.5×22=165 元，人工费总价为 7.5×28=210 元，防滑砖铺地总价为 375 元
2	贴瓷片	0	m²	25	0	35	0	清理墙面，水平定位，挂垂线。墙面砖由业主提供。 瓷砖一般浸水 2h 以上，用国标 32.5# 水泥粘贴瓷片，阳角处 45° 磨边碰口，用白水泥勾缝。 不含踢脚线安装。 斜铺或铺贴小方块砖每平方米另加 20 元人工费。 贴 300mm×600mm 规格以上的瓷砖按照墙面砖湿挂工艺施工和计价
举例	贴瓷片	44.8	m²	25	1120	35	1568	贴瓷片是按照面积计算，如墙面长为 16m，高为 2.8m，这面墙的面积是 16m×2.8m=44.8m²，然后把该空间所有墙面要贴砖的面积加起来。切记，如有窗户，要减去窗户面积。 这一面墙的材料费总价为 44.8×25=1120 元，人工费总价为 44.8×35=1568 元，贴瓷片的总价为 2688 元

序号	工程项目	数量	单位	价格/元				施工工艺及材料说明
				材料		人工		
				单价	总价	单价	总价	
3	防水处理	0	m²	50	0	8	0	清理原地面，用益胶泥刮一遍底，再刷一遍 K11 通用型防水剂。 地面须找平，费用另计。 做 24h 蓄水试验。 不包含原地面装饰层拆除
举例	防水处理	7.5	m²	50	375	8	60	因为厨房的防水一般只做地面，所以地面面积就等于防水面积。 假设厨房长为 3m，宽为 2.5m，总面积为 3m×2.5m=7.5m²。 材料费总价为 7.5×50=375 元，人工费总价为 7.5×8=60 元，防水处理总价为 435 元

6.7 卫生间报价预算及材料整合

卫生间一般需要做的项目有防滑砖铺地、贴瓷片、洁具安装和防水处理（卫生间必须做防水）。卫生间项目预算如表 6-6 所示。

表 6-6 卫生间项目预算表

序号	工程项目	数量	单位	价格/元				施工工艺及材料说明
				材料		人工		
				单价	总价	单价	总价	
公共卫生间								
1	防滑砖铺地	0	m²	22	0	28	0	国标 32.5# 水泥、建筑专用沙，水泥砂浆铺设，白水泥勾缝。不含踢脚线安装。斜铺或铺贴小方块砖每平方米另加 20 元人工费。 防滑砖（业主自购）
举例	防滑砖铺地	6.25	m²	22	137.5	28	175	铺防滑砖的面积计算公式是长×宽。 假设卫生间长为 2.5m，宽为 2.5m，总面积为 2.5m×2.5m=6.25m²。 材料费总价为 6.25×22=137.5 元，人工费总价为 6.25×28=175 元，防滑砖铺地总价为 312.5 元

| 序号 | 工程项目 | 数量 | 单位 | 价格／元 | | | | 施工工艺及材料说明 |
| | | | | 材料 | | 人工 | | |
				单价	总价	单价	总价	
2	贴瓷片	0	m²	25	0	35	0	清理墙面，水平定位，挂垂线，墙面砖由业主提供。 瓷砖一般浸水 2h 以上，国标 32.5# 水泥粘贴，阳角处 45° 磨边碰口，白水泥勾缝。 不含踢脚线安装。 斜铺或铺贴小方块砖每平方米另加 20 元人工费。 贴 300mm×600mm 规格以上的瓷砖按照墙面砖湿挂工艺施工和计价
举例	贴瓷片	25	m²	25	625	35	875	贴瓷片是按照面积来计算，如墙面长为 10m，高为 2.8m-0.3m（天花铝扣板尺寸）=2.5m。 这面墙的面积是 10m×2.5m=25m²，然后把该空间所有墙面要贴砖的面积加起来。切记，如有窗户，要减去窗户面积。 这一面墙的材料费总价为 25×25=625 元，人工费总价为 25×35=875 元，贴瓷片的总价为 1500 元。
3	洁具安装	0	项	70	0	80	0	膨胀螺丝、水泥油、玻璃胶、生料带、洁具及配件均由业主自购
举例	洁具安装	1	项	70	70	80	80	卫生间洁具安装的费用，指的是卫生间里面所有洁具一次性安装的费用，故填写 1 项就行。 材料费总价为 1×70=70 元，人工费总价为 1×80=80 元，洁具安装总价为 150 元
4	防水处理	0	m²	50	0	8	0	清理原地面，用益胶泥刮一遍底，再刷一遍 K11 通用型防水剂。 地面须找平，费用另计。 做 24h 蓄水试验。 不包含原地面装饰层拆除

序号	工程项目	数量	单位	价格/元				施工工艺及材料说明
				材料		人工		
				单价	总价	单价	总价	
举例	防水处理	24.25	m²	50	1212.5	8	194	卫生间的防水需要地面和墙面一起做。地面全部做，墙面做到1.8m（花洒高度的位置，也可以做到天花板顶面高2.5m处）。假设卫生间长为2.5m，宽为2.5m，地面总面积为2.5m×2.5m=6.25m²。墙面防水处理面积的计算公式为周长×高度−窗户面积。墙面周长为（2.5m+2.5m）×2=10m，墙面的防水处理总面积为10m×1.8m=18m²。地面面积+墙面面积为6.25m²+18m²=24.25m²。材料费总价为24.25×50=1212.5元，人工费总价为24.25×8=194元，防水处理总价为1406.5元

6.8 卧室报价预算及材料整合

卧室一般需要做的项目有定制无门衣柜、厂家定制推拉柜门、铺地砖、地面保护、贴踢脚线和防潮处理。卧室项目预算如表6-7所示。

表6-7 卧室项目预算表

序号	工程项目	数量	单位	价格/元				施工工艺及材料说明
				材料		人工		
				单价	总价	单价	总价	
1	定制无门衣柜	0	m²	630	0	140	0	18mm免漆细木工板、9mm夹板、5mm夹板，外贴4mm饰面板，PVC收口线，实木线条收口，抽屉轨道，不锈钢挂衣杆，不锈钢裤架，人工工资，不含拉手，油漆另计，深度≤600mm

序号	工程项目	数量	单位	价格/元				施工工艺及材料说明
				材料		人工		
				单价	总价	单价	总价	
举例	定制无门衣柜	6	m²	630	3780	140	840	因为衣柜一般的深度 ≤ 600mm，所以计算方式是算面积，即为衣柜的长度 × 高度。假设衣柜长度为2.5m，高度为2.4m，总面积为2.5m×2.4m=6m²。材料费总价为6×630=3780元，人工费总价为6×140=840元，无门衣柜总价为4620元
2	厂家定制推拉柜门	0	m²	320	0	0	0	工厂定制，特殊造型价格另计
举例	厂家定制推拉柜门	5.5	m²	320	1760	0	0	柜门面积计算公式为（柜子高度－上下门边距离）× 柜子宽度。柜门面积为(2.4m-0.1m-0.1m)×2.5m=5.5m²。材料费总价为5.5×320=1760元，人工费总价为0元，厂家定制推拉柜门总价为1760元
3	铺地砖	0	m²	20	0	42	0	国标32.5#水泥、建筑专用沙，水泥砂浆铺设。斜铺或者弧形（异形）铺贴的人工费每平方米另加23元。若厚度超过60mm，材料费每平方米另加8元。地砖（业主自购）
举例	铺地砖	21	m²	20	420	42	882	铺地砖的面积计算公式是长 × 宽。假设卧室长为6m，宽为3.5m，总面积为6m×3.5m=21m²。材料费总价为21×20=420元，人工费总价为21×42=882元，铺地砖总价为1302元
4	地面保护	0	m²	15	0	4	0	底层用防潮棉铺地，面层用纤维板铺面，接缝用透明胶封好
举例	地面保护	21	m²	15	315	4	84	卧室的地面保护的面积是把铺砖的总面积加起来。以上面的铺砖面积为例，卧室地面保护面积是21m²。材料费总价为21×15=315元，人工费总价为21×4=84元，地面保护总价为399元

序号	工程项目	数量	单位	价格 / 元				施工工艺及材料说明
				材料		人工		
				单价	总价	单价	总价	
5	贴踢脚线	0	m	7	0	8	0	国标 32.5# 水泥、建筑专用沙，水泥砂浆铺设。 踢脚线（业主自购）
举例	贴踢脚线	18.1	m	7	126.7	8	144.8	踢脚线的长度一般是计算空间墙面的周长，即墙面周长减去门洞的长度和要做造型不贴踢脚线位置的长度。 假设卧室只有 1 个门洞，宽度是 900mm。那么踢脚线的长度为(6m + 3.5m)×2-0.9m=18.1m。 材料费总价为 18.1×7=126.7 元，人工费总价为 18.1×8=144.8 元，贴踢脚线总价为 271.5 元
6	防潮处理	0	m²	30	0	8	0	木制品靠墙面用光油刷一遍，柜体背面用光油刷一遍，墙面与柜体背面用防潮棉隔离
举例	防潮处理	8.88	m²	30	266.4	8	71.04	防潮是指对空间中定制的柜子与墙体接触的面进行防潮处理。因为卧室中只做了衣柜，所以要做防潮的面积就是衣柜的背面与墙体接触的面积，以及两个侧面与墙体接触的面积。 假设衣柜的长度为 2.5m，宽度 0.6m，高度 2.4m。衣柜的背面与墙体接触的面积为 2.5m×2.4m=6m²。侧面与墙体接触的面积为 0.6m×2.4m×2=2.88m²。因此做防潮的总面积为 6m² + 2.88m²=8.88m²。 材料费总价为 8.88×30=266.4 元，人工费总价为 8.88×8=71.04 元，防潮处理总价为 337.44 元

6.9 阳台报价预算及材料整合

阳台一般需要做的项目有防滑砖铺地、防水处理（阳台的防水也可以不做，看甲方的需求）和地面保护。阳台项目预算如表 6-8 所示。

表 6-8 阳台项目预算表

序号	工程项目	数量	单位	价格 / 元				施工工艺及材料说明
				材料		人工		
				单价	总价	单价	总价	
1	防滑砖铺地	0	m²	22	0	45	0	国标 32.5# 水泥、建筑专用沙，水泥砂浆铺设，白水泥勾缝。不含踢脚线安装。斜铺或铺贴小方块砖每平方米另加 20 元人工费。 防滑砖（业主自购）
举例	防滑砖铺地	10	m²	22	220	45	450	铺防滑砖的面积计算公式是长×宽。 假设阳台长为 5m，宽为 2m，总面积为 5m×2m=10m²。 材料费总价为 10×22=220 元，人工费总价为 10×45=450 元，防滑砖铺地总价为 670 元
2	防水处理	0	m²	50	0	8	0	清理原地面，用益胶泥刮一遍底，再刷一遍 K11 通用型防水剂。 地面须找平，费用另计。 做 24h 蓄水试验。 不包含原地面装饰层拆除
举例	防水处理	10	m²	50	500	8	80	因为阳台防水一般只做地面，也可以不做，所以地面面积就等于防水面积。 假设阳台长为 5m，宽为 2m，总面积为 5m×2m=10m²。 材料费总价为 10×50=500 元，人工费总价为 10×8=80 元，防水处理总价为 580 元
3	地面保护	0	m²	15	0	4	0	底层用防潮棉铺地，面层用纤维板铺面，接缝用透明胶封好
举例	地面保护	10	m²	15	150	4	40	阳台的地面保护的面积是铺砖的总面积，阳台的地面铺砖面积是 10m²，那么阳台的地面保护的面积也是 10m²。 材料费总价为 10×15=150 元，人工费总价为 10×4=40 元，地面保护总价为 190 元

6.10 电安装报价预算及材料整合

电安装一般需要做的项目有安装总配电箱、弱电箱，以及开关和插座布线、弱电布线、≥ 2.5 匹空调布线、≤ 2 匹空调及其他专线布线。电安装项目预算如表 6-9 所示。

切记，以图纸作为参考，具体按业主要求现场定位，按实际工程量计算。

表 6-9 电安装项目预算表

| 序号 | 工程项目 | 数量 | 单位 | 价格 / 元 | | | | 施工工艺及材料说明 |
| | | | | 材料 | | 人工 | | |
				单价	总价	单价	总价	
1	安装总配电箱	0	项	650	0	210	0	12 位以内配电箱（增大另计）、漏电开关、空气开关。 乙方提供电路竣工图
举例	安装总配电箱	1	项	650	650	210	210	一般家装空间中的总配电箱只有 1 项。 材料费总价为 1×650=650 元，人工费总价为 1×210=210 元，安装总配电箱总价为 860 元
2	安装弱电箱	0	项	600	0	110	0	常规弱电箱。 电视 1 进 4 出，电话 1 进 5 出，网线 1 进 5 出或 3 个 1 进 1 出
举例	安装弱电箱	1	项	600	600	110	110	一般家装空间中弱电箱只有 1 项。 材料费总价为 1×600=600 元，人工费总价为 1×110=110 元，安装弱电箱总价为 710 元
3	开关和插座布线	0	位	75	0	33	0	走墙内，套专用强弱电红色、蓝色 PVC 线管（强电红色、弱电蓝色），过梁柱用黄蜡管，线在途中不能有接头。 照明及控制线线径 2.5mm^2，BVVB 铜芯线。 插座线径 2.5mm^2，BVVB 铜芯线。 按现场业主定位所产生的实际数量计算（面板另计）
举例	开关和插座布线	70	位	75	5250	33	2310	开关、插座布线，一般以 CAD 布置图估算。 例如，按照 100m^2 估算，开关和插座布线大概为 70 位左右。 材料费总价为 70×75=5250 元，人工费总价为 70×33=2310 元，开关和插座布线总价为 7560 元

序号	工程项目	数量	单位	价格/元				施工工艺及材料说明
				材料		人工		
				单价	总价	单价	总价	
4	弱电布线（电视、网络和电话）	0	m	12	00	6	0	网线、电视线、电话线和音响线
举例	弱电布线（电视、网络和电话）	100	m	12	1200	6	600	弱电布线，一般以 CAD 布置图来估算。例如，按照 100m² 估算，弱电布线大概需要 100m。材料费总价为 100×12=1200 元，人工费总价为 100×6=600 元，弱电布线总价为 1800 元
5	≥ 2.5 匹空调布线	0	组	310	0	88	0	空调线径 6mm²，BVVB 铜芯线。专用强弱电红色、蓝色 PVC 线管（强电红色、弱电蓝色）套线凿墙暗藏。如用 6mm² BVVB 铜芯线专线（三线），按 58 元 /m 计算。如用 10mm² BVVB 铜芯线专线（三线），按 78 元 /m 计算
举例	≥ 2.5 匹空调布线	1	组	310	310	88	88	≥ 2.5 匹空调布线一般是指柜式空调，主要用在客厅。材料费总价为 1×310=310 元，人工费总价为 1×88=88 元，≥ 2.5 匹空调布线总价为 398 元
6	≤ 2 匹空调及其他专线布线	0	组	270	0	88	0	挂式空调及其他专线线径为 4mm²，BVVB 铜芯线。专用强弱电红色、蓝色 PVC 线管（强电红色、弱电蓝色）套线凿墙暗藏
举例	≤ 2 匹空调及其他专线布线	3	组	270	810	88	264	≤ 2 匹空调布线一般是指壁挂空调，数量按照房间计算。假设有 3 个房间，那么就有 3 组 ≤ 2 匹空调布线。材料费总价为 3×270=810 元，人工费总价为 3×88=264 元，≤ 2 匹空调及其他专线布线总价为 1074 元

6.11 水安装报价预算及材料整合

水安装一般需要做的项目有冷热给水管安装和杂项安装。水安装项目预算如表 6-10 所示。

切记，以图纸为参考，具体按业主要求现场定位，按实际工程量计算。

表 6-10 水安装项目预算表

| 序号 | 工程项目 | 数量 | 单位 | 价格 / 元 | | | | 施工工艺及材料说明 |
| | | | | 材料 | | 人工 | | |
				单价	总价	单价	总价	
1	冷热给水管安装	0	m	53	0	25	0	定位、凿坑暗藏管、安装管、试压（通知业主现场检验）、封管，不含水龙头、阀门、角阀和软管。 采用"PP-R"抗菌管
举例	冷热给水管安装	110	m	53	5830	25	2750	一般家装空间的水管计算方式是用 CAD 画出冷热给水管的大致位置，测量出冷热给水管长度。 假设该空间测量出来需要安装的冷热给水管长度为 110m。 材料费总价为 110×53=5830 元，人工费总价为 110×25=2750 元，冷热给水管安装总价为 8580 元
2	杂项安装	0	项	150	0	380	0	使用膨胀螺丝、玻璃胶、钢钉等材料。 杂项安装一般是指排气扇、厨卫及五金挂件（毛巾架、层板架、纸巾盒和备用水龙头等）
举例	杂项安装	1	项	150	150	380	380	一般杂项安装通常为 1 项。 材料费总价为 1×150=150 元，人工费总价为 1×380=380 元，杂项安装总价为 530 元

6.12 杂项报价预算及材料整合

杂项一般包含墙面喷漆、阴阳角保护及加固处理、灯具安装、贴大理石门槛、墙面修补、沉箱处理、地砖和瓷片填缝、地漏安装、包水管、清场和保洁、拆墙、砌墙、拆原建门和窗等。杂项预算如表 6-11 所示。

表 6-11 杂项预算表

| 序号 | 工程项目 | 数量 | 单位 | 价格 / 元 | | | | 施工工艺及材料说明 |
| | | | | 材料 | | 人工 | | |
				单价	总价	单价	总价	
1	墙面喷漆	0	m²	22	0	16	0	内墙用浅黄色环保腻子粉批刮 3 遍底并打磨平整。 刷两遍底漆、两遍面漆，底漆和面漆采用喷漆。 如贴墙纸、墙布，墙面漆改为防潮处理，价格不变，按实际工程量计算。 如需要调其他颜色的油漆，每平方米需加 3 元
举例	墙面喷漆	150	m²	22	3300	16	2400	墙面喷漆的面积是指所有要喷漆的墙面面积。 假设喷漆面积是 150m²，那么材料费总价为 150×22=3300 元，人工费总价为 150×16=2400 元，墙面喷漆总价 5700 元
2	阴阳角保护及加固处理	0	m²	7	0	3	0	20mm×20mmPVC 角线，阴阳角保护，加固处理，按面积计算
举例	阴阳角保护及加固处理	10	m²	7	70	3	30	假设阴阳角保护及加固处理面积是 10m²，那么材料费总价为 10×7=70 元，人工费总价为 10×3=30 元，阴阳角保护及加固处理总价为 100 元
3	灯具安装（套房）	0	项	180	0	360	0	全套房灯具安装。 灯具（业主自购）
举例	灯具安装（套房）	1	项	180	180	360	360	全套房灯具安装，一般是报 1 项。 材料费总价为 1×180=180 元，人工费总价为 1×360=360 元，灯具安装总价为 540 元
4	贴大理石门槛	0	m	18	0	28	0	国标 32.5# 水泥、建筑专用沙，直线镶贴，封缝收边。 弧形线人工费每米另加 10 元。 大理石（业主自购）
举例	贴大理石门槛	10	m	18	180	28	280	每个门槛长度的总和。 假设需贴大理石门槛的长度是 10m，那么材料费总价为 10×18=180 元，人工费总价为 10×28=280 元，贴大理石门槛总价为 460 元

序号	工程项目	数量	单位	价格/元				施工工艺及材料说明
				材料		人工		
				单价	总价	单价	总价	
5	墙面修补	0	层	220	0	330	0	国标 32.5# 水泥、建筑专用沙，墙面修理，打墙后的修复
举例	墙面修补	1	层	220	220	330	330	墙面修复，一般是报 1 层。材料费总价为 1×220=220 元，人工费总价为 1×330=330 元，墙面修补总价为 550 元
6	沉箱处理	0	m²	35	0	45	0	建渣回填，水泥砂浆找平
举例	沉箱处理	15	m²	35	525	45	675	沉箱一般是指卫生间的下沉空间的回填，按照面积计算。假设沉箱处理的面积为 15m²，那么材料费总价为 15×35=525 元，人工费总价为 15×45=675 元，沉箱处理总价为 1200 元
7	地砖和瓷片填缝	0	m²	2	0	1	0	专用填缝剂勾缝
举例	地砖和瓷片填缝	100	m²	2	200	1	100	地砖和瓷片填缝指的是地面砖和墙面砖的缝隙填充，按照地面、墙面砖的面积计算。假设地砖、瓷片填缝面积为 100m²，那么材料费总价为 100×2=200 元，人工费总价为 100×1=100 元，地砖和瓷片填缝处理总价为 300 元
8	地漏安装	0	个	30	0	10	0	不锈钢地漏
举例	地漏安装	5	个	30	150	10	50	按照实际数量报价。假设全屋需要安装 5 个地漏，那么材料费总价为 5×30=150 元，人工费总价为 5×10=50 元，地漏安装总价为 200 元
9	包水管	0	条	160	0	58	0	沙、砖、国标 32.5# 水泥，1/4 砖墙。水泥砂浆砌砖和批荡
举例	包水管	5	条	160	800	58	290	包水管是指将裸露的管道包起来，一般是包几条就写几条。假设全屋需要包 5 条水管，那么材料费总价为 5×160=800 元，人工费总价为 5×58=290 元，包水管总价为 1090 元

序号	工程项目	数量	单位	价格／元				施工工艺及材料说明
				材料		人工		
				单价	总价	单价	总价	
10	清场和保洁	0	m²	6	0	0	0	按建筑面积计算（工程竣工后，专业清洁公司清洁场地）
举例	清场和保洁	100	m²	0	0	6	600	清场和保洁按照地面面积算，切记是全屋的地面面积。 假设全屋面积为100m²，这里不需要材料，人工费总价为6×100=600元，清场和保洁的总价也为600元
11	拆墙 （120mm 墙）	0	m²	0	0	50	0	拆砖墙（不含混凝土结构）、粉碎、清理、搬运。 4楼以上无电梯的，每层每平方米另加5元。 拆180mm厚的墙每平方米另加12元。 拆240mm厚的墙每平方米另加24元
举例	拆墙 （120mm 墙）	10	m²	0	0	50	500	按照拆墙的面积总和计算。 假设拆除墙体面积为10m²，这里不需要材料，人工费总价为10×50=500元，拆墙的总价为500元
12	砌墙 （120m 墙）	0	m²	110	0	55	0	轻质砖、国标32.5#水泥、建筑专用沙。 弧形墙人工费每平方米另加20元。 厚度为180mm的墙材料费每平方米另加20元。 厚度为240mm的墙材料费每平方米另加40元。 厚度为60mm的墙材料费每平方米另减20元。 批荡的费用另计
举例	砌墙 （120mm 墙）	15	m²	110	1650	55	825	按照砌墙的面积计算。 假设砌墙面积为15m²，材料费总价为15×110=1650元，人工费总价15×55=825元，砌墙总价为2475元
13	拆原建门和窗	0	扇	0	0	88	0	拆除、粉碎、灌袋、清运
举例	拆原建门和窗	2	扇	0	0	88	176	按照拆掉的原建门和窗数量计算。 假设拆原建门和窗为2扇，这里不需要材料，人工费总价为2×88=176元，拆原建门和窗的总价为176元

6.13 费率提取报价预算及注意事项

费率提取一般包含的项目有运杂费、管理费和设计费，费率提取预算如表 6-12 所示。

表 6-12 费率提取预算表

序号	工程项目	数量	单位	价格 / 元		施工工艺及材料说明
				人工		
				费率或单价	总价	
1	运杂费	0	项	4%	0	在施工过程中，乙方购买的材料（不包括业主自购材料）的搬运费用。 工地施工期间每日垃圾清扫工作，垃圾用编织袋等封装。 从施工现场将垃圾清运至物管所指定的地点。 此项费用不包括物业收取的垃圾费。 如垃圾需要外运，每车要加收一定的费用。 4 万元以下的工程按 6% 收费
举例	运杂费	1	项	4%	4000	一般运杂费为 1 项，假如项目总价为 10 万元，那么运杂费为 4000 元
2	管理费	0	项	8%	0	包括管理人员工资、办公费、固定资产折旧、社会劳保费用、工具使用费、工程保修费、行政管理等其他费用
举例	管理费	1	项	8%	8000	一般管理费计 1 项，假如项目总价为 10 万元，那么管理费为 8000 元
3	设计费	0	m²	700	0	设计和施工都由同一公司完成的，设计费按以下标准收取。 工程造价在 1000 元 /m² 以下的，设计费按 500 元 /m² 收取。 工程造价在 1000~1500 元 /m² 的，设计费按 600 元 /m² 收取。 工程造价在 1500 元 /m² 以上的，设计费按 700 元 /m² 收取。 注：总监的设计费则按以上标准每平方米另加 200 元收取
举例	设计费	100	m²	700	70000	设计费按照面积计算，如 100m²，每平方米的设计为 700 元，则设计费总价为 7 万元

■ 注意事项

第 1 点，交给物业管理的费用由业主自理（含押金、管理费、物业清运费等），出入证费用由公司办理。

第 2 点，报价单上写 0 的项目视现场情况和业主要求而定。

第 3 点，抛光砖、木地板、地砖、瓷片、大理石、灯具、洁具、梳妆台面镜、卫生间防雾镜、水龙头、门锁、拉手和窗帘等报价，以及报价单和施工图中注明的自购材料由业主自购。

第 4 点，在施工过程中，如业主要求更换材料，则应根据材料做出相应的增、减差价。

第 5 点，如市场无或缺本报价单上的材料，乙方可以在保证质量的前提下使用不同品牌但价格基本相同的材料。

第 6 点，1 个开关控制 1 盏灯（普通吸顶灯、小型吊灯、筒灯、日光灯、壁灯等），计 1 个灯位。

第 7 点，1 个开关控制 1 个大型豪华吸顶灯，豪华吊灯类算 3 个灯位。

第 8 点，1 个开关控制 3 个以内的灯，计 1 个灯位，每增加 1 盏灯加计 0.5 个灯位。

第 9 点，灯管和灯带按每 2m 计 1 个灯位。

第 10 点，如果是双控开关控制灯具，则在前 3 类的基础上加算 1 个灯位。

第 11 点，1 个二三插座计 1 个灯位。

第 12 点，电视、电话、网络、音响等每个插座各按 3 个灯位计算。

第 13 点，装修所用水、电费均由业主自负。

第 14 点，工程最后按实际消费数额结算。

第 7 章
项目成本控制方法

7.1 成本控制 ┃ 7.2 基础施工单价参考表

扫码看视频

7.1 成本控制

7.1.1 成本控制的意义

控制装修成本是为了能够理性地消费，让资金最大化使用，有目的性、有预算性地购买。装修所包含的项目内容繁多，一套100m²的房子装修可以罗列出上百种大大小小的项目名称，这些项目单个来看可能在自己承受的范围之内，甚至会觉得很便宜，并没有想象中那么昂贵，但是将这些大大小小的项目加在一起，就可能超出预算范围。

如果超出装修预算则可能会影响日常生活中的其他开支，导致生活质量降低，因此装修成本的控制非常重要。在整个装修过程中，控制成本的人员主要是业主、设计师和施工项目经理，装修过程中虽然也会有一些装修人员或者材料商的参与，但基本上都是片面地给一些控制成本的建议与方法。业主给出总预算，设计师根据总预算和需求进行规划，施工项目经理负责硬装实施落地。成本控制具有一定的预设性、干预性、控制性，贯穿了整个装修过程，并确保预先设定好的装修设计能够在预算范围内实施、完工。

室内设计费用 5% ● 监理费用 0.75% ● 硬装施工费用 18.75% ● 主材费用 30%
软装采购费用 30% ● 电器采购费用 15% ● 保洁费用 0.5%

成本组成

7.1.2 成本控制包含的内容

整个装修过程包含的项目内容多达上百种，成本控制从大的归类来说分为室内设计费用控制、监理费用控制、硬装施工费用控制、软装采购费用控制、电器采购费用控制和保洁费用控制。

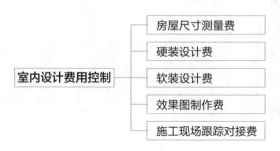

室内设计费用控制
- 房屋尺寸测量费
- 硬装设计费
- 软装设计费
- 效果图制作费
- 施工现场跟踪对接费

监理费用控制	监理到现场按照监理方的施工标准检验施工工艺和质量
	检查施工方提供的材料是否与签订的施工合同中的品牌和数量相同
	检验施工方是否按照设计图纸进行施工落地
	辅助业主与施工方签订合同
	规避风险预测问题

硬装施工费用控制

人工费用
- 小工（工地上做杂活的）
- 技术工（水电工、瓦工、木工、油漆工、成品安装工）

辅材费用
各类胶黏剂、沙石水泥、施工辅助工具器械、螺丝钉等各类材料固定配件，各类补缝防裂材料、防水材料、各类线条、隔墙砖、水管及配件、电线及配件，各类基层板材、腻子、收口条、填缝剂等

主材采购费用
各类砖、漆、墙纸、地板、成品定制柜子、暖气片、地暖、门窗雨棚、门套窗套、踢脚线、美缝剂、墙砖地砖、石材、挡水条、集成吊顶、整体橱柜、淋浴房、洁具卫浴、五金件、开关插座及面板、强弱电箱等

运输费用
各类材料从购买地运输到施工现场楼下，以及从楼下搬运到施工现场的费用。另外，还有现场施工垃圾外运到垃圾场的费用等

软装采购费用控制
各类摆件、工艺品、各类挂件、沙发、各类灯、各类窗帘、靠垫、床上用品、鞋柜、衣帽架、浴室柜、浴帘、洗衣机、书桌、书架、壁柜、隔板、椅子、床、床头柜、五斗柜、玄关台、成品衣柜、餐桌、餐边柜、酒柜、储物柜、桌旗、桌布、餐具、餐垫、烛台、梳妆台、电视柜、茶几、边几、地毯、各类纺织品、成品隔断屏风、成品台盆、花瓶、花架、绿植、置物架、各类镜子、镜柜、收纳盒等

电器采购费用控制
中央空调、壁挂空调、立柜空调、新风系统、净水器、软水器、厨房垃圾处理器、前置过滤器、桶装壁挂电热水器、小厨宝、空气能热水器、燃气热水器、各类传感器、浴霸、电加热暖气片、电加热毛巾架、智能马桶、冰箱、烤箱、微波炉、蒸箱、消毒柜、咖啡机、榨汁机、厨师机、面包机、洗碗机、煤气灶、油烟机、电磁炉、电视、音响、投影仪、投影布、扫地机器人、吸尘器、电熨斗、洗衣机、烘干机、电动晾衣架及各类小电器等

保洁费用控制
施工过程中产生的垃圾清理，施工完成后开荒保洁及深度保洁等

7.1.3 前期要做的准备工作

以下内容是设计师对业主的建议。

1 了解设计流程及费用

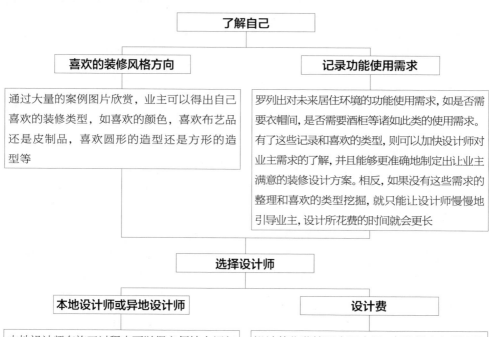

注：以上内容可以作为业主选择设计师的参考，并用于设计费的成本控制。

② 了解监理流程及费用

监理的工作内容	监理费
以前做大型建筑工程或者大型装修工程的时候才会有监理这个岗位，现在随着人们生活品质的提高，装修内容越来越复杂，矛盾也越来越多，家装监理在近几年才逐渐兴起。这个岗位起到了强化监督的作用，减少了施工作弊的现象，弥补了漏洞，能更好地保证施工质量。好的监理公司有一套自己的检查验收施工工艺的标准，就算经验不是很丰富的监理，按照标准逐项对照检验也可以胜任大部分工作。资质高的监理在施工工艺错误的情况下会给出一些整改意见，并且会协调一些纠纷，审核一些合同预算的细节内容。在不请监理的情况下，业主可以让设计师辅助进行监督检查验收，不过具体还是要根据设计师包含的服务内容，以及施工方的实施程度来决定是否请监理	监理的收费情况比较多样化，有的是按照项目内容收费，有的是按照上门次数收费，有的是按照施工总预算的百分比收费，也有按照面积收费的。价格通常为 1000 元 / 套起、10 元 /m² 起或者预算的 2% 起。小城市请监理的现象比较少并且监理人员数量也不多，大城市监理人员实力参差不齐，有些简单地培训后就上岗。在选择的时候，业主可以通过同等价格所包含的上门次数，以及检查验收的项目名称和详细工艺内容进行对比选择，并且要求监理人员能够看懂图纸，熟悉设计图纸内容，检验核对现场施工工艺是否符合设计内容

注：以上内容可以作为业主选择监理的参考，并用于监理费的成本控制。

③ 了解施工流程及费用

寻找施工方途径
- 亲朋好友介绍
- 通过广告得知
- 通过互联网寻找

施工方职责

施工方至关重要，好的施工方会详细地罗列出设计需求及所包含的施工内容、工艺标准、施工费用明细，避免结算时发生因漏报而增项的现象，并且勇于承担责任，能把设计的内容施工落地。施工方的专业知识和施工工艺也非常重要，这会直接影响施工质量，以及是否能将设计内容实施落地。合格的施工方能够看懂设计图纸并且能及时发现错误，辅助纠正错误，能够全身心地为设计方和业主方服务

施工种类	施工方根据设计内容和承包内容进行报价，市面上的承包方式通常有包清工、半包、全包。业主也可以单独找各类工人和采购各类材料，但单独找会比较累，可能会因缺乏装修知识而留下安全或质量隐患	包清工就是有一个工头负责组织各类工人并安排工作
		半包比工头高一个级别，也叫项目经理，负责组织工人的同时还要负责购买一些辅料，因为辅料区别不是非常大，能省出的钱占比较小，干的活比较杂比较累，就算是少一包钉子都需要去购买，因此一般都会包给项目经理购买
		全包指的是一切装修相关的事项都包给项目经理完成，业主方只负责出钱。具体包括硬装施工、主材采购、软装采购、电器采购和保洁等。虽然这种方式省心轻松，但是比较费钱

4 搜索并保存喜欢的主材、软装和电器

在准备装修或者正在装修的这段时间里，业主大部分阅读的文章图片都会和装修有关，在逛街的时候也会想着逛一些材料店和家具店，毕竟装修是一个大项目，要做好充分的准备才不会留下遗憾。因此，业主平时看到自己喜欢的主材、软装和电器时可以用小本子或者电子笔记记录下来，先不管是否搭配，只要是喜欢的都记录价格、品牌、地址和一些细节内容，然后进行筛选搭配，设计师会想办法把业主喜欢的东西尽可能地搭配起来。这么做还有一个好处，就是业主能知道自己在这些方面需要花费多少钱。如果统计的金额超出控制范围那就需要适当地取舍，或者是同样功能的商品再看看有没有价位更低的代替品。

5 设计流程

搜索图片大致了解装修效果（设计风格） ⟹ 与设计师沟通确定设计风格，以及对功能的需求并确定设计时间 ⟹ 进行平面布局设计并沟通确认 ⟹ 进行墙面、顶面、地面、配色、造型设计搭配并沟通确认

软装设计搭配沟通确认 ⟸ 若硬装设计满意，则进行施工图制作 ⟸ 确定是否需要设计师绘制效果图（效果图另收费）

6 施工流程

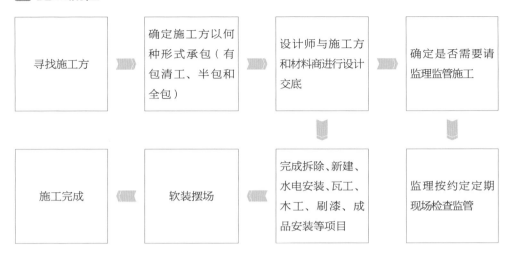

寻找施工方	确定施工方以何种形式承包（有包清工、半包和全包）	设计师与施工方和材料商进行设计交底	确定是否需要请监理监管施工
施工完成	软装摆场	完成拆除、新建、水电安装、瓦工、木工、刷漆、成品安装等项目	监理按约定定期现场检查监管

7.1.4 节省成本的方法

可比性
- 比价格
- 比品牌知名度
- 比售后服务
- 比服务水平
- 比材质质量
- 比合同付款方式
- 比信用等级
- 比开店年限
- 比买家秀

线上购买
- 优点：一般同样的物品线上购买要便宜一些，毕竟线上开店要比线下成本更低，基本上都是以走量为主，可以直接寄到家，节省了跑市场的时间，任何时间都可以通过线上购买产品
- 缺点：无法接触实物，退换货浪费时间

线下购买

小建材区
去小建材市场拿货的时候要有一定的专业知识，一般卖家也会看人进行售卖，要是穿得不像装修行业的人或者聊天时感觉不是那么专业，那么售卖的价格就会接近零售价。通常卖家给的批发价会根据拿的数量，以及是否是老客户而定。小建材区可以买到大部分材料，也可以买到一些比较知名品牌的材料，同样的东西价格大概会比建材超市或者高端建材城便宜20%~50%。这种建材区在很多城市都有，比较明显的特征就是门面破旧、位置偏僻，做装修的工人去得较多

建材超市
建材超市目前在一二线城市比较常见，里面售卖的都是一些使用率比较高，选择的人比较多的材料。虽然建材超市的材料不是特别齐全，但是不用担心上当。超市的价格都比较固定，在节假日购买可能会有打折活动

中端建材城
中端建材城和高端建材城两者的区别主要在于，一个主打国产品牌，一个主打国际品牌，且他们产品的舒适度、实用性、美观性也会有所不同。国际品牌打折力度比较小，价格比较稳定，难砍价，购物的体验感会比较好，展厅在换展示货的时候，现有货物会打很低的折扣售卖，国际品牌通常出现在高端建材城。国产品牌常年做打折活动，部分节假日优惠力度会非常大，如315（国际消费者权益日）、双十一，也比较容易砍价。时间充足的情况下建议可以关注几个自己喜欢的品牌，这样可以知道这个品牌在什么时候购买折扣最大。笼统来说，小建材区基本上只能优惠1%~5%，建材超市大概可以优惠1%~10%，正规的中端建材城一般根据活动大小可以优惠10%~50%，也有店铺常年折扣在1~3折的，这种店铺一般会根据不同的人给出不同的价格

高端建材城
正规的高端建材城一般折扣在2%~20%，打折的时候比较少，毕竟是和国际对接，要稳定售价。同样材质的东西在高端建材城要贵一半以上，在设计方面更具有美感。在砍价的时候一定要一项一项分开砍价，最后再砍总价，并且问仔细了包含的内容，最好自己先做好这方面的功课，这有助于自己对性价比的判断

在做施工报价的时候，在项目工艺内容相同的情况下就比价格和时间，并且需要在罗列出所有装修内容的情况下决定好哪些项目包给施工方完成。特别要注意的是，经常会有业主认为某项项目是由施工方完成，结果施工方却没报价，导致出现增项加钱的现象，引起纠纷。因此在施工之前查看报价单的时候一定要仔细多问多了解，以减少后期纠纷。在请设计师或者监理的情况下，可以把施工报价单发给他们进行审核并给予意见，也可以通过本书的相关知识来增加自己对装修方面的认识和学习，帮助自己对每个项目的进行审核对比。经济条件好的业主也可以直接找专业人士负责，轻松等待着拎包入住。

建议在正规的中高端建材城购买主材更有保障，从建材超市购买油漆类和基层板材较为放心，在小的建材区购买辅材较为实惠，在线上购买软装可选择的款式会更多、价格会更合适。

7.2 基础施工单价参考表

表 7-1 为基础施工单价参考表，不同地区的单价会与表格单价产生价格差，此表格适合引导刚接触装修的人对基础施工单价的初步认识和学习。因每个施工人员报价所包含的工艺内容和利润不同，故此表格不包含工艺说明，设计师可以通过每个项目的投入时间、人工成本、材料成本换算成单个项目的综合报价。表 7-1 内容仅供参考，市场数据收集于 2019 年 7 月份。

表 7-1 基础施工单价参考表

序号	名称	单位	单价 / 元
1	小工	天	100~200
2	水电工	天	250~400
3	瓦工	天	250~600
4	木工	天	250~600
5	油漆工	天	250~500
6	安装工	天	200~300
7	搬运工	天	200~300
8	保洁工	天	100~200
9	设计费	m²	30~2000
10	监理费	m²	10~50
11	施工人员管理费	天	100~300
12	沙子	m²	110~150
13	水泥	袋	20~28
14	辅材费	m²	150~500
15	石膏线	m	8~20
16	木线条	m	10~100
17	瓷砖收口条	m	2~5
18	红砖	块	0.3~1
19	轻体砖	m²	150~250

序号	名称	单位	单价/元
20	PVC 管	m	1.5~3
21	PPR 管	m	2.5~5
22	1.5mm^2 电线	100m	110~190
23	2.5mm^2 电线	100m	190~270
24	4mm^2 电线	100m	360~440
25	6mm^2 电线	100m	260~340
26	10mm^2 电线	100m	760~840
27	细木工板	张	110~300
28	密度板	张	30~400
29	欧松板	张	160~500
30	科定板	张	300~600
31	木饰面板	张	70~600
32	防火板	张	60~300
33	腻子	袋	12~32
34	填缝剂	包	16~30
35	美缝剂	400ml	25~80
36	墙砖	m^2	60~300
37	地砖	m^2	60~1000
38	地板	m^2	50~2000
39	乳胶漆	L	20~90
40	墙纸	m^2	40~600
41	地垫	m^2	10~100
42	成品定制柜子	m^2	650~10000
43	暖气片	m^2	800~2000
44	地暖	m^2	60~500
45	卧室门	m^2	470~1800
46	窗	m^2	120~6000
47	雨棚	m^2	80~500
48	门套	m	60~180
49	窗套	m	60~180
50	踢脚线	m	8~120
51	大理石	m^2	120~3000
52	人造石	m	300~3000
53	石英石	m	300~3000
54	挡水条	m	130~260
55	集成吊顶	m^2	180~1500
56	整体橱柜	套	4000~180000
57	淋浴房	套	800~18000
58	强电箱	个	30~200
59	弱电箱	个	30~200

第 8 章

室内设计中的人体工程学

8.1 人体工程学的概念 ｜ 8.2 室内空间尺度关系 ｜ 8.3 室内家具常用尺寸

扫码看视频

8.1 人体工程学的概念

简而言之，人体工程学就是通过科学的测量和实验，探求人与周围事物及环境之间的协调关系，找到最符合人的身体和心理所达到健康、舒适、放松状态时的人体尺度。"距离够着轻松，空间待着舒服"就是对此最好的理解。

人体工程学的人性化体现在如下几方面。

■ 空间

空间不仅仅是指物理空间，也包含心理空间。走廊做多宽才可以不影响多人同时通行？会客区如何围合才可以使交谈更加方便舒适？厨房做多大才可以方便几个人同时操作？操作台做多高才可以减轻操作时手臂的劳累感？橱柜做多高才可以方便存取物品？衣柜做多深才可以完全将衣服挂入？

■ 家具

沙发、休闲椅、餐椅、办公椅做成什么尺度可以更加舒适？选择什么尺度的茶几、餐桌、书桌搭配椅子可以更加舒适？

■ 电器

电器放在什么位置方便使用？

■ 软装

软装放在什么位置可以既美观又符合人体工程学使用的舒适度？软装要什么样的尺度才能配合空间和家具的使用？

这些问题都将在下面的内容中找到答案。

8.2 室内空间尺度关系

8.2.1 入户空间

入户空间，一般称作玄关口，位置在刚进入户的区域，主要功能是换鞋、放鞋、挂衣服、放包包和放钥匙等。根据这些功能，需要搭配的家具有换鞋凳、鞋柜和衣柜。

入户空间在满足各个功能之前，应优先考虑过道宽度，因为过道宽度会影响家具的正常摆放以及人进入家中时的空间感受。

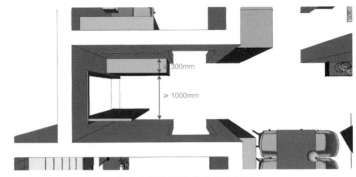

入户空间鞋柜摆放尺寸示意图

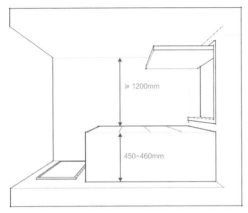

入户空间衣柜摆放尺寸示意图

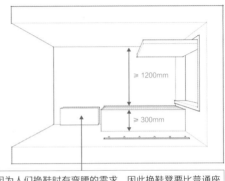

因为人们换鞋时有弯腰的需求，因此换鞋凳要比普通座椅矮 50mm 以上，减小人弯腰的幅度

入户空间鞋柜摆放尺寸示意图

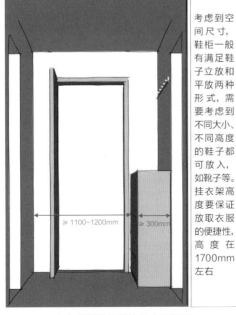

考虑到空间尺寸，鞋柜一般有满足鞋子立放和平放两种形式，需要考虑到不同大小、不同高度的鞋子都可放入，如靴子等。挂衣架高度要保证放取衣服的便捷性，高度在 1700mm 左右

入户空间鞋柜摆放尺寸示意图

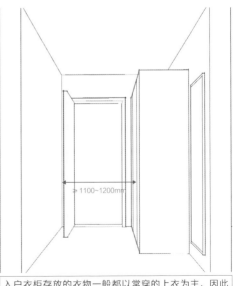

入户衣柜存放的衣物一般都以常穿的上衣为主，因此衣柜以挂衣服的功能为主，再分配一些小物件的储藏空间

入户空间衣柜摆放尺寸示意图

8.2.2 客厅

客厅是人活动时间最多的空间，也是家具种类最多的空间，因此对人体工程学的考虑要更全面。

客厅的用途一般为休闲娱乐，如看电视、会客和展示等。相对应的家具有沙发、单椅、茶几、展示柜、电视柜和电视等。客厅是人在家中动线最为密集的地方，因此各个家具的尺寸及间距尤为重要。

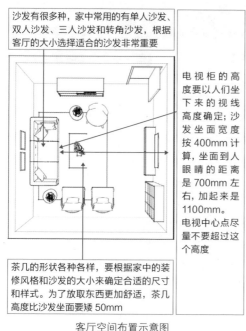

沙发有很多种，家中常用的有单人沙发、双人沙发、三人沙发和转角沙发，根据客厅的大小选择适合的沙发非常重要

电视柜的高度要以人们坐下来的视线高度确定；沙发坐面宽度按400mm计算，坐面到人眼睛的距离是700mm左右，加起来是1100mm。电视中心点尽量不要超过这个高度

茶几的形状各种各样，要根据家中的装修风格和沙发的大小来确定合适的尺寸和样式。为了放取东西更加舒适，茶几高度比沙发坐面要矮50mm

客厅空间布置示意图

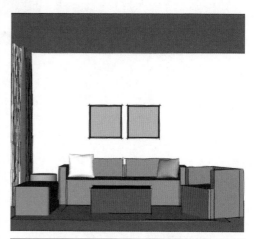

沙发的坐面高度应比人小腿加上鞋后跟的高度略低一点，一般为350~420mm，太高和太低都会无法放松身体，使人感到特别疲惫。沙发坐面深度也要保证人可以完全坐入，一般为600~800mm

客厅空间效果图

虽然大部分家庭都喜欢追求大屏电视机，但是沙发和电视距离太近对眼睛的伤害会很大，一般55~60寸（英寸，一般称电视的大小为××寸）的电视距离沙发3000~3500mm为好，65寸的电视距离沙发4000mm以上为好。

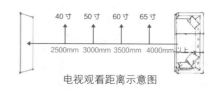

电视观看距离示意图

提示 电视的分辨率越来越高，观看距离越近，画面清晰度就越高，并且更加细腻，因此现在不能完全以电视的尺寸来衡量看电视的距离。

8.2.3 厨房

厨房空间的基本功能是炒菜做饭，如果厨房面积小于$5m^2$，室内的热量聚集就会过大，长期待在这样的空间内会使人感觉不舒服。操作台宽度最小为600mm（这个尺寸方便挑选燃气灶，不需要燃气灶的台面可控制在550mm以上），单排厨房操作台长度应不小于1500mm，双排厨房不小于1900mm。一般单身公寓的厨房面积为2~$3m^2$，一室一厅的厨房面积为3~$4m^2$，两室两厅和三室两厅的厨房面积为4~$5m^2$，四室两厅及以上的厨房面积为5~$8m^2$。厨房应设置洗菜池、操作台面、燃气灶和油烟机等设施或预留位置，位置要按做饭操作流程（取、洗、切、炒）排列，操作面长度不应小于 2000mm。一般来说，6m² 的厨房已经可以满足一家 4 口的做饭需求。

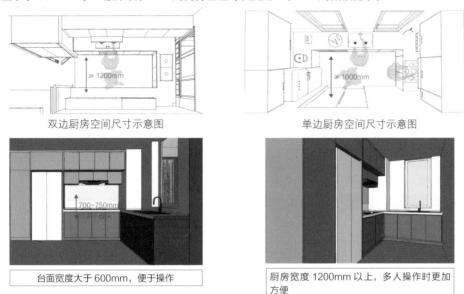

双边厨房空间尺寸示意图　　　　　　　　　　单边厨房空间尺寸示意图

台面宽度大于 600mm，便于操作　　　　　　厨房宽度 1200mm 以上，多人操作时更加方便

双边厨房效果图　　　　　　　　　　　　　　单边厨房效果图

8.2.4 餐厅

餐厅的主要功能是家人用餐和宴请亲友，同时也是家人团聚、交流和商谈的地方。餐厅可以单独设置，也可以设置在客厅靠近厨房的位置，通常餐厅位于厨房和客厅之间最合理。就餐区域尺寸应考虑人在空间中的活动和服务等因素。餐厅的色彩配搭一般都与客厅协调统一，对于餐厅单置的构造，色彩的使用宜采用暖色系，因为从色彩心理学的角度来讲，暖色有利于增强食欲。

餐厅和厨房空间关系示意图　　　　　　　　　餐厅空间立面示意图

4 人餐桌：圆桌直径 900~1200mm
方桌边长 900mm×1200mm

餐桌宽度大于700mm，面对面坐才不会碰脚

6 人餐桌：方桌长边边长 1400~2400mm

4 人餐桌摆放示意图　　　　　　　　　　　6 人餐桌摆放示意图

▌8.2.5 卫生间

在现代家装的设计中，消费者很重视对卫生间的设计，除了各种管道之外，还要安装许多卫浴设备，如洗脸盆、淋浴装置、浴室柜和坐便器等。如果装修之前考虑不周，设备安装点位有偏差，后期使用过程中会产生很多不便。

无论是台上盆还是台下盆，台面离地的高度都要在 850~900mm，太矮的池子使用起来会使人腰疼，高度太高水会倒流进袖子里。水龙头的水流强度要与洗脸池的深度匹配，切忌在较浅的水池上安装水流强度较大的水龙头，以防在使用时水花飞溅。水龙头的长度也要和洗脸池相匹配，出水口要伸到洗脸池的 1/3 处，方便使用。

坐便器的一般尺寸为 750mm×350mm，中线到侧面墙体的距离为 400mm 左右，方便安装。

淋浴器高度为 2100mm，安装太低会使用不便，安装太高水流冲击力会太大，造成使用不适。

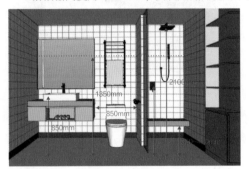

卫生间设计示意图

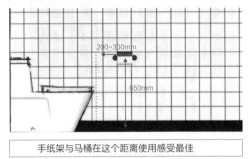

手纸架与马桶在这个距离使用感受最佳

手纸架与马桶安装示意图

▌8.2.6 卧室

卧室在房屋中扮演着重要的角色，人的一生近 1/3 的时间都处于睡眠状态，拥有一个温馨舒适的卧室是十分重要的。一般情况下，双人卧室的使用面积不应小于 12m²，在常见的户型中，主卧室的使用面积一般应控制在 12~20m²。空间过大会给人感觉太过空旷，缺乏安全感；空间过小又显得拥挤，影响舒适感。

床作为卧室空间中最主要的家具，其中双人床应居中布置，并且要满足两人不同方向上下床，以及整理床褥时的空间需求。床的边缘与墙或其他障碍物之间的通行距离不要小于 500mm；如果有两边上下床、整理被褥、开柜门取东西的需求时，这个距离不要小于 600mm；当需要满足穿衣、弯腰等活动时，该距离应大于 900mm。

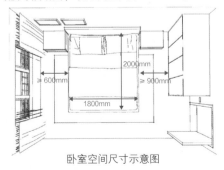

卧室空间尺寸示意图

卧室空间尺寸示意图

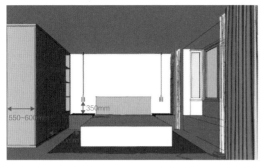

卧室空间尺寸示意图

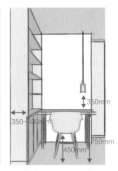

一般书柜放的物品有艺术品和书籍等。每格的大小要根据摆放物品的大小来定，一般深度要在350mm以上

书房常用尺寸示意图

8.3 室内家具常用尺寸

■ 入户玄关

推拉门：宽度750~1500mm，高度1900~2400mm。

鞋柜：深度300~350mm（部分鞋柜将鞋子斜放，因此可以将尺寸最小做到170mm），高度1100mm。

挂衣钩：一般离地1700mm左右（根据业主实际要求而定）。

靠墙衣橱：深度450~600mm（无须衣架，只需临时存放衣物，尺寸一般为450mm）。

换鞋凳：高度400mm。

挂镜线：高度1600~1800mm（中心距地面高度）。

通道：宽度1000~1500mm（1200mm最常用）。

■ 客厅

单人沙发：长度850~1050mm，宽度600mm，高度350~420mm。

双人沙发：长度1500~1700mm，宽度600mm，高度350~420mm。

三人沙发：长度1800~2250mm，宽度600mm，高度350~420mm。

带搁脚的躺椅：长度1500~1700mm，高度350~420mm。

茶几：高度300~450mm。

固定式电视柜：深度300~450mm，高度200~400mm。

活动式电视柜：深度400~600mm，高度600~700mm。

电视机：电视中心点高度1100mm。

矮柜：深度35~45mm，柜门宽度30~60mm。

窗帘盒：高度120~200mm，单层布深度120mm，双层布深度160~200mm（实际尺寸），如果安装双层电动窗帘，深度需保证在200mm以上。

■ 餐厅

餐桌：高度（中式）750~780mm，高度（西式）680~720mm；一般方桌尺寸 1200mm × 900mm，圆桌直径 900~1200mm。

餐椅：高度 450~480mm（餐椅坐面与餐桌桌面距离 300mm 最佳）。

吧台：高度 900~1050mm，宽度 500mm。

吧凳：高度 600~750mm（吧凳坐面与吧台台面距离 300mm 最佳）。

■ 厨房

通道：宽度 1100~1500mm。

台面：宽度 600mm 以上。

操作台：高度 800~900mm（根据房主身高和使用习惯确定高度）。

吊柜：下沿离地 1600mm（离台面 750mm 左右）。

■ 卫生间

台盆：上沿离地 850~900mm，深度 600mm。

马桶间：宽度 850mm。

手纸架：高度 650mm，离马桶外侧距离 200~300mm。

淋浴间：宽度 950~1200mm。

淋浴：顶喷下沿离地高度 2100mm，开关离地 1050mm。

壁挂马桶：暗藏水箱高度至少 1050mm。

■ 书房

书桌：深度 550~700mm（600mm 最常见），高度 750~780mm，书桌下缘离地至少 580mm，长度最少 900mm（1500~1800mm 最佳）。

书椅：高度 450~480mm（书椅坐面与书桌桌面距离 300mm 最佳）。

书架：深度 250~400mm（每一格），长度 600~1200mm。

活动高柜：深度 450mm，高度 1800~2100mm。

■ 卧室

衣橱：深度 550~650mm，衣橱门宽度 400~650mm。

单人床：宽度 900~1200mm，长度 1900~2100mm。

双人床：宽度 1500~2000mm，长度 2000~2100mm。

圆床：直径 1860mm、2120mm、2420mm（常用）。

第 9 章
软装搭配技巧

9.1 空间配色方式 ∣ 9.2 布艺陈设 ∣ 9.3 灯光设计 ∣ 9.4 家具搭配

9.5 花艺绿植 ∣ 9.6 软装清单

扫码看视频

9.1 空间配色方式

9.1.1 红色搭配

红色代表热烈、喜庆、激情、狂欢和火辣等，在空间中根据不同的搭配方式，红色可以体现出奢华感、情趣感、童趣感、神秘感和撞色感等。下面以卫生间的颜色搭配为例，分析一下红色在空间内带来的不同感觉。

以上两张卫生间模型图中都运用了红色，其共同点是红色在该空间中所占比例较小，这样的颜色搭配比例关系给人一种沉稳中带有激情的感觉。例如，红色的浴缸给人与众不同和个性化的感觉，使人瞬间提升对浴缸的好感。墙面的壁龛改成红色后使这个区域特别醒目。

总结：在空间中如果想让某一样软装物品或者造型特别突出，可以用红色作为强调色，用灰色和中性色作为底色。

> **提示**　　红色不宜在空间内运用过多，否则容易让人产生视觉疲劳。

如果只在一个区域运用红色可能会显得比较单调，解决的方法是，挑选几个小区域同时运用红色系，起到相互呼应的作用。这样整体感会更强，让人觉得这些物品是一个系列的，同时还能提升红色带来的激情感

使用红色的面积增加后，空间给人的感觉会变得更加强烈。在住宅内使用红色系的面积比例最好不要超过全屋的50%，否则在空间内待久了会出现精神紧张、难以安静等问题。如果使用的比例在50%以下，能起到点缀、强调重点和渲染氛围的作用

9.1.2 橙色搭配

橙色给人一种阳光、健康、明亮、欢快、辉煌、活泼、温馨、积极向上的感觉。

在深色系环境中使用橙色可以给人一种华丽高贵的感觉，右图中橙色椅子采用镜像的方式摆放，与沙发的摆放方式相互呼应，同时又与沙发产生了距离感，从而起到点睛的作用。橙色椅子与波纹地毯的搭配渲染出一种轻奢的氛围，同时深色系中因为橙色的点缀，使整个空间变得更年轻、更富有活力。

为了方便大家理解橙色在空间运用中给人带来的不同感觉，将右图中椅子的颜色换成了红色，背景换成了橙色。红色是橙色的邻近色，二者经常搭配使用，橙色在空间视觉范围内所占的面积变大后，具有提亮空间的作用。

下图中空间角度和造型不变，墙面和地面运用暖色系。在硬装本身温馨感十足的空间内，大面积运用橙色可以让整个空间变得平静和谐，同时色系之间微妙的变化，使空间更富有层次感。如果在这种温馨的环境下单独使用橙色会让人感觉平淡，因此需要搭配一些跳跃的颜色，如将远处的两把张椅子换成橙色的对比色——绿色，瞬间就让温馨的氛围变得更有个性。

大面积墙体运用橙色会让人感觉整个空间充满活力，这样的空间比较适合思想开放且接受能力强的年轻人居住。在四周都是橙色的情况下，可以用橙色的互补色——蓝色，协调色系之间的平衡，让空间既充满活力又不失稳重。绿色和蓝青色是邻近色，和橙色是对比色，这一色系的运用让两个单人椅也融入了整体氛围，再加上黑白相间的波纹地毯，为整个空间增加了现代的感觉。

9.1.3 黄色搭配

黄色属于大地色，给人充满活力和希望的感觉，同时也具有警示的作用。

在空间内黄色可以作为点缀色小面积使用，黄色和绿色搭配具有自然田园的效果。黄色可以搭配出金黄色以体现高贵感，在深色环境中黄色具有视觉聚焦的效果，黄色和黑色可以搭配出工业风的感觉。黄色让人更精神的同时，也会让人感觉疲劳。

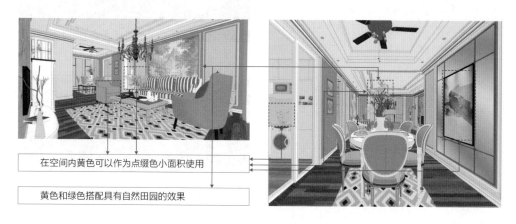

在空间内黄色可以作为点缀色小面积使用

黄色和绿色搭配具有自然田园的效果

提示　要根据实际设计效果调整黄色系的饱和度、明度和比例关系。

9.1.4 绿色搭配

在室内设计中绿色给人轻松、愉快、环保、清新、自然、平和的感觉。绿色比较常见的搭配颜色有灰色、白色、黑色、米白色、卡其色和咖啡色。夸张的颜色搭配有红色＋绿色、橙色＋绿色、褐色＋绿色、紫色＋绿色。

大面积使用绿色时建议用低饱和度、低明度、色调偏灰的绿色。顶面和墙面使用绿色会提升整个空间的艺术效果，灰色和绿色搭配会呈现出干净清爽的视觉效果。深绿色、铜、皮制软装和大理石的搭配设计，可以提升空间的格调，增强空间的质感。

在空间中除了墙面和局部软装使用绿色外，还可以在硬装中用绿色和其他颜色进行拼接设计。例如，绿色和灰色、绿色和原木色搭配更能体现出大自然的气息，绿色和金色等金属色搭配可以提升空间高贵、轻奢的感觉。

橱柜也可以进行拼色设计，右图中地柜的柜门板是绿色的，吊柜可设计为白色系，再搭配石材台面以提升整体橱柜的档次，搭配原木色的高柜以增加橱柜的层次感，这样的设计使厨房更具趣味性，给人一种享受的感觉。

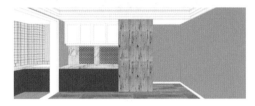

9.1.5 青色搭配

青色是介于绿色和蓝色之间的颜色。因为青色太过跳跃，大面积使用很容易使人产生视觉疲劳，所以在家装设计中以小面积使用为主。如下图中的地毯和沙发使用青色已经算得上是大面积运用了，周围颜色搭配不协调就会给人一种轻飘飘的感觉，如果降低饱和度和明度又很容易被误认为是蓝色。在日常设计中，青色也不容易被分辨。一些公共空间需要设计成五彩斑斓的效果时可以使用青色。

少量运用青色提亮空间，与蓝色同时使用可以减轻青色的跳跃感

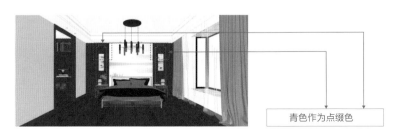

青色作为点缀色

9.1.6 蓝色搭配

蓝色可以细分为湖蓝、海蓝、孔雀蓝、天蓝、深蓝和淡蓝等，蓝色还可以和别的颜色混合调制出蓝灰、蓝粉、蓝白和蓝绿等。蓝色给人平静、广阔、清新、智慧、忧郁、成熟和纯洁等感觉。

蓝色在室内设计中适用于现代简约风格、北欧风格、新中式风格、LOFT 风格、美式风格、ins 风格和地中海风格等。

9.1.7 紫色搭配

紫色象征着好运，也象征着优雅、精致、浪漫、神秘和庄重，是富贵的颜色。大面积运用紫色作为基础色可以让空间整体变得稳定，局部墙体运用紫色可以使其更加突出。

9.1.8 灰色搭配

1 黑白灰搭配

虽然黑白灰是百搭色系，但是如果搭配比例不合适也会给人一种无色彩的感觉，黑色太多会显得不够阳光，灰色太多会显得有些冷，白色太多又显得单调。这3种颜色需要按照适当的比例关系进行搭配，才能表现出百看不腻的感觉。在室内设计中将顶面设计成白色系是最常见的，因为吊顶用白色会显得明亮。北欧风格和简约风格的设计普遍会将墙面设计成白色。

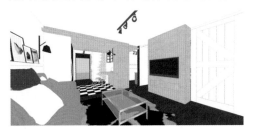

② 高级灰搭配

采用高级灰搭配可以使画面更加和谐、百搭，质感更强。此外，高级灰并不是单一的灰色，需要降低纯度进行调制，这样才能使灰色更有韵味。

莫兰迪色   高级灰（R 132，G 133，B 135）

下面左图中浅灰色墙面搭配高级灰书柜，既简约又有质感。在软装设计中可以挑选局部用跳色点缀。

同样是简约的素色硬装，下面右图中的床品和床头背景的色系让整个空间有了辅助色，装饰画、抱枕和装饰品的颜色饱和度和明度可以低一些，这样的搭配能让空间显得更年轻、更富有活力。飘窗选用木饰面进行装饰可以提高质感，同时也能让空间变得相对稳重一点。

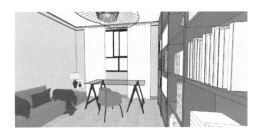

9.2 布艺陈设

9.2.1 布艺分类

1 天然纤维

天然纤维分为野生和人工养殖两种,都是生长在大自然中。常见的天然纤维有棉、麻、毛、丝4种。因为蚕丝和茧丝产量低,所以是最珍贵的纤维。不同天然纤维的用途和特点如表9-1所示。天然纤维中的棉和麻属于植物纤维,是从植物上提取的。天然纤维中的毛和丝属于动物纤维,是从动物身上提取的。

表 9-1 不同天然纤维的用途和特点

名称	来源	用处	特点
棉	白棉、黄棉、灰棉、彩棉、木棉和石棉等	抱枕、窗帘、床上用品、灯罩、墙面装饰和毛毯等	手感柔软、环保、吸湿保湿、耐热、耐碱、卫生安全和保暖等
麻	剑麻、蕉麻、苎麻、亚麻、黄麻、青麻、罗布麻和槿麻等	窗帘、地毯、墙面装饰、灯罩、抱枕、桌旗和装饰品等	透气性好、吸湿、硬朗、肌理感强、环保和耐用等
毛	绵羊毛、山羊毛、骆驼毛、兔毛马海毛和牦牛毛等	抱枕、地毯、装饰品、灯罩、坐垫和墙面装饰等	装饰性强、奢华感强和保温等
丝	桑蚕丝、柞蚕丝、蓖麻蚕丝、樟蚕丝和天蚕丝等	床上用品、窗帘、抱枕、桌旗、坐垫和墙面装饰等	丝滑、贵气、舒适、耐热、防紫外线和手感柔软等

2 人造纤维

人造纤维通常包含人造丝、人造棉和人造毛3种,它们都是用一些线型的天然高分子化合物,以及其衍生物做原料溶解于溶剂生成纺织溶液后,再经过纺丝加工制作出的多种化学纤维。如竹子、木材、甘蔗渣、棉籽绒、草类等纤维素,或者一些天然高分子物质都是制造人造纤维的原料。

简单来说,人造纤维就是把天然原料经过人工化学处理,形成再生纤维或者化学纤维再经过处理而制造出来的。人造纤维还可以改善原天然纤维的一些缺点。

辨别人造纤维和天然纤维最简单、直接的办法就是用火烧。人造纤维燃烧得会更久一些,在燃烧过程中将人造纤维挑起悬空的时候,会往下滴像油一样的东西,用手去碰有黏糊糊的感觉,并且有一股刺鼻的化学味道。天然纤维用火烧完以后就变成灰了,一吹就没了。还可以通过显微镜观察纤维表面来辨别人造纤维和天然纤维,或者用化学实验的方式辨别。

虽然人造纤维没有天然纤维环保，但是人造纤维可以制作的软装物品比天然纤维范围更广。

3 合成纤维

合成纤维是指将人工合成的、具有适宜分子量并具有可溶（或可熔）性的线型聚合物，经纺丝、处理而制得的化学纤维。通常将这类具有成纤性能的聚合物称为成纤聚合物，与天然纤维和人造纤维不同，合成纤维的原料不受自然条件的限制，由人工制成。合成纤维具有强度高、质轻、易洗快干、弹性好、不怕霉等优点。合成纤维品种很多，有涤纶、锦纶、腈纶、维纶、丙纶和氯纶等。相比天然纤维，合成纤维的产量更高，稳定性和优越性比天然纤维更好。

合成纤维的制作过程是先从低分子物质中提炼出简单的有机化合物，如天然气、石油、煤和石灰石等物质或棉籽壳、玉米芯、蓖麻油和糠醛等农副产品，再经过复杂的化学"合成"作用，制成高分子物质，后期经过纺织设备加工而成。

合成纤维优点较多，并且改善了天然纤维的缺点。人造纤维介于合成纤维与天然纤维之间，简单地说合成纤维是全人造的、化学的，人造纤维是一部分天然一部分化学，天然纤维是完全天然。

9.2.2 布艺应用

1 抱枕

抱枕的枕套和枕芯是分开的，枕芯有很多种，如羽绒、乳胶、棉花和人造纤维等。

枕套的主要材质有棉、麻、毛、丝4种。棉材质的抱枕比较柔软，虽然时间久了容易塌，枕套洗后也容易变形，但是舒适度是最强的。麻材质的抱枕造型层次感较强，硬度也足够，不容易变形，舒适度相比棉的要差一些，质感偏硬。毛材质的抱枕有种浮夸感，比较个性化，一般使用1~3个毛材质的抱枕作为装饰点缀，多了也不太实用，且用久了毛就没那么蓬松了，软趴趴的不太美观，夏天的时候触碰到皮肤不太舒服。丝材质的抱枕自带贵族气质，一般在现代风格、简约风格和轻奢风格中比较常用，皮肤触碰的时候有一种丝滑的感觉。

第1点，抱枕在沙发和椅子上的运用较多，具有画龙点睛、增加温馨感和增加饱满度的作用。

第2点，可以根据不同的配色方式让抱枕具有融合感和凸显感。

第3点，在样板间设计的时候，床上会摆上不同大小的抱枕，多数以装饰为主。虽然实际居家生活的时候床上也会摆放抱枕，但是数量不多，大概放1~2个作为靠垫使用。因为睡觉时需要把抱枕从床上拿走，比较麻烦，所以大部分业主并不太愿意在床上摆放抱枕。

棉材质的抱枕　　　　　　　　　　麻材质的抱枕

毛材质的抱枕　　　　　　　　　　丝材质的抱枕

2 窗帘

第1点，布艺窗帘的搭配可以多样化，如可以是纯色的，也可以是拼色的，或者是印花和刺绣等。

第2点，卧室和客厅的窗户或需要注意隐私性的空间会用到布艺窗帘，卫生间空间为了防水会用 PVC 材料代替布艺窗帘。布艺窗帘安装时可以使用罗马杆，也可以使用轨道帘和罗马帘等形式。

第3点，布艺窗帘在空间中运用时需要注意与周围颜色协调统一。如果布艺窗帘的颜色和墙面的颜色统一，则会弱化布艺窗帘的存在感；如果布艺窗帘的颜色比墙面颜色深，则会增加布艺窗帘的厚重感；如果布艺窗帘颜色比较艳丽，则会显得突兀。建议布艺窗帘的颜色与周围的环境颜色呼应，如与抱枕和地毯等软装的颜色相呼应。

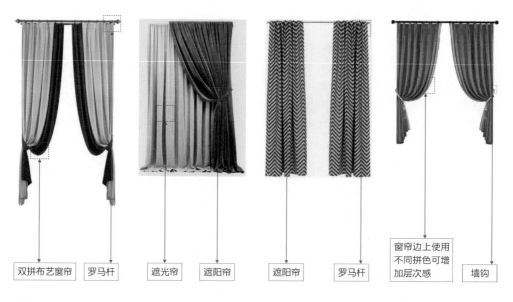

双拼布艺窗帘　　罗马杆　　　　遮光帘　　　遮阳帘　　　　遮阳帘　　　罗马杆　　　窗帘边上使用不同拼色可增加层次感　　墙钩

丝材质的窗帘比较顺滑

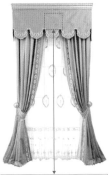

帘头可以增加窗帘的美观性，也会增加厚重感

窗户比较大的情况下可以把窗帘分成几块，这样可以满足不同的遮光需求

百叶窗主要用在厨房和卫生间，清理起来比布艺窗帘方便。有的设计会把百叶窗用在阳台、卧室和客厅等空间

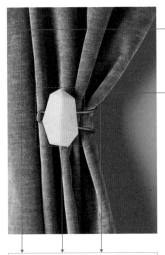

墙钩的款式多种多样，选择适合的才是最好的

麻材质窗帘

棉材质窗帘

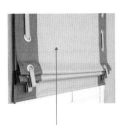

以上两款是罗马帘，也叫卷帘，打开方式相似，都是往上拉才能打开窗帘。这种窗帘比较有个性，有些尺寸的窗户是不能使用的，在买的时候一定要问清楚卖家，这种窗帘的在自己家里是否能安装使用。罗马帘的清理是最麻烦的，因为窗帘里面会有一些隐藏的配件，不太容易折叠，所以买的时候要慎重

如今浴帘的款式比较多，对于空间小无法做淋浴房的卫生间来说，用浴帘把淋浴区隔开是非常好的隔断手法。这样可以防止水花四溅，而且不用的时候可以像窗帘一样拉到一边也不占位置，价格也比较合适

239

3 沙发

纯棉的沙发比较少，一般都是混合型的，如棉麻混合。纯棉是天然物质，虽然用久了比较容易变形，但是纯棉的沙发对身体是无害的，并且触感比较舒服。这种纯棉的沙发的使用要求较高，需要定期保养，带毛的服装最好别接触纯棉沙发，否则纯棉沙发粘上毛很难清理。买纯棉沙发的人特别少，除非有特殊要求

棉麻沙发稳定性比较好，不容易变形，触感比纯麻更舒适，是主流的选择。棉麻材料远看和纯棉、纯麻材料差不多，不太好分辨，需要近距离看纹理，用手摸才能辨别，或者直接看成分标签

提示 　　沙发的形状有很多种，一般先根据座位数进行选择，如单人沙发、双人沙发、三人沙发、四人沙发和多人沙发，确定座位数以后再根据室内设计风格选择沙发的外观、材质和颜色。

除了购买布艺沙发的人比较多，还有很多人会选择购买皮质沙发。皮质沙发在夏天使用比较凉爽，清洁也比较方便，而布艺沙发就需要把布拆下来才能清洗。皮质沙发比布艺沙发更贵，更有档次

提示 　　现在市场上纯毛、纯麻和纯丝材质的沙发特别少，除非是定制，原因是用这几种材质做出来的沙发不好打理，而且成本太高且舒适度较低。但是，为了让沙发更耐用，或者在特定场合需要的时候会定制纯毛、纯麻或纯丝的垫子铺在沙发表面使用。

4 背景

比较高端的装修才会在背景墙上用棉、麻、毛、丝这几种材料，下面举例说明。

纯棉背景墙时间久了比较容易塌陷，因此一般都是棉麻混合在一起使用。棉麻布料的背景墙也可以叫作"软包"，布料包裹着海绵固定在板子上面，这样的背景墙给人的感觉很高端，手感也比较柔软，常用于床头背景墙和沙发背景墙

背景墙使用毛材质的比较少，这种材质用在背景墙上需要一定的勇气，同时还需要有较强的接受能力，保养也十分麻烦。一般在家里用这种材料的比较少，工装用得会多一些。纯毛的材质过于奢侈，大部分都会用人造毛做装饰

丝材质的材料用在背景墙上非常好看，通常以刺绣的形式展示，这样有一个好处就是可以做很多种图案，为这一面墙赋予生机。不过这样的背景墙造价会比棉、麻、毛材质的背景墙高很多。这种背景墙一般在美式风格、欧式风格、混搭风格和中式风格的设计中使用较多

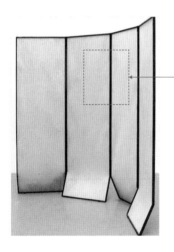

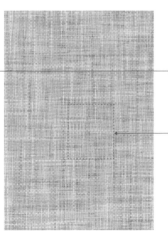

纯麻的背景墙一般看着质感比较硬，图中用的是比较细腻的麻料，如果在顶面和墙面大面积地使用就会形成一种设计风格。家里养猫的人可以把某面墙局部换成麻材质，方便猫咪使用。麻料若配合木质材料和布艺材料使用，则会呈现出温馨感和个性化

5 床

　　床头和床框的材质大部分人会选择棉麻或者皮革，夏天触碰皮制品相比棉麻制品会更凉爽一些，然而棉麻相比皮革会更亲肤一些。因为丝材质不容易塑形，而且比较珍贵且容易划伤，所以使用的人很少。近几年因为日式风格的流行，也多了一些麻材质的床，麻材质透气性最好，而且耐用，不过最好配合大抱枕使用，这样在依靠的时候会更舒适。纯棉的亲肤感最舒服，但容易变形。

| 棉材质 | 棉材质 | 棉材质 | 丝材质 |

| 棉麻材质 | 棉麻材质 | 麻材质 | 麻材质 |

> **提示**　　市场上纯毛、纯麻和纯丝材质的床特别少，几乎没有整张床都是由毛、麻或丝材质做的，但会有一些床的局部造型设计出现毛、麻、丝材质。毛、麻、丝大面积使用，没有皮和棉麻舒适度强，因此在实际居家中使用的人特别少。

6 布饰

　　在室内搭配软装饰品是为了让空间变得更加独特漂亮，现在的工艺可以让这些布艺用在各类装饰品上，如布艺装饰画和毛材质工艺品等。

棉麻材质的墙面挂件

棉麻与铁艺混合的储物篓

棉材质的墙面挂件

棉麻材质的桌旗

棉麻组合使用的装饰干花

用棉制作的装饰灯

用麻制作的墙面挂件

丝材质的毯子

毛材质的装饰品

毛材质的工艺品

丝材质的餐巾

丝材质的挂画

丝材质的靠枕

7 椅子

　　毛材质的椅子给人一种高冷的感觉，生怕坐上去会把毛压平了变得不好看，因此这种材质的椅子一般都是放在空间内当装饰品。多数人选择的是棉材质的椅子，柔软舒服、让人容易接受。

　　棉材质的椅子较柔软，坐着较舒适，颜色多样，可以配合刺绣工艺绣制一些图案。

丝材质的椅子靠背给人一种贵气的感觉，看起来像是一件艺术品

棉麻的椅子可以突出其硬朗的造型设计，手工感特别强烈，可以在北欧风格和日式风格这些追求自然风的设计风格中大量地运用

毛材质的椅子款式不多，主要是因为用久了容易变形，且不容易保养。毛材质的椅子可以给人一种高冷的轻奢感，适合在轻奢风格的设计中使用

8 灯罩

　　右侧左图中的灯罩为棉麻编织材质，这种灯罩比较有个性；而右侧右图中的棉麻灯罩很普通，比较简约。

麻料编织的灯罩近几年很受人们的喜爱，这种形式的灯罩可以凸显出与众不同的感觉，细节感也特别强烈，适合用在民族风格、北欧风格和田园风格的装修中。

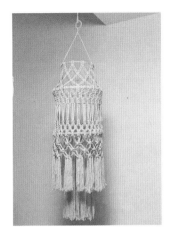  

羽毛灯给人一种飘逸感，再搭配暖黄光，效果十分温馨。一般这种毛材质的灯罩多使用天鹅毛和孔雀毛，也有少数情况下会用其他动物毛，但都需要经过特殊的工艺加工，以提高耐用程度。

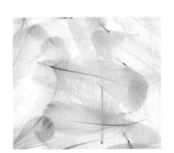  

全丝材质的灯罩比较少见，因为全丝容易损坏，所以基本上都是在灯罩的某个部位添加丝材料进行装饰。下图中的灯一般在中式风格的设计中运用较多。

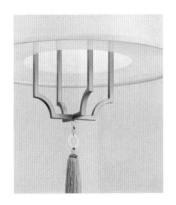 

9 地毯

麻材质的地毯看起来比较硬，夏天使用时脚感凉爽，非常适合家里养猫的人使用。而且麻材质的地毯耐脏，清理比较方便；耐磨性好，使用寿命长。

麻材质的地毯通常会在日式风格、北欧风格、田园风格和混搭风格的装修中使用。

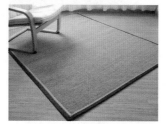

绵羊毛地毯非常细腻，可以做出不同的图案，触感柔软舒适，使用者比较多

踩在长毛地毯上面，犹如很多头发丝从脚底滑过，触感不如绵羊毛地毯柔软。这种地毯以装饰为主，造价偏高

短毛地毯是由整块动物皮经加工处理而成的，造价偏贵。真皮毛会有一些天然的瑕疵

因为真丝地毯的原料比较珍贵，所以整体价格非常高。真丝地毯也被业内称为"毯中毯"，这种地毯需要工匠先画出图案，然后用不同档次的真丝一点一点地绣上去，费时又费力。

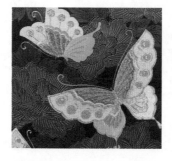

现在的设计比较多样化，客户的接受能力也比较强，因此地毯在设计运用的时候只要色彩和材质的感觉对了就可以，没有硬性规定哪种地毯一定要用在哪种风格的设计中，所说的风格其实不过是为了方便交流的一个词语而已。

9.3 | 灯光设计

9.3.1 门厅

门厅是指入户后接触的第 1 个空间，人们通常会在这个空间内换拖鞋、脱外套、放包包和放雨伞等。当入户门关闭以后，大部分户型结构的门厅所在位置的光线都不充足，这时候就需要各种辅助光源进行照明。

下面举几个比较常见的例子。

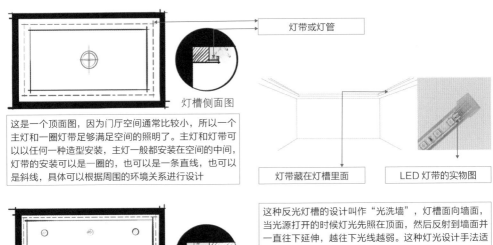

灯带或灯管

灯槽侧面图

这是一个顶面图，因为门厅空间通常比较小，所以一个主灯和一圈灯带足够满足空间的照明了。主灯和灯带可以以任何一种造型安装，主灯一般都安装在空间的中间，灯带的安装可以是一圈的，也可以是一条直线，也可以是斜线，具体可以根据周围的环境关系进行设计

灯带藏在灯槽里面　　　　　LED 灯带的实物图

筒灯

灯槽侧面图

这种反光灯槽的设计叫作"光洗墙"，灯槽面向墙面，当光源打开的时候灯光先照在顶面，然后反射到墙面并一直往下延伸，越往下光线越弱。这种灯光设计手法适合营造氛围和补光时使用，在现代风格和新中式风格的设计中运用得比较多。因为光源是在顶面四周靠墙的位置，所以中间区域光线不足，可以在顶面设计一些筒灯以便中间区域的照明使用。吊顶后层高在 2.4~2.7m 的情况下可以用吸顶灯作为主灯，高于 2.7m 的情况下可以用吊灯作为主灯。

注意，如果使用主灯需要考虑是否会影响吊柜正常打开

灯槽内暗藏灯带（辅助灯光）

隔层板底部暗藏灯管（为装饰品营造氛围）

吊柜底部暗藏灯管（方便拿放包包和钥匙）

换鞋凳底部暗藏灯管（为了换鞋子时能看清）

9.3.2 餐厅

　　餐厅的灯光不仅要考虑空间照明的作用，还要考虑什么样的灯光可以让食物看起来更诱人。以前对灯光的需求以照明为主，而现在越来越讲究氛围感和艺术感，人们的品位和精神需求也在不断地提高。在设计时，设计师可以根据不同的风格搭配不同的灯光。

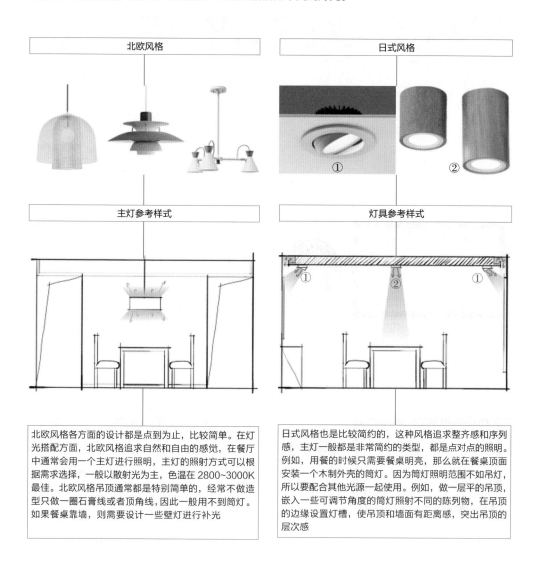

北欧风格　　日式风格

主灯参考样式　　灯具参考样式

北欧风格各方面的设计都是点到为止，比较简单。在灯光搭配方面，北欧风格追求自然和自由的感觉，在餐厅中通常会用一个主灯进行照明，主灯的照射方式可以根据需求选择，一般以散射光为主，色温在2800~3000K最佳。北欧风格吊顶通常都是特别简单的，经常不做造型只做一圈石膏线或者顶角线，因此一般用不到筒灯。如果餐桌靠墙，则需要设计一些壁灯进行补光

日式风格也是比较简约的，这种风格追求整齐感和序列感，主灯一般都是非常简约的类型，都是点对点的照明。例如，用餐的时候只需要餐桌明亮，那么就在餐桌顶面安装一个木制外壳的筒灯。因为筒灯照明范围不如吊灯，所以要配合其他光源一起使用。例如，做一层平的吊顶，嵌入一些可调节角度的筒灯照射不同的陈列物，在吊顶的边缘设置灯槽，使吊顶和墙面有距离感，突出吊顶的层次感

提示　　并不是灯光越多空间就越亮，灯光如果叠加反而是浪费。根据不同的位置进行灯光照明设计不仅使空间更有层次感，还能满足不同的照明需求。

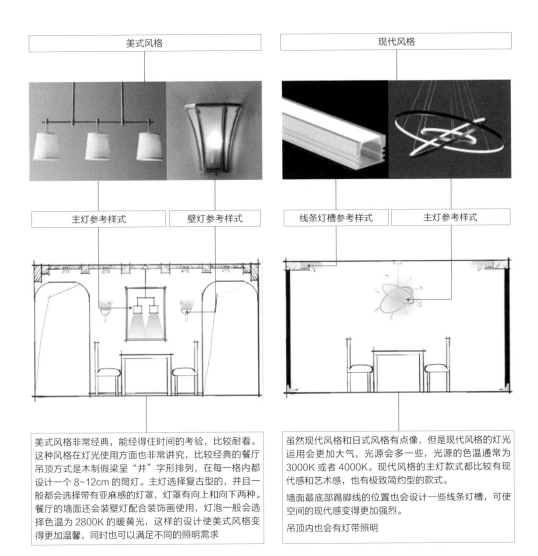

美式风格

主灯参考样式 壁灯参考样式

现代风格

线条灯槽参考样式 主灯参考样式

美式风格非常经典，能经得住时间的考验，比较耐看。这种风格在灯光使用方面也非常讲究，比较经典的餐厅吊顶方式是木制假梁呈"井"字形排列，在每一格内都设计一个8~12cm的筒灯。主灯选择复古型的，并且一般都会选择带有亚麻感的灯罩，灯罩有向上和向下两种。餐厅的墙面还会装壁灯配合装饰画使用，灯泡一般会选择色温为2800K的暖黄光，这样的设计使美式风格变得更加温馨，同时也可以满足不同的照明需求

虽然现代风格和日式风格有点像，但是现代风格的灯光运用会更加大气，光源会多一些，光源的色温通常为3000K或者4000K。现代风格的主灯款式都比较有现代感和艺术感，也有极致简约型的款式。

墙面最底部踢脚线的位置也会设计一些线条灯槽，可使空间的现代感变得更加强烈。

吊顶内也会有灯带照明

提示

第1点，白炽灯和日光灯都是瓦数越大亮度越高，LED灯流明越大亮度越高。

第2点，市面上销售的色温为3000K的灯泡为暖黄光，适合营造温馨氛围。色温为4000K的灯泡为暖白光，适合不喜欢太暖但是又想要温馨感的人使用。色温为6000K的灯泡为正白光，适合喜欢白光的人使用。厨房的主灯选择正白光，更方便操作。

第3点，灯光不宜设计太多。如果灯光太多，将灯全部打开时会让人感觉烦躁，且会出现灯光污染和层次混乱等问题。解决的方法是分开切换使用。

第4点，餐厅主灯可以做成双控，这样使用的时候不用来回走。

第5点，市场上的灯泡较大众化，如果特别讲究色温，则可以找厂家定制。

第6点，餐桌上方的灯应该对着餐桌，这样可以让食物看起来更加诱人，千万不要对着座椅打光。

▌9.3.3 厨房

　　厨房是做饭的地方，这个区域的光线适合用白光，因为在切菜和洗菜的时候白光更容易看清楚。不过现在的装修都追求个性化，有人白光和暖黄光一起使用，也有人全用暖黄光。因为白光里面的蓝光含量比暖黄光里面蓝光的含量更高一些，所以白光比较伤眼睛。如果居住者是年轻人，视力较好，平时不做饭或做饭次数较少，则建议使用暖黄光，氛围比较温馨；如果居住者年龄大，或者视力不太好，则建议使用白光，更方便舒适。如果白光和暖黄光混合使用，不建议同时打开，避免混淆视线。

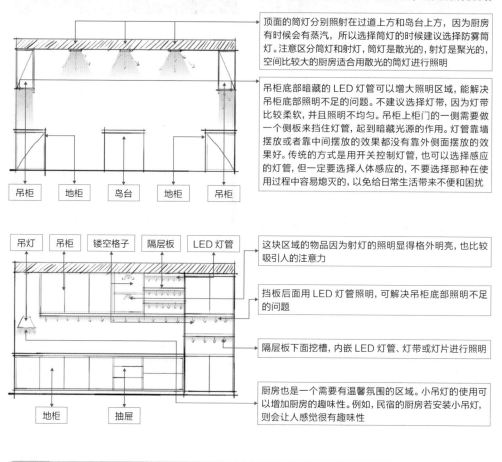

顶面的筒灯分别照射在过道上方和岛台上方，因为厨房有时候会有蒸汽，所以选择筒灯的时候建议选择防雾筒灯。注意区分筒灯和射灯，筒灯是散光的，射灯是聚光的，空间比较大的厨房适合用散光的筒灯进行照明

吊柜底部暗藏的 LED 灯管可以增大照明区域，能解决吊柜底部照明不足的问题。不建议选择灯带，因为灯带比较柔软，并且照明不均匀。吊柜上柜门的一侧需要做一个侧板来挡住灯管，起到暗藏光源的作用。灯管靠墙摆放或者靠中间摆放的效果都没有靠外侧面摆放的效果好。传统的方式是用开关控制灯管，也可以选择感应的灯管，但一定要选择人体感应的，不要选择那种在使用过程中容易熄灭的，以免给日常生活带来不便和困扰

吊灯　吊柜　镂空格子　隔层板　LED 灯管

这块区域的物品因为射灯的照明显得格外明亮，也比较吸引人的注意力

挡板后面用 LED 灯管照明，可解决吊柜底部照明不足的问题

隔层板下面挖槽，内嵌 LED 灯管、灯带或灯片进行照明

厨房也是一个需要有温馨氛围的区域。小吊灯的使用可以增加厨房的趣味性。例如，民宿的厨房若安装小吊灯，则会让人感觉很有趣味性

地柜　抽屉

> **提示**　如果预算充足，可以在橱柜内部也设计光源，这样打开柜门或者打开抽屉内部都会有灯光照明。

▌9.3.4 客厅

　　客厅的照明灯光有很多种：沙发背景墙或电视背景墙左右两侧的壁灯，顶面主吊灯或吸顶灯，吊顶内不同方向的灯带，背景墙隔层板下沿的灯带，背景墙墙面的暗藏灯带，以及台灯、落地灯、顶面或者背景墙上的筒灯和射灯等。

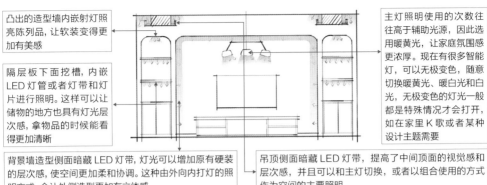

凸出的造型墙内嵌射灯照亮陈列品,让软装变得更加有美感

隔层板下面挖槽,内嵌LED灯管或者灯带和灯片进行照明。这样可以让储物的地方也具有灯光层次感,拿物品的时候能看得更加清晰

主灯照明使用的次数往往高于辅助光源,因此选用暖黄光,让家庭氛围感更浓厚。现在有很多智能灯,可以无极变色,随意切换暖黄光、暖白光和白光,无极变色的灯光一般都是特殊情况才会打开,如在家里K歌或者某种设计主题需要

背景墙造型侧面暗藏LED灯带,灯光可以增加原有硬装的层次感,使空间更加柔和协调。这种由外向内打灯的照明方式,会让外侧造型更加有立体感

吊顶侧面暗藏LED灯带,提高了中间顶面的视觉感和层次感,并且可以和主灯切换,或以组合使用的方式作为空间的主要照明

台灯是非常好的软装饰品,既能丰富局部的空间感,又能起到照明的作用。夜晚阅读的时候或者当其他灯光关闭的时候可以打开台灯,台灯散发的暖色光增强了空间的温馨气氛

在沙发旁边不摆放边几的情况下,最好选择一个落地灯,不然这块区域会显得空荡,摆放落地灯后的小空隙可以搭配绿植或者小地柜进行装饰。落地灯其实就是放大版的台灯,照明范围会更广,不同的落地灯呈现的灯光效果是不一样的。想要光的位置更高一些,可以选择上下出光的灯罩;想要亮度范围更广一些,可以选择周围全部能出光的落地灯;想要局部照明点缀,可以选择只有下面出光的灯罩

沙发上方做隔层板是很实用的方式,层板厚度一般为5~15cm,最少要4cm才能起到隐藏光源的作用,层板的厚度不宜超出沙发靠背的厚度,注意是靠背厚度不是靠枕厚度。这种光源可以让层板更有层次感

有些客厅会做成平的吊顶,在简约风格和现代风格的装修中比较常见。顶面的筒灯开孔尺寸一般不小于8cm,根据照明的亮度需求和照明范围可以选择更大开孔直径的筒灯。如果只是为了照明,应该选用开孔直径尺寸为12cm的筒灯。靠近背景墙的筒灯也可选用能调整角度的筒灯,把光打在背景墙上能增加空间的层次感

> **提示** 　　灯光设计基本上就一个原则,需要哪里亮就在哪里设置光源。设置隐藏的光源时要考虑施工工艺。

▌9.3.5 卫生间

　　想要卫生间有温馨舒适的氛围,合理的灯光设计非常重要。大多数家庭不太注重卫生间的灯光设计,一般只会在顶面留一个三合一或者四合一的集成浴霸,这样的卫生间灯光效果十分呆板,没有层次感,某些角落也会存在灯光阴影区域。

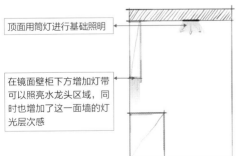

顶面用筒灯进行基础照明

在镜面壁柜下方增加灯带可以照亮水龙头区域,同时也增加了这一面墙的灯光层次感

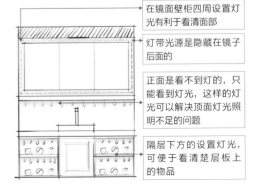

在镜面壁柜四周设置灯光有利于看清面部

灯带光源是隐藏在镜子后面的

正面是看不到灯的,只能看到灯光,这样的灯光可以解决顶面灯光照明不足的问题

隔层下方的设置灯光,可便于看清楚层板上的物品

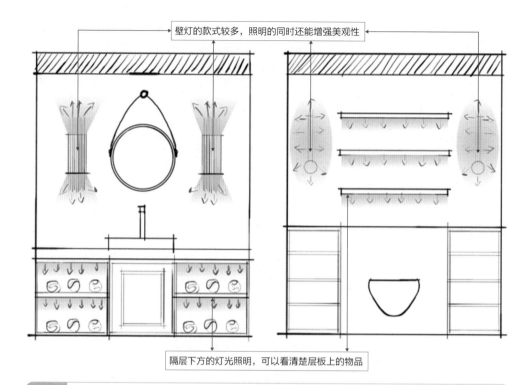

壁灯的款式较多，照明的同时还能增强美观性

隔层下方的灯光照明，可以看清楚层板上的物品

提示	第1点，面积小的卫生间更需要灯光来增强卫生间的趣味性、层次感和空间感。
	第2点，灯光较多的情况下需要降低光的亮度，减少光源给人的烦躁感。
	第3点，暖黄灯光或者暖白灯光更有利于营造卫生间的温馨氛围。
	第4点，镜前灯选择白光的，有利于面部整理。

9.3.6 阳台

　　因为阳台属于休闲娱乐区域，所以灯光布局会多一些。例如，在休闲椅边上放台灯，茶几上方放小吊灯，或者是周围放落地灯，在水景的地方放氛围灯，在背景墙上放壁灯等。晾衣台或者洗衣台的灯光就要简单很多，大部分只会留一个主要照明光源，然后在洗衣服的地方设计一个辅助照明灯。这个辅助照明可以是壁灯，也可以是安装在顶面的筒灯，还可以是安装在储物柜内或者储物柜下方的灯管。

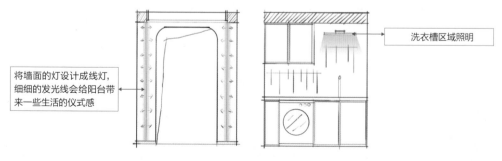

将墙面的灯设计成线灯，细细的发光线会给阳台带来一些生活的仪式感

洗衣槽区域照明

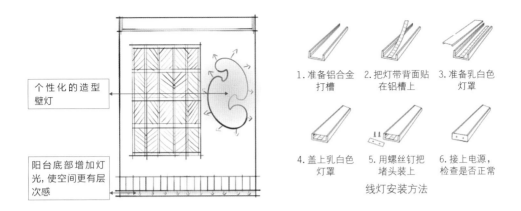

个性化的造型壁灯

阳台底部增加灯光,使空间更有层次感

1. 准备铝合金打槽　2. 把灯带背面贴在铝槽上　3. 准备乳白色灯罩

4. 盖上乳白色灯罩　5. 用螺丝钉把堵头装上　6. 接上电源,检查是否正常

线灯安装方法

▊9.3.7 卧室

卧室与其他空间相比,环境光的亮度应该更低,可以利用灯光照亮床头背后的墙面,或者照亮床周边的角落,尽量避免灯光直接照射床头,否则躺着休息时,眼睛会很不舒服。无主灯的卧室会给人一种宽敞感,也能使人避免站立时碰到主灯。

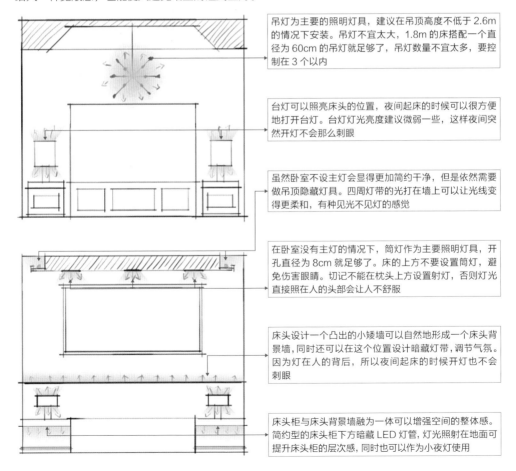

吊灯为主要的照明灯具,建议在吊顶高度不低于 2.6m 的情况下安装。吊灯不宜太大,1.8m 的床搭配一个直径为 60cm 的吊灯就足够了,吊灯数量不宜太多,要控制在 3 个以内

台灯可以照亮床头的位置,夜间起床的时候可以很方便地打开台灯。台灯灯光亮度建议微弱一些,这样夜间突然开灯不会那么刺眼

虽然卧室不设主灯会显得更加简约干净,但是依然需要做吊顶隐藏灯具。四周灯带的光打在墙上可以让光线变得更柔和,有种见光不见灯的感觉

在卧室没有主灯的情况下,简灯作为主要照明灯具,开孔直径为 8cm 就足够了。床的上方不要设置简灯,避免伤害眼睛。切记不能在枕头上方设置射灯,否则灯光直接照在人的头部会让人不舒服

床头设计一个凸出的小矮墙可以自然地形成一个床头背景墙,同时还可以在这个位置设计暗藏灯带,调节气氛。因为灯在人的背后,所以夜间起床的时候开灯也不会刺眼

床头柜与床头背景墙融为一体可以增强空间的整体感。简约型的床头柜下方暗藏 LED 灯管,灯光照射在地面可提升床头柜的层次感,同时也可以作为小夜灯使用

9.4.1 门厅

■ 门厅的主要功能

第 1 点，过渡缓冲作用。

第 2 点，收纳作用。

第 3 点，保温作用。

■ 门厅的家具搭配

门厅的家具有单人椅、地毯、装饰架、装饰柜、鞋柜、储物柜、衣柜、挂画、吊灯、装饰品、钟、落地灯、边几和花架等。

在门厅空间较大的情况下，可以摆放单人沙发，并搭配一个落地灯和一个边几，再随手放置一些物品，如地毯和装饰画，可增强门厅的画面感。

右图所示的门厅中，虽然单看黑胡桃木制成的鞋柜会觉得略显成熟，但是周围软装的搭配使其散发出稳重又有格调的魅力。装饰画的内容彰显出门厅的国际范，高低错落有致的吊灯增加了空间的层次感。地毯的配置可以让人感觉到生活的仪式感，提高了生活的品质。鞋柜上可以摆放一些收藏品，也可以摆放一些绿植。因为整个门厅的设计带有一些复古气息，所以在选择钟表的时候更倾向于复古风格的。当鞋柜上没有空间时，可以购买挂钟挂在墙上，挂钟比台面上的钟更方便观看。人文艺术装饰品可以体现出主人的艺术修养和个人品位。

右图为田园风格的设计，绿色和大地黄色运用较多。方格布艺是典型的图案。家具上有欧式元素，家具的颜色大部分都是奶黄色或者原木色，奶黄色的家具显得更加清新。

在门厅空间允许的情况下将家具配齐最为舒适，也能体现出生活的幸福感。在门厅摆放大量绿植会让门厅的田园风格更加强烈。

9.4.2 餐厅

■ 餐厅的主要功能

第1点，吃饭、喝茶、喝酒、聊天、会客等。

第2点，具有收纳作用。

■ 餐厅的家具搭配

餐厅的家具有餐桌、餐椅、餐边柜、酒柜、储物柜、飘窗柜、吧椅、吧台桌、卡座、沙发和屏风隔断等。

餐桌的形式多种多样，最常见的就是圆形桌、长形桌和方形桌。有的餐桌比较个性化，会有斜角或者是不规则的形状，还有的餐桌可以伸缩收纳，或者将多种功能组合在一起。

餐桌的大小取决于用餐人数，用餐人数和餐桌的摆放形式相关。通常餐桌上会摆放餐具，需要营造气氛时可以添加花瓶、绿植、桌旗、餐垫、餐巾、杯垫和烛台等。虽然餐桌上多放一些物品会更加美观，氛围会更加浓厚，但是在日常使用时会比较麻烦，因此可根据实际需求进行配置。

在下面右图中，橘色的运用让人联想到有名的爱马仕，线条造型的装饰墙搭配灰色大理石地面营造出一种干净利落的典雅气质；橘色的餐椅带有一点金属装饰，给人一种轻奢感；金色支架与大理石台面搭配的餐桌提高了整个空间的档次；窗帘上的橘色与装饰品上的橘色相呼应，体现出空间的和谐美。

提示　软装搭配时要先确定主题或者主色系，然后选择不同的软装饰品。例如，上图的主题是"爱马仕"，首先想到的就是爱马仕常用的橘色；其次，因为爱马仕是奢侈品品牌，所以又会想到"金贵"这个词语，因此在色彩搭配时会优先选择金色，在材质方面也会选择容易凸显贵气的材料，如大理石、水晶和绒布等。围绕这一设计思路并进行延伸，自然而然就会形成一套"爱马仕"的设计风格。

软装搭配和硬装设计也有相似之处，如用同一色系会体现出空间的整体感，搭配一些色调突出的软装饰品则可以让空间更有层次感等。

在颜色统一的情况下可以根据不同的图形、纹理和形态的变化进行搭配，这样的搭配会让同一色系的空间变得简约而不简单。右图中的红色椅子和黄色花朵作为点缀饰品，使空间的层次感更强了。

9.4.3 厨房

■ 厨房的主要功能

第1点，餐食制作、饮品制作等。

第2点，空间收纳作用。

■ 厨房的家具搭配

厨房的家具有橱柜、储物柜、餐边柜、酒柜、岛台柜等。

厨房中最重要的是橱柜，橱柜分为地柜、吊柜和通体柜3类。

根据人体工程学原理，在制作地柜的时候，可以把烧菜位置的高度做成80cm，把洗菜位置的高度做成85~90cm，这样洗菜时不会因弯腰而感到疲劳。

吊柜一定要紧挨着吊顶，不要留缝隙，否则时间久了容易积灰尘、难打理。在吊顶比较高的情况下可以在吊顶内安装升降装置，以便取放吊柜内的物品。如果经常做饭，则尽量不要做镂空的格子，否则会很难清理。

通体柜比较实用，可以内嵌烤箱、微波炉和洗碗机等电器，也可以存放大型厨具。

简约风格的橱柜通常会选择不带任何造型的光板柜门，如北欧风格就适合选亚光柜门，现代风格就适合选亮面柜门。有的空间结构是餐厅和厨房连在一起的，那么餐桌就要与橱柜相搭配，如右侧中间图中的黑色餐桌配的是白色橱柜，显得比较经典。

可能黑白搭配对于部分人来说过于简单了，那么可以参照右侧下图中的搭配思路进行搭配，吊柜选用跳跃色与地柜进行区分，这样橱柜本身就具有不同的层次感。如果还是觉得不够特别，可以选择跳跃色的冰箱，还有因储物空间不够而搭配的料理小推车也可以选用跳跃色的（颜色不宜超过3种）。

9.4.4 客厅

■ 客厅的主要功能

第1点，会客、家庭互动、观影、休闲娱乐、喝茶、喝饮料、喝酒和聊天等。

第2点，空间收纳作用。

■ 客厅的家具搭配

客厅的家具有单人沙发、双人沙发、三人沙发、多人沙发、贵妃椅、沙发凳、懒人沙发、功能沙发、沙发床、茶几、边几、电视柜、斗柜、装饰柜、储物柜、边柜、墙柜、展示柜、酒柜、书柜、飘窗柜、花几、案几、长椅、休闲椅、背几、角几、咖啡桌、玄关台、儿童桌和屏风隔断等。

客厅可以容纳的家具最多，毕竟客厅的面积在整套房子中通常是最大的。客厅的家具大部分都具有储物功能，家具的选择主要考虑舒适度，可以到线下体验店感受一下，不建议选用料太软的沙发或椅子。选择沙发的时候要考虑沙发内部弹簧的数量和质量，不同的风格用料也有所不同。

沙发旁边一般会搭配边几或者落地灯，落地灯主要是夜间使用，具有照明和调节氛围的作用。

客厅的窗帘选择双层两倍褶皱的，一层遮阳一层遮光，两倍褶皱可以让窗帘看起来更有层次感。

右侧中间图中的家具搭配统一为原木色，突出自然、清新的感觉。虽然大部分都是浅木色，但是整体协调统一，且浅色系可以弱化整体木色带来的压抑感。灰色是木色的最佳搭配色。

右图中虽然都以绿色为主，但是这种绿色搭配和田园风格中的绿色搭配是完全不同的感觉，主要区别在于软装家具的风格。右图中简约型的沙发配合简约的硬装，再用色彩表现整个空间的层次感，墙面的挂画和地毯都选用了拼色图案，用来协调整体风格。

9.4.5 卫生间

■ 卫生间的主要功能

第1点，洗脸、刷牙、洗澡、大小便和梳妆打扮等。

第2点，空间收纳作用。

■ 卫生间的家具搭配

卫生间的家具有浴室柜、储物柜、隔层架、储物架、壁柜、梳妆台、凳子、椅子和屏风隔断等。

如今的卫生间不仅要满足使用需求，还得在色彩和软装搭配上让人满意。例如，浴缸的选择不仅限于白色浴缸。卫生间要延续整体的设计风格，如北欧风格可以选择右图所示的蓝色浴缸。卫生间色彩比较跳跃的可以选择白色浴缸进行调节；中式风格的卫生间可以选用黑色彩绘的浴缸搭配中式屏风，这样的搭配设计可以给使用者带来充分的享受。

要根据设计风格选择浴室柜，如果卫生间储物柜比较少，就要选择储物功能强大一些的浴室柜。不需要储物功能的则可以选择造型更加丰富且更加个性的浴室柜。

淋浴喷头等五金件可选择纯黑色、纯银色或者纯金色的，纯色的五金件显得更精致。

9.4.6 阳台

■ 阳台的主要功能

第1点，晾晒衣服、烧烤、喝茶、喝酒、喝饮料、游戏互动、观赏风景和养花等。

第2点，空间收纳作用。

■ 阳台的家具搭配

阳台的家具有沙发、椅子、凳子、茶几、边几、桌子、屏风隔断、植物架和吧台等。

在阳台上摆放一组沙发，或者配上一个吧台会使阳台成为一个休闲娱乐的空间。植物架上摆放绿植可使阳台具有艺术氛围，大多数人都会很喜欢绿植覆盖的阳台，且绿植还有净化空气的作用。

如果阳台空间较大，则可以营造出起居室的感觉，如摆上一组三人沙发和一个茶几，两边再摆上单人沙发。如果阳台顶面是露天的，就需要摆放户外专用家具，也可以采取一些保护措施，以保护家具不受雨淋。

9.4.7 卧室

■ 卧室的主要功能

第1点，休息、阅读、梳妆打扮、观影等。

第2点，空间收纳作用。

■ 卧室的家具搭配

卧室的家具有沙发、椅子、凳子、茶几、边几、梳妆台、书桌、屏风隔断、床头柜、床、床尾凳、五斗柜、装饰柜和衣柜等。

儿童卧室的家具可以根据孩子的年龄和性别搭配，如右侧上图为女孩的卧室，床的造型和粉色系列的家具配饰都体现了居住者的性别。多处出现同色系的家具或配饰可以起到相互呼应的作用，如装饰画、沙发和地毯上都有粉色。

男孩的卧室就有所不同了，会有一点酷酷的感觉，几何造型的墙体体现出了男孩的活泼，如右侧中间图所示。

不管是男孩还是女孩的卧室，家具的选择都可以体现出居住者的情感和性格。例如，内心情感丰富的人会选择一些比较有设计感的个性家具，色彩方面也会多样化。右图中左边的床头柜就非常有设计感，它由两个平面圆形组成，只有一个摆放物品的台面，床头柜是悬空固定在墙上的，这样的设计打破了传统的柜体式床头柜，让床周围的空间变得更加轻巧简约，同时又能满足功能性的需求。

如果卧室空间够大，则最好摆放一张桌子，既能当书桌使用又能当梳妆台使用。床尾距离墙体大于2m时，可以考虑摆放一张床尾凳，这样的搭配可以让卧室的整体感更强，同时又多了一个功能，即上床时脱下来的衣物就可以放在床尾凳上，也可以坐在床尾凳上泡脚等。

家具搭配要根据房间的硬装设计风格来定，在家具款式不配套的情况下通常会选择色系配套的。

9.5 花艺绿植

花艺绿植在家装中多多少少都会用到，设计师可以根据不同的装修风格进行选择。花艺在空间内能增加情调感，绿植在室内能起到净化空气的作用，生活在有花艺和绿植的空间内会让人感觉身体放松、心情愉悦。花艺绿植品种比较多，下面列举了一些常见的花艺绿植。

下页所示的绿植是软装搭配时比较常用的，在空间内拍照的时候也会显得很有美感。可以选择真的绿植，也可以选择仿真的。

　　虽然真的绿植具有净化空气的作用，但是需要细心照料，不然会很容易枯萎，而且也会受季节变化的影响。仿真的绿植非常逼真，远看很难分辨真假，不需要照料，擦洗绿植上的灰尘时也不会损坏绿植，缺点是不能净化空气。

　　绿植的尺寸有很多种，想要用绿植填充空间就选择大一点的，如 1.7m 左右高的；如果不想要那么大，就选择 1m 左右高的。还有就是绿植叶子展开通常会比较宽，选择的时候一定要注意摆放绿植的空间尺寸，以及叶子伸展开来会不会影响周边的软装，所以买绿植时一定要问清楚商家绿植的尺寸。

| 棕葵 | 竹子 | 旅人蕉 | 龟背叶 |

| 散尾葵 | 秋红铁 | 贵妃葵 | 金钱榕 |

| 喜林芋 | 鱼尾葵 | 千年木 | 橄榄树 |

下面这些台面绿植适合各种装修风格。购买绿植的时候可以单独购买绿植盆，中式风格可以选择陶瓷盆，轻奢风格可以选择金属盆，工业风格可以选择铁艺盆，现代风格可以选择木质盆和塑料盆，北欧风格可以选择布艺盆和麻藤盆等。

不同年龄段的人喜欢不同种类的绿植，不同的绿植也有着不同的功效和色彩，可以结合周边软装进行选择。

白兰　　　　　　　春凤　　　　　　　杜鹃　　　　　　多肉植物

蝴蝶兰　　　　　　金钱树　　　　　　量天尺　　　　　　龙骨

龙血树　　　　　　芦荟　　　　　　绿萝　　　　　　茉莉花

柠檬果子　　　　　青苹果　　　　　　发财树　　　　　长寿花

迎客松　　　　　　　栀子花

在田园风格和北欧风格的设计中，右图中这种绿植用得较多，最常用的位置就是阳台。这种向下生长的绿植很容易就能掩盖住一整面墙，符合垂直化设计原则。

爱之蔓　　　　　　　百万心

下图是 3 种仿真花，相对真花而言仿真花保留的时间更久，不容易被破坏，对于没时间打理的人是最好的选择。仿真花的价格比真花更低，性价比较高，可以随意更换，而且仿真花更容易造型。喜欢插花的人也可以用仿真花进行练习。

9.6 软装清单

俗话说"人靠衣装马靠鞍"，居家环境也是如此，三分靠硬装七分靠软装，没有丰富精致的软装，再好的硬装也会显得单调生硬。如果水泥钢筋是房子的筋骨，那么软装就是房子的灵魂。软装的种类繁多，下面整理了一些常用的，以便大家对软装能有初步的认识。

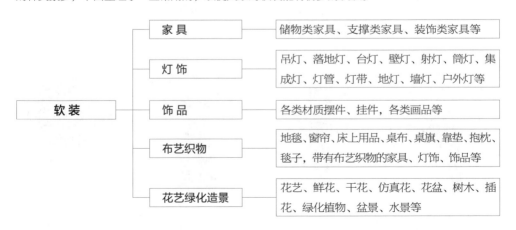

软装	家具	储物类家具、支撑类家具、装饰类家具等
	灯饰	吊灯、落地灯、台灯、壁灯、射灯、筒灯、集成灯、灯管、灯带、地灯、墙灯、户外灯等
	饰品	各类材质摆件、挂件，各类画品等
	布艺织物	地毯、窗帘、床上用品、桌布、桌旗、靠垫、抱枕、毯子，带有布艺织物的家具、灯饰、饰品等
	花艺绿化造景	花艺、鲜花、干花、仿真花、花盆、树木、插花、绿化植物、盆景、水景等

软装其实不难搭配，要先熟记软装的分类，然后了解每一种类别中又包含的由不同工艺、颜色、材质制成的物品。表 9-2 整理了一些常用的软装内容供大家参考。

表 9-2 软装清单

参考图片	名称	常见使用区域
	单人沙发	主卧、小孩房、老人房、客房、书房、衣帽间、化妆间、酒窖、电视厅、家庭影院、会客厅、娱乐室、多功能厅、茶室、玄关、阳台、更衣室等
	双人沙发	主卧、小孩房、老人房、客房、书房、酒窖、电视厅、家庭影院、会客厅、娱乐室、多功能厅、茶室、阳台等
	三人沙发	主卧、小孩房、老人房、客房、书房、酒窖、电视厅、家庭影院、会客厅、娱乐室、多功能厅、茶室等
	L 形沙发	酒窖、电视厅、家庭影院、会客厅、娱乐室、多功能厅、茶室等
	组合型沙发	酒窖、电视厅、家庭影院、会客厅、娱乐室、多功能厅、茶室等
	组合型沙发	酒窖、电视厅、家庭影院、会客厅、娱乐室、多功能厅、茶室等
	拐角沙发	酒窖、电视厅、家庭影院、会客厅、娱乐室、多功能厅、茶室等
	弧度沙发	酒窖、电视厅、家庭影院、会客厅、娱乐室、多功能厅、茶室等
	圆弧沙发	酒窖、电视厅、家庭影院、会客厅、娱乐室、多功能厅、茶室等
	贵妃椅	酒窖、电视厅、家庭影院、会客厅、娱乐室、多功能厅、茶室等
	沙发凳	酒窖、电视厅、家庭影院、会客厅、娱乐室、多功能厅、茶室等

参考图片	名称	常见使用区域
	功能沙发	酒窖、电视厅、家庭影院、会客厅、娱乐室、多功能厅、茶室等
	沙发床	酒窖、电视厅、家庭影院、会客厅、娱乐室、多功能厅、茶室等
	懒人沙发	主卧、小孩房、老人房、客房、书房、衣帽间、化妆间、酒窖、电视厅、家庭影院、会客厅、娱乐室、多功能厅、茶室、玄关、阳台、更衣室等
	儿童沙发	小孩房、电视厅、家庭影院、娱乐室、多功能厅、玄关、阳台等
	户外沙发	阳台、露台等
	充气沙发	主卧、小孩房、老人房、客房、书房、酒窖、电视厅、家庭影院、会客厅、娱乐室、多功能厅、阳台等
	风琴沙发	酒窖、电视厅、家庭影院、会客厅、娱乐室、多功能厅、茶室、阳台等
	茶几	酒窖、电视厅、家庭影院、会客厅、娱乐室、多功能厅、茶室等
	边几	主卧、小孩房、老人房、客房、书房、衣帽间、化妆间、酒窖、电视厅、家庭影院、会客厅、娱乐室、多功能厅、茶室、健身区、玄关、游泳池、餐厅、公卫、内卫、阳台、更衣室等
	条几	主卧、小孩房、老人房、客房、书房、衣帽间、化妆间、酒窖、电视厅、家庭影院、会客厅、娱乐室、多功能厅、茶室、健身区、玄关、游泳池、餐厅、公卫、内卫、阳台、更衣室等
	装饰柜	主卧、小孩房、老人房、客房、书房、衣帽间、化妆间、酒窖、电视厅、家庭影院、会客厅、娱乐室、多功能厅、茶室、健身区、玄关、餐厅、公卫、内卫、阳台、更衣室等

参考图片	名称	常见使用区域
	首饰柜	主卧、小孩房、老人房、衣帽间、化妆间、内卫、更衣室等
	床	主卧、小孩房、老人房、客房等
	床头柜	主卧、小孩房、老人房、客房等
	梳妆台	主卧、小孩房、老人房、客房、衣帽间、化妆间、公卫、内卫、更衣室等
	妆凳	主卧、小孩房、老人房、客房、衣帽间、化妆间、公卫、内卫、更衣室等
	衣柜	主卧、小孩房、老人房、客房、衣帽间、化妆间、更衣室等
	床尾凳	主卧、小孩房、老人房、客房等
	五斗柜	主卧、小孩房、老人房、客房、衣帽间、化妆间、更衣室等
	餐桌	茶室、早餐厅、餐厅等
	餐椅	茶室、早餐厅、餐厅等
	酒柜	酒窖、电视厅、家庭影院、会客厅、娱乐室、多功能厅、茶室、餐厅、西厨等
	餐边柜	酒窖、茶室、早餐厅、餐厅等
	书柜	主卧、小孩房、老人房、客房、书房、电视厅、会客厅、娱乐室、多功能厅、茶室等

参考图片	名称	常见使用区域
	书桌	主卧、小孩房、老人房、客房、书房等
	杂物柜	主卧、小孩房、老人房、客房、书房、衣帽间、化妆间、储藏室、工具间、设备用房、酒窖、电视厅、家庭影院、会客厅、娱乐室、多功能厅、茶室、健身区、餐厅、阳台、洗衣房、更衣室等
	杂志架	主卧、小孩房、老人房、客房、书房、酒窖、电视厅、会客厅、娱乐室、多功能厅、茶室等
	休闲椅	主卧、小孩房、老人房、客房、书房、衣帽间、化妆间、酒窖、电视厅、家庭影院、会客厅、娱乐室、多功能厅、茶室、玄关、阳台、更衣室等
	老虎椅	主卧、小孩房、老人房、客房、书房、酒窖、电视厅、家庭影院、会客厅、娱乐室、多功能厅、茶室、阳台等
	橱柜	中厨、西厨等
	浴室柜	公卫、内卫等
	洗衣台	公卫、内卫、阳台、洗衣房等
	吊灯	主卧、小孩房、老人房、客房、书房、衣帽间、化妆间、酒窖、电视厅、家庭影院、会客厅、娱乐室、多功能厅、茶室、玄关、早餐厅、餐厅、西厨、阳台、更衣室等

参考图片	名称	常见使用区域
	落地灯	主卧、小孩房、老人房、客房、书房、衣帽间、化妆间、酒窖、电视厅、家庭影院、会客厅、娱乐室、多功能厅、茶室、餐厅、阳台、更衣室等
	台灯	主卧、小孩房、老人房、客房、书房、衣帽间、化妆间、酒窖、电视厅、会客厅、娱乐室、多功能厅、茶室、玄关、餐厅、更衣室等
	壁灯	主卧、小孩房、老人房、客房、书房、衣帽间、化妆间、工人房、储藏室、工具间、设备用房、酒窖、电视厅、家庭影院、会客厅、娱乐室、多功能厅、茶室、健身区、玄关、车库、游泳池、餐厅、公卫、内卫、阳台、洗衣房、更衣室等
	射灯	主卧、小孩房、老人房、客房、书房、衣帽间、化妆间、工人房、储藏室、工具间、设备用房、酒窖、电视厅、家庭影院、会客厅、娱乐室、多功能厅、茶室、健身区、玄关、车库、游泳池、餐厅、西厨、公卫、内卫、阳台、洗衣房、更衣室等
	筒灯	主卧、小孩房、老人房、客房、书房、衣帽间、化妆间、工人房、储藏室、工具间、设备用房、酒窖、电视厅、家庭影院、会客厅、娱乐室、多功能厅、茶室、健身区、玄关、车库、餐厅、中厨、西厨、公卫、内卫、阳台、洗衣房、淋浴间、更衣室等
	集成灯	中厨、西厨、公卫、内卫、阳台、洗衣房、淋浴间等
	灯管	主卧、小孩房、老人房、客房、书房、衣帽间、化妆间、工人房、储藏室、工具间、设备用房、酒窖、电视厅、家庭影院、会客厅、娱乐室、多功能厅、茶室、健身区、玄关、车库、餐厅、西厨、公卫、内卫、阳台、洗衣房、淋浴间、更衣室等

参考图片	名称	常见使用区域
	灯带	主卧、小孩房、老人房、客房、书房、衣帽间、化妆间、工人房、储藏室、工具间、设备用房、酒窖、电视厅、家庭影院、会客厅、娱乐室、多功能厅、茶室、健身区、玄关、车库、餐厅、西厨、公卫、内卫、阳台、洗衣房、淋浴间、更衣室等
	地灯	游泳池、露台等
	内嵌式小夜灯	主卧、小孩房、老人房、客房、书房、衣帽间、化妆间、工人房、储藏室、工具间、设备用房、酒窖、电视厅、家庭影院、会客厅、娱乐室、多功能厅、茶室、健身区、玄关、车库、游泳池、餐厅、公卫、内卫、阳台、洗衣房、淋浴间、更衣室等
	户外灯	游泳池、阳台、露台等
	摆件	主卧、小孩房、老人房、客房、书房、酒窖、电视厅、家庭影院、会客厅、娱乐室、多功能厅、茶室、玄关、餐厅、公卫、内卫等
	挂件	主卧、小孩房、老人房、客房、书房、酒窖、电视厅、家庭影院、会客厅、娱乐室、多功能厅、茶室、玄关、餐厅、阳台等
	画品	主卧、小孩房、老人房、客房、书房、酒窖、电视厅、家庭影院、会客厅、娱乐室、多功能厅、茶室、健身区、玄关、餐厅、公卫、内卫、阳台等
	地毯	主卧、小孩房、老人房、客房、书房、衣帽间、化妆间、酒窖、电视厅、家庭影院、会客厅、娱乐室、多功能厅、茶室、玄关、餐厅、公卫、内卫、淋浴间、更衣室等

参考图片	名称	常见使用区域
	窗帘	主卧、小孩房、老人房、客房、书房、衣帽间、化妆间、工人房、储藏室、工具间、设备用房、酒窖、电视厅、家庭影院、会客厅、娱乐室、多功能厅、茶室、健身区、玄关、餐厅、中厨、西厨、公卫、内卫、阳台、洗衣房、淋浴间、更衣室等
	床上用品	主卧、小孩房、老人房、客房、工人房等
	桌布	餐厅等
	桌旗	电视厅、家庭影院、会客厅、娱乐室、多功能厅、茶室、玄关、餐厅等
	靠垫	主卧、小孩房、老人房、客房、书房、衣帽间、化妆间、工人房、酒窖、电视厅、家庭影院、会客厅、娱乐室、多功能厅、茶室、餐厅等
	抱枕	主卧、小孩房、老人房、客房、书房、衣帽间、化妆间、工人房、酒窖、电视厅、家庭影院、会客厅、娱乐室、多功能厅、茶室、餐厅等
	毯子	主卧、小孩房、老人房、客房、书房、衣帽间、化妆间、工人房、酒窖、电视厅、家庭影院、会客厅、娱乐室、多功能厅、茶室等
	花艺	主卧、小孩房、老人房、客房、书房、衣帽间、化妆间、工人房、酒窖、电视厅、家庭影院、会客厅、娱乐室、多功能厅、茶室、健身区、玄关、餐厅、公卫、内卫、阳台、更衣室等

参考图片	名称	常见使用区域
	鲜花	主卧、小孩房、老人房、客房、书房、衣帽间、化妆间、工人房、酒窖、电视厅、家庭影院、会客厅、娱乐室、多功能厅、茶室、健身区、玄关、餐厅、公卫、内卫、阳台、更衣室等
	干花	主卧、小孩房、老人房、客房、书房、衣帽间、化妆间、工人房、酒窖、电视厅、家庭影院、会客厅、娱乐室、多功能厅、茶室、健身区、玄关、餐厅、公卫、内卫、阳台、更衣室等
	仿真花	主卧、小孩房、老人房、客房、书房、衣帽间、化妆间、工人房、酒窖、电视厅、家庭影院、会客厅、娱乐室、多功能厅、茶室、健身区、玄关、餐厅、公卫、内卫、阳台、更衣室等
	花盆	主卧、小孩房、老人房、客房、书房、衣帽间、化妆间、工人房、酒窖、电视厅、家庭影院、会客厅、娱乐室、多功能厅、茶室、健身区、玄关、餐厅、公卫、内卫、阳台、更衣室等
	树木	主卧、小孩房、老人房、客房、书房、衣帽间、化妆间、工人房、酒窖、电视厅、家庭影院、会客厅、娱乐室、多功能厅、茶室、健身区、玄关、餐厅、公卫、内卫、阳台、更衣室等
	插花	主卧、小孩房、老人房、客房、书房、衣帽间、化妆间、工人房、酒窖、电视厅、家庭影院、会客厅、娱乐室、多功能厅、茶室、健身区、玄关、餐厅、公卫、内卫、阳台、更衣室等
	盆景	主卧、小孩房、老人房、客房、书房、衣帽间、化妆间、工人房、酒窖、电视厅、家庭影院、会客厅、娱乐室、多功能厅、茶室、健身区、玄关、餐厅、公卫、内卫、阳台、更衣室等

第 10 章

设计方案与平面布局优化分析

10.1 案例分析一 ｜ 10.2 案例分析二 ｜ 10.3 案例分析三 ｜ 10.4 案例分析四

10.5 案例分析五 ｜ 10.6 案例分析六 ｜ 10.7 案例分析七

扫码看视频

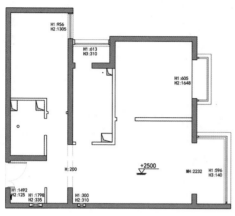

原始结构图 （优化前）

项目面积：套内 69.4m²

项目城市：北京市朝阳区

原始户型：2 室 2 厅 1 厨 1 卫 2 阳台

平面布置户型：2 室 2 厅 1 厨 1 卫 2 阳台

居住人数：1 人

业主职业：企业高管

一个人居住就没有那么多的约束，因此可以让空间之间互通从而显得空间更大。把原主卧和客厅的墙体拆掉，换成只做中间墙体，因此两边都有很大的过道可以通往主卧。主卧和客厅的电视机都内嵌在墙体内，让外观变得更加整洁，从视觉上显得空间更大

门厅原有的墙体被拆除了，这样门厅在视觉上更大、更通透

因为业主很少在家做饭，所以只需要一个简单的吧台用餐区就可以。之前餐厅的位置做成了储物柜增加收纳空间，对开门冰箱也放在这里

之前的客房作为衣帽间使用。进门的左手边有一个墙角，墙角和门之间的这段距离的空间利用有些浪费，于是把这块空间用在过道，将过道加长后就有大户型的感觉了

为了吧台的整体性，改变了厨房进门位置。原先水槽的位置也进行了调整，水槽和吧台相结合，多角度使用更便捷

平面布置图 （优化后）

设计方案实景照片分析

不锈钢材质的门套相比木门套可以节省一些成本，在这个空间内不锈钢门套的搭配会让门套显得更有格调

黑白色系的地砖拼贴出来的效果非常经典，毕竟黑色和白色是永恒的色系，这也就代表着这种搭配永不过时

黑色轨道灯的色调更符合整体色调搭配的需求。轨道灯可以满足不同角度的照明需求

防盗门的颜色也特别讲究，特意定制了黑色的防盗门

铁艺和木板的吊架上摆放一些书籍和装饰品，一进门就能感受到家的气息

墙面白色文化石与乳胶漆相结合，有种破壳而出的感觉，增强了整体的工业感

局部吊顶刷水泥漆做肌理纹路，水泥漆与白色乳胶漆形成对比，让顶面无须做复杂的吊顶也能有层次感

铁艺移门打开后左边是挂衣服的空间，右边是储物和放鞋子的空间

黑色强化地板

成品储物柜是铁艺边框包裹着木制柜体，这些物件都是按照黑色铁艺和黑色木头进行采购的。储物柜有抽屉也有柜门，可以满足不同的储物需求

在定制的铁皮移门上喷上字母和数字，让原本简单的移门更富有艺术性

顶面的灯槽可以隐藏光源，选用的是2800K色温的灯管，这种色温类似于黄昏时夕阳金灿灿的光感，可以更好地营造氛围。直线形状的灯光让过道视觉效果变得更长，从而让空间在视觉上变大了

吧台的下方留空，方便放脚，坐在这里吃饭就和坐在餐桌区域吃饭是一样的感觉，吧台上方的吊架可以放置一些餐具，同时也可以摆放一些装饰品

因为整体都是比较简约的风格，所以在柜门方面选择了黑色光板款式，这个储物柜的深度和衣柜一样，里面可以储放一些杂物。冰箱内嵌在柜子内，让外观显得简单干净、整洁

因为只有一个人居住，而且不经常做饭，所以不常用厨房，需要的时候只会做一点简单的食物或者用微波炉热一些食物

因为吧台区域做了吊顶，厨房又是开放式的，同用一块顶面，所以厨房也做了吊顶，并刷了水泥漆。为了让顶面的感觉变得清爽，吧台上方用的是筒灯照明。厨房的物品比较多，因此用轨道灯进行不同角度的照明

墙面的隔层板是用铁皮做的，在表面做了黑色烤漆，原本简简单单的墙面因为有了隔层板变得更有层次感，而且还多了一些摆放物件的空间

阳台的窗户用的是黑色百叶帘，显得干净利落。通往阳台的门洞紧挨着吊顶，高高的门洞让墙体之间更有距离感，从而在视觉上使空间更大。为了整体统一，踢脚线选用的是不锈钢材质的

主卧和客厅的电视机都是内嵌在墙体内，这样可以节省一个电视柜的位置。仿真动物皮地毯体现了都市生活居家的品质感。复古茶几是定制的

床头做了一个薄薄的小矮墙，并刷了水泥漆，简简单单的床头背景墙就形成了。矮墙的上方是自由摆放的装饰画，床的左边用吊灯的形式进行床头照明。因为床的右边有一张椅子，所以就用壁灯进行照明

室内所有的窗套和门套都用不锈钢材质的，不锈钢材质可以做得非常薄，让窗套和门套显得特别简约、干净利落。衣帽间挂衣服的架子是用喷黑漆的铁管制成，大大降低了装修成本，同时也能满足需求

10.2 案例分析二

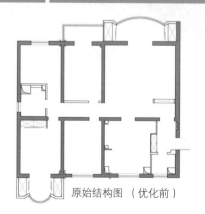

原始结构图（优化前）

项目面积：套内 149.2m²

项目城市：北京市西城区

原始户型：4 室 2 厅 1 厨 2 卫 3 阳台

平面布置户型：4 室 2 厅 1 厨 2 卫 3 阳台

居住人数：6 人

业主职业：企业高管

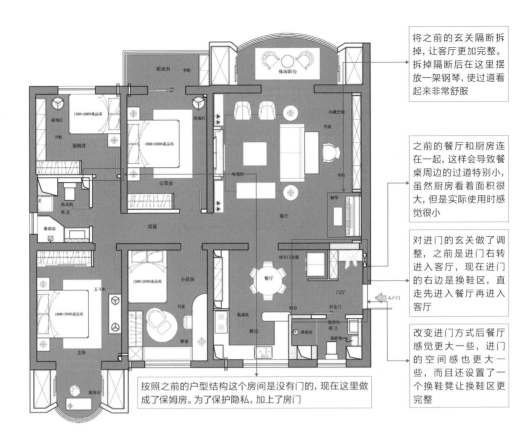

将之前的玄关隔断拆断掉,让客厅更加完整。拆掉隔断后在这里摆放一架钢琴,使过道看起来非常舒服

之前的餐厅和厨房连在一起,这样会导致餐桌周边的过道特别小,虽然厨房看着面积很大,但是实际使用时感觉很小

对进门的玄关做了调整,之前是进门右转进入客厅,现在进门的右边是换鞋区,直走先进入餐厅再进入客厅

改变进门方式后餐厅感觉更大一些,进门的空间感也更大一些,而且还设置了一个换鞋凳让换鞋区更完整

按照之前的户型结构这个房间是没有门的,现在这里做成了保姆房。为了保护隐私,加上了房门

平面布置图 (优化后)

左边是卫生间的门,因为门厅的位置非常关键,一进门就能看到,所以对其美观性的要求会更高一些,特意选择了谷仓门,谷仓门是移门的形式,也省了开门占用的空间

右边的墙面是一面很大的镜子,不仅增强了过道的延伸感,还方便出门的时候整理仪表

黑白地砖可以让空间感变得时尚有动感,这样就不会觉得空间小了

保留了之前的橱柜柜体,重新更换了柜门

将门洞的门套设计成有层次感的造型,更能融入整体氛围。将门套做到顶,让门洞有种变高的感觉,看墙面的时候会弱化门套带来的那种压抑感

墙面做了石膏线线条，线条的颜色和墙面乳胶漆的颜色一致，这样做主要是让墙面造型不要有太明显的色彩区分，但同时又有层次区分。电视背景墙用了多层次的方块造型，打造出具有层次感的背景墙

因为想将整体空间打造出温馨的感觉，所以在色彩选择方面就围绕着米色、金色和咖啡色进行搭配。顶面的吊灯是复古款式，让客厅有些欧美风格的效果

之前通往过道的门洞上方是一根建筑横梁，现在将其设计成圆角，让门洞变得圆润美观一些

选择带玻璃材质的端景台，能营造一种轻奢感，让装修效果看起来更有档次

过道顶面刷的是白色乳胶漆，四周走了一圈石膏线，石膏线也刷成了和墙面一样的颜色，采用和客厅电视背景墙一样的设计手法

女孩房间的基础色调延续了外面空间的色系，在软装方面（装饰画和窗帘）选择了代表女孩特征的款式

将石膏板覆盖在墙面，并进行局部镂空，一面简单的背景墙就完成了

暖气片放在书桌的下方，弱化了暖气片的存在感。为了让书桌略显个性，桌腿和台面从不同厂家定制，最后拼接在一起

主卧保留了之前的衣柜，墙面用不同形式的石膏线进行装饰，延续了过道和客厅的石膏线设计手法，软装也延续了一些客厅的特征，具有豪华感、轻奢感和美式感

保留了之前的地板，整个设计在硬装方面改动得不多，还是以软装搭配设计为主

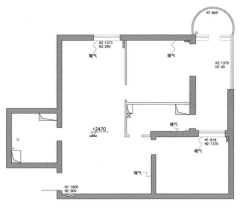

项目面积：套内 84.9m²

项目城市：北京市西城区

原始户型：2室2厅1厨1卫2阳台

平面布置户型：2室2厅1厨1卫1阳台

居住人数：3人

业主职业：汽车销售

原始结构图（优化前）

优化前进门能直接看到餐厅，主卧的门口就是客厅，电视背景墙和沙发背景墙不居中，电视背景墙也不完整，客厅和餐厅之间的过渡有些不协调，想要一个吧台也无法实现，于是就有了客厅和餐厅对调的想法

餐厅放在这块区域可以增加储物功能，并且能让客厅有完整的背景墙。靠窗做了一排高低柜，矮柜就在窗户下面，在矮柜柜面铺上坐垫，可以当飘窗使用。对开门的冰箱内嵌在柜子内，这样冰箱就不会显得突兀了

优化前弧形阳台区域有一道门，优化后去掉这道门使阳台显得更大一些。在阳台靠近厨房和小孩房的位置设计了一块榻榻米，不仅可以储物，还能作为临时居住的空间，日常也可以当作书房使用

小孩房的窗户改成了折叠窗，让小孩房和阳台有一个连通性，这样在视觉方面也会显得空间更大一些。现在用折叠窗可以完全展开，通风效果也会变得更好

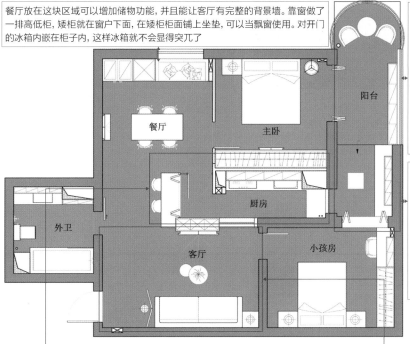

厨房之前的采光是靠仅有的一扇窗户，而且这扇窗户的外面是阳台，光线并不是非常充足。现在阳台这块区域是榻榻米，要是用之前的窗户就会显得有点奇怪，就像是睡在厨房的感觉。如果此处依然是窗户，在厨房做饭的时候味道也会飘到阳台。为了解决这些问题，也为了保留住这里的光线，决定把之前的窗户拆除，然后选用玻璃砖把这里封住，这样就把厨房和阳台隔离了，因为是玻璃材质，所以光线还是能透到厨房

客厅背景墙和吧台相结合，同时有一块区域采用了透光的材质，这样也能让空间之间有光线互通的效果，现在客厅的电视和沙发可以居中对齐，并且客厅的完整性也更好

平面布置图（优化后）

定制的隔断可以形成一个玄关，进门后可以起到缓冲作用。坐在沙发上也不会因为离入户太近而产生不安全的感觉。换鞋凳用的是纸风琴款式的，可以自由地伸缩。选择人字拼实木地板，可以让空间更有动感，同时还有自然的纹理感

因为不想让沙发背景墙太复杂，只想要一些肌理感，所以就选用了白色文化石进行装饰，文化石上面需要刷一层乳胶漆，否则一摸就会掉粉。落地灯起到了渲染氛围的作用。装饰画不一定要挂着，这种摆在沙发后方也能起到很好的装饰效果

人造石做的吧台比较好打理，侧面做了一些放红酒的格子。吧台和厨房之间用白色铁艺进行了分割，吧台的区域还开了一扇小窗户，以便吧台和厨房互通，增强了便利性。窗户的上方用了彩旗进行遮挡，弱化了铁艺的硬度。卫生间的门选用谷仓门

小彩旗装饰给床头添加了不少色彩，儿童沙发非常可爱，这样小孩子也有属于自己的阅读区域。衣柜做到顶会从视觉上将空间变高，而且通顶的柜门看起来也会大气很多。地毯丰富了室内的色彩

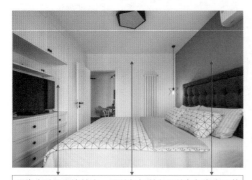

因为主卧面积比较小，所以在色彩方面以白色为主，蓝色的床头背景墙让人感觉在宁静的环境中也有一些小个性，在统一色系的情况下即使物品比较多也不会显得乱。在大衣柜中留了一个放电视机的位置，最大化地利用了空间

在定制柜子中嵌入了冰箱，同时窗户底下的小飘窗也能让餐厅多一个座位。因为顶面没有做吊顶，所以光源采用点对点的设计方法。飘窗的上方设计了一个明装筒灯，方便夜间阅读。电视机的下方做了一个木盒子用于存放遥控器，以及隐藏插座和线

项目面积：套内 92.5m²

项目城市：北京市朝阳区

原始户型：2 室 2 厅 1 厨 2 卫 2 阳台

平面布置户型：3 室 2 厅 1 厨 2 卫 1 阳台

居住人数：3 人

业主职业：政府职员

原始结构图（优化前）

原始结构中有多处空间浪费，使用不方便。除了卫生间内部，其他空间都做了很大改变，特别是对餐厅和客厅进行了颠覆性的改变

客厅和餐厅连在一起可以让空间互通，在视觉上显得空间更大，而且餐厅离厨房和客厅更近了，使用起来也会比较方便

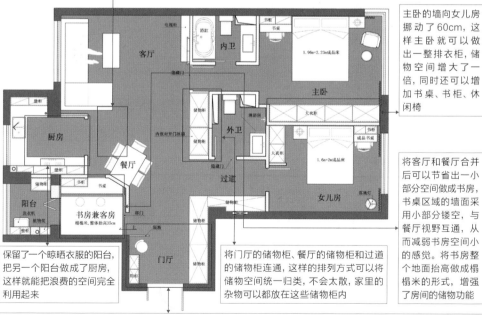

主卧的墙向女儿房挪动了 60cm，这样主卧就可以做出一整排衣柜，储物空间增大了一倍，同时还可以增加书桌、书柜、休闲椅

将客厅和餐厅合并后可以节省出一小部分空间做成书房，书桌区域的墙面采用小部分镂空，与餐厅视野互通，从而减弱书房空间小的感觉。将书房整个地面抬高做成榻榻米的形式，增强了房间的储物功能

保留了一个晾晒衣服的阳台，把另一个阳台做成了厨房，这样就能把浪费的空间完全利用起来

将门厅的储物柜、餐厅的储物柜和过道的储物柜连通，这样的排列方式可以将储物空间统一归类，不会太散，家里的杂物可以都放在这些储物柜内

进门左手边是一个到顶的鞋柜，可以收纳全家人的鞋子，鞋柜边上放了一个换鞋凳，同时用隔断进行遮挡表示这是区域之间的界限。进门右手边是一整排的储物柜，可以把进门脱下来的衣帽和包包放在这个储物柜内

平面布置图（优化后）

房门选了带镂空效果的款式,这样能借助女儿房的光源给过道带来一些光线

入户区域做成下沉式,并用地砖铺贴,可以减少入户给室内带来的脏东西,也方便打理

将主卧门设计成隐藏门,这样电视背景墙显得更加完整

斜着摆放的桌子可以最大化地利用空间,减少过道的浪费

墙面用镜子装饰,空间感提升了一倍。沙发既温馨又舒适,餐厅的墙面悬挂照片,做成了照片墙

衣柜内部左上方隐藏了一台壁挂空调,表面用百叶的方式遮挡,这样既美观,又能让空调的冷热风吹出来

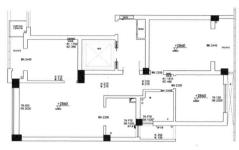

原始结构图（优化前）

项目面积：套内 94.6m^2

项目城市：浙江省金华市

原始户型：3 室 1 厅 1 厨 1 卫 2 阳台

平面布置户型：3 室 2 厅 1 厨 1 卫 2 阳台

居住人数：2 人

业主职业：国际幼儿园幼教

因为是一梯一户，所以电梯门口的位置可以单独使用。在这里做了换鞋凳和鞋柜，以便干干净净地进门

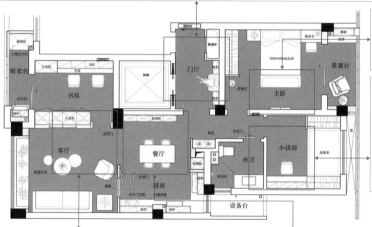

主卧的空间比较大，摆放完 1.8m×2m 的床以后还有一部分空间，因此还可以摆放一个床尾凳

小孩房比较小，用榻榻米作为床是最省空间的一种方式，并且储物空间也能得到最大化利用。

书桌与衣柜连接可以让房间具有联动性，这样摆放可以给小孩留出一大块自由玩耍的区域

客厅的电视背景墙上有一扇书房门破坏了背景墙的整体性，可以采用隐藏门的方式让背景墙更完整。窗户边上之前有一个小台阶，顺势做成了一长排的飘窗，增加了座位的数量

改变了厨房的进门方向，并且做成了开放式的厨房，这样就有了餐厅的位置。厨房和餐厅之间设计了一道折叠门，在做饭时如果有油烟可以拉上折叠门变成一个封闭的厨房

平面布置图（优化后）

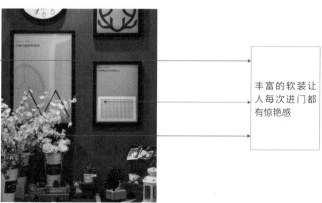

丰富的软装让人每次进门都有惊艳感

在小孩房中用蓝色和白色搭配，有种纯真的感觉，灯的颜色和床垫的颜色也很有纯真感

卫生间的配色非常简单，层次分明，干净简洁。以灰白为基础色调，搭配蓝色的柜子，更加醒目

黑色的储物柜和黑色的餐桌可以弱化家具在空间内的比例感，这样的搭配无形中让人感觉空间还是挺大的。绿色的橱柜略显个性

窗台放上垫子就变成了飘窗，可以增加客厅的座位数量，同时也解决了传统座椅占地面积比较大的问题。窗帘用双层的，里面一层遮阳，外面一层遮光，满足不同时间对光线的需求。地毯是客厅最夺人眼球的软装，使整个空间的氛围显得比较活泼

主卧的基调是百搭的灰色系，黑色的床架让床不会显得体积过大，并且黑色的床给人一种很酷的感觉。地毯的色系和床单的色系相呼应，既统一又美观。纸吊灯便宜又好看。化妆镜选择了具有手工感的镜框

10.6 | 案例分析六

项目名称：《趣》

设计时间：2018 年 2 月

完工时间：2018 年 8 月

项目用途：私人住宅

项目面积：套内 90m²

业主信息：90 后新婚夫妻

职业：教师

项目平面布置图

《趣》这套房子的业主是 90 后，新婚的他们对于自己的房子装修后的样子非常向往。在做设计之初，业主详细讲解了他们的喜好，以及对自己房子的设想。他们喜欢北欧风格，喜欢简约，希望房子的空间利用率高。他们希望空间色调舒适且安逸，颜色起伏不要过大，要有家的感觉

电视背景墙没有设计成浮夸的造型，而是在原墙面用木工板设计出一个凸出的造型，用不同颜色的乳胶漆区分，分割出重点

在客厅和餐厅的天花板设计上，极简与美观并重，没有设计灯带，而是用筒灯、射灯和镜面不锈钢表现天花板的造型

在装饰搭配上，选用了布艺沙发、木艺餐桌、布艺窗帘、枝型吊灯、艺术挂画和装饰摆件等，采用简洁又充满个性的配饰进行搭配

原户型图上能改动的墙体很少，唯一可以拆掉的是厨房的墙。因为业主对于冰箱放置位置比较犹豫，所以调整了厨房门的位置，将预设的平开门改成整体移门，这样可以让中心过道变得更通透，餐厅的采光也会比以前好。考虑到厨房面积狭小和业主对于有更多操作台面的期待，因此做了 U 字形的厨房设计

因为业主想要更多的储物空间，所以在餐厅的墙上设计了一体式的酒柜，并在与厨房相连的墙面设计了内深 600mm 的储物柜，与双开门冰箱连为一体，解决了冰箱放置的问题

因为入户空间面积比较小，所以没有做直对式玄关，而是调整了侧墙的部分内部结构，设计了外窄内宽的鞋柜

用颜色漆代替主卧烦琐的床头背景墙设计，用单条天花板造型和吊灯代替传统的台灯搭配。飘窗用大理石做台面，并搭配软装布艺，可以让业主在这里阅读或者欣赏窗外的风景。业主不考虑使用梳妆台，便放了一个简单大气的五斗柜存放一些生活中的杂物。左侧靠墙的整排衣柜可以存放更多的衣物

因为次卧的采光不是很好，所以调整了床体摆放的位置，这样阳光可以充分照射在床上。调整了床头的位置后有更大的空间，因此设计了整排衣柜和一个小型的书桌

整体空间以蓝白色调为主，搭配适当的木色、黑色和暖黄色，烘托出暖心、舒适的氛围

关于细节，整套家居设计从业主的出发点考虑，将色彩与材质融为一体。开放式的创意理念和简约的造型是他们这代人专属的青春记忆

方案的设计和施工始于初春，整体颜色搭配活泼、青春，故命名为《趣》，也寓意着这对 90 后新婚夫妻的每一天过得如诗一般，生活得更有趣

10.7 案例分析七

项目平面布置图

项目名称：《灰调》

设计时间：2018 年 12 月

完工时间：2019 年 6 月

项目用途：私人住宅

项目面积：套内 110m²

业主信息：机场地勤 / 小学教师

从平面布置图来看，空间并没有做太大的调整，因为管道和梁的问题，基本上没有动墙体，基本都是在空间内部进行调整。因为业主希望有较多的储物空间，所以储藏柜较多

在空间和造型的设计上做了一些调整和搭配，让整个空间的动线显得更舒适

客厅以黑色、灰色、白色和胡桃木色作为空间主体色调，以柠檬黄色和灰蓝色衬托空间，打破空间内的色彩平衡

餐厅的设计以素雅为主。开放式的厨房可以满足对空间功能的最大需求，不会显得拥堵。餐厅和厨房都以白色、灰色和胡桃木色为主，简单大气

在卧室的处理上，以满足使用功能为出发点，保证空间的完整性和舒适度。卧室既有休息的区域，也有放松喝茶的区域

在卫生间的处理上，也是以空间主色调为主，强调空间整体的使用舒适度和局部造型

在过道和餐厅的细节处理上，以功能性的柜体设计为主，可以满足对空间的需求和审美情趣

总体而言，《灰调》的设计理念是用稳重的色系营造舒适的家，而不需要使用太过华丽的装饰与色彩，这也是《灰调》设计最核心的内容

附录｜135 个家装设计专业术语

全包：装修公司全面承包负责的一种施工方法，从设计到施工全部由装修公司负责，业主只在预算、设计方案和工程验收阶段参与。其优点在于装修公司对设计、施工和管理服务全面负责，责任明确，并且质量可以得到保证。

半包：主要材料由业主提供，装修施工方面由装修公司承担。这种施工方法一般用于小户型家庭改造设计，其优点是可以节省材料，降低成本。

清包：装修公司只负责施工，其他全部由业主提供。这种方式会消耗大量的时间和劳动力，适合时间充裕和比较有装修经验的业主。

装饰工程监理：为了保证装饰工程的质量而进行监督的工作岗位。

项目认定：业主和装修公司共同进行实地考察，考察之后由装修公司辅助业主理清装修设计的头绪，如哪些地方需要装修，哪些地方不需要。否则除了浪费人力和物力之外，还有可能设计的最终落地与业主的真实想法相差甚远，造成不必要的麻烦。

设计变更：主要有两种情况，一是业主原因，如对原设计考虑不周、理解不透，或在设计过程中产生了新的想法，或对功能和选材的变化产生种种变更；二是装修公司设计的图纸与现场实际情况存在差异而产生变更，少量变更属于设计与施工过程中的正常情况。

平面图：也叫俯视图，指水平方向的投影，能详细表示住宅的内部布局形式。

立面图：按照一定比例绘制出住宅的正面、背面和侧面的形状图，它表示的是住宅的内部形式，注明室内空间长、宽、高的尺寸，地面标高，顶面的造型，阳台位置和类别，门窗洞口的位置和形式，外墙装饰的设计方法，材料及施工等。

剖面图：将物体分割开选取一部分，切割的实体部位用斜线表示，其他部位用投影表示。

大样：将平面图和立面图中难以表达的细节部分按比例放大，然后将细节部分包括尺寸都表示清楚。

透视图：表示建筑物内部空间或型体，与实际看到的建筑本身类似的主体图像，具有强烈的三维空间透视感，可以直观地表现出住宅的造型、空间布置、色彩和外部环境，这种透视图的表现方式通常是在住宅设计和住宅销售时使用。从高处俯视的透视图又叫作"鸟瞰图"或"俯视图"。

施工图：实现设计落地的基本图纸，详细标注室内所有造型及物体的尺寸和位置。

工程分阶段验收：家装过程中有很多工程项目，有些工程项目必须在另一个工程项目完成后才能进行，因此就需要分阶段验收。

竣工验收：所有工程项目完成后，对全部工程项目进行的一次全面验收。

标筋：也称为冲筋，在抹灰等项目的施工中，为了保证平整度，隔一定的距离所做的一道标高线。

动线：建筑和室内常用术语，指人在空间内移动的点所连成的线。

朝向：建筑物与东西方向轴线的相对位置，房屋坐北朝南比较好。

采光：一个房间光线的明暗程度，分为人工采光和自然采光。

高差：自 A 地面至 B 地面之间的垂直距离。

门套窗套：就是给门窗安装一圈"保护套"，门套窗套的作用是固定门扇、保护墙角，并且满足业主一定的审美需要。

垭口：没有安装门的门洞叫垭口。

压条：地板、瓷砖铺到门口的时候，一般会和过门石相接或者和另一个房间的地板、瓷砖相接。如果整个空间都一起铺，就不需要用压条；如果不是通铺，两个区域之间有间隔，则会用到压条。

空鼓：局部面层与基层没有胶合。

开间：相邻两面横向定位墙体间的距离。

进深：在平面图上，房间沿着楼房轴线的垂直方向的尺寸。

勾缝：泥瓦工在贴瓷砖时会留缝，墙砖一般缝隙在 1.5~2.0mm，不能太小，否则缝隙热胀冷缩时会把瓷砖挤裂，使瓷砖鼓起，因此中间的留缝需要填上，这就叫勾缝。现在常用的勾缝材料主要是勾缝剂、美缝剂和美缝胶等。

美缝：美缝是勾缝的一种，美缝剂填补的缝隙颜值高，色彩丰富亮丽，可以搭配各种颜色的瓷砖，并且外表光洁，易于擦拭、便于清洁，更重要的是防水防潮、抗油防污，能有效避免发生"缝隙变黑"的尴尬情况。

找坡：按照排水方向垒出一定的缓坡，如卫生间有坡度才能将污水顺畅地疏导进地漏排掉，卫生间地面向地漏处排水坡度一般为 2%~3%。找坡和找平并不冲突，找平是让地面平整，而不是水平。

阴阳角：墙的阴角和阳角，墙面凹进去的地方是阴角，如顶面与四周的夹角；凸出来的地方是阳角，如窗洞口与墙体的夹角。

倒角：也称为斗角和 45° 切角，通常在阴角和阳角拼接处，为了美观将瓷砖的棱角打磨成 45° 再进行拼接。

收口：施工过程中使用最频繁的一个词，指的是装修中裸露在外的交接部位，为了美观，用木条线或收口条覆盖。

墙压地和地压墙：这是两种瓦工工艺，墙压地比较复杂，要先把顶部的墙砖都贴好，最后将最下面一层空出来，再铺贴地砖，等地砖干透固定好后再将最后一行墙砖贴好；地压墙简单些，先贴墙砖，等墙砖贴好后将地砖压着墙砖贴好。

生料带：用来封天然气管道和水管管道的接口，防止漏气漏水的胶带。

装修面积：居室空间的展开面积，包括地面面积、顶面面积和墙面面积。

使用面积：也叫净面积，主要指以房间墙体的内尺寸来求得的面积。

工程过半：一是指工期过半，二是指工程项目中木工活收口。

隐蔽工程：装修后被隐藏起来，从表面无法看到的施工项目。例如，地基、电器隐蔽管线、电器工程、上下水管道和热水管道等需要做隐蔽工程，且应注意做好隐蔽工程记录。

塑钢门：最大的优点是结实耐用，而且还带有门框，安装极为方便，还可以与窗户一起配套定做，最适于做阳台门、卫生间门和厨房门。

实木门：原料为天然木材（如红松、柞木、榉木和铁杉等），边框与门板皆是实心木材，非常结实耐用，而且木材的天然纹理具有装饰效果，一般是家庭门的首选。具有防虫蛀、整体无裂变、古朴自然、美观大方、坚固耐用、稳定不变形的特点。

谷仓门：原先是用在农场谷仓的一种门，本质上是上轨推拉门的一种。谷仓门给人一种质朴和怀旧的感觉，很适合工业风格和美式风格。谷仓门外观美观，不过隔音效果较差，并且对轨道和五金的质量要求较高。而且挂谷仓门的墙壁必须是实墙，空心墙承受不了谷仓门。

主材：吊顶、地板、窗户、壁纸、灯具、卫浴和厨卫等。

辅材：河沙、水泥、腻子、乳胶漆、龙骨、五金件和胶水等。

硬装：一般是基础装修，包括拆墙、刷涂料、吊顶和铺设管线等。

固定家具：在家庭装修中，由装饰公司现场制作，安装后不能移动的家具。因为固定家具是按业主的功能需求和现场尺寸进行定做的，所以实用性和空间整体性很好。

软装：可移动、可更换的装饰物件，如窗帘、沙发、床和衣柜等。简单来说，如果将房子颠倒过来，可以掉下来的东西都是软装。

吊顶：又叫天花板顶棚，将面板用龙骨悬吊固定在顶面楼板下面，在楼板下形成一个空间，起到隔热、保温、吸声和美观等作用。

吊平顶：又称平板吊顶，主要用塑料面板、石膏板和金属板等材料将顶面全部做平的吊顶形式，一般用于现代风格的设计中。

集成吊顶：模块化的铝扣板吊顶，由金属材料制成，根据材料又可以分成铝合金扣板、铝镁合金扣板和铝镁锰合金扣板等。其弹性和韧性非常好，不易变形，比较适合日常厨卫间使用。定制之后能更好地与照明、排风和音响等配合使用。

龙骨：装饰面层与底层之间的承重骨架，是用来支撑造型、固定结构的一种建筑材料，一般做成栅格形状。根据制作材料的不同划分，龙骨可分为木龙骨、轻钢龙骨、铝合金龙骨和钢龙骨等；根据使用部位划分，龙骨又可分为吊顶龙骨、竖墙龙骨、铺地龙骨和悬挂龙骨等。

隔墙：将室内空间完全隔开的轻质墙体，常见的有砖隔墙和轻钢龙骨隔墙等。

承重墙：坚决不能拆改，不要轻易听信一些装修公司建议砸除承重墙。砸拆承重墙会破坏楼体结构，严重时可能会造成楼体开裂坍塌。

配重墙：也不能拆，一般是指压阳台的墙，也叫阳台垛子。如果拆了配重墙可能会造成阳台开裂甚至垮塌的严重后果。

剪力墙：剪力墙主要作用是水平抗震。不能拆除剪力墙，因为拆除后会降低建筑的整体强度。

非承重墙：一般填充墙体或厚度在200mm以内的墙体可以拆除，涉及拆建墙体的施工项目，需要得到允许，在确保安全的情况下进行。

框架结构：整体承载部用梁、柱和剪力板组成，形成一个整体，抗震性非常好，其他间隔墙体用轻体材料（如空心砖）砌筑而成。

砖混结构：整体承载主要由红砖承担，一般在二四墙以上，为了整体的结构强度和稳定，在墙体内贯通钢筋混凝土柱或梁。

梁：处于一定空间可以承受屋盖、楼板和墙体等具有荷载的建筑构件。

圈梁：沿建筑物外墙四周及部分内横墙设置的连续封闭的梁。

过梁：在某一洞口和门窗口上面的梁，梁上有墙体支撑洞口。

简支梁：两边没有约束力、嵌入墙体 120mm 的梁。

悬挑梁：梁的一端悬挑出去，且没有支撑点，另外一端被浇固在支撑物上。

悬挑板：像阳台这样的就是悬挑板。

混凝土：将水泥、石子、砂和水按比例配制再经过硬化制成的人造石材。

腻子：平整墙体表面的一种装饰材料，呈厚浆状，一般在粉刷涂料前使用。

水泥标号：用于表示水泥强度的等级。

建筑涂料：涂在建筑物或建筑构件表面，并能与建筑物或构件表面材料很好地黏接，形成完整保护膜的建筑材料。建筑涂料可分为内墙涂料和外墙涂料，常用的乳胶漆属于内墙涂料。

乳胶漆：一种安全无毒的环保水性涂料，具有遮盖力强、色泽柔和持久、易施工和易清洗等特点。乳胶漆一般分为内墙乳胶漆和外墙乳胶漆两种，也可根据装饰的光泽效果分为无光、亚光、半光、丝光和有光等类型。

真石漆：又称仿石涂料，是高级水溶性内外墙面涂料之一，它是由天然石材经过特殊工艺加工而成，具有质感逼真、风格厚重的特点。

油漆色差：由于调漆的色剂量不同、油漆的涂刷遍数不同、油漆的浓度不同而引起的油漆颜色不均匀的现象。

油漆"掉眼泪"：油漆浓度太高、涂刷时间间隙不足而引起的油漆下流现象。

油漆"反面"：不同种类油漆混合。

油漆"反白"：油漆表面水汽太重的现象，如在潮湿季节快速施工容易引起这种现象。

油漆"起泡"：因稀释剂的调配而出现偏差。

清油工艺：在木材表面刷透明的、没有颜色的油漆叫清油工艺，也叫清水工艺。

混油工艺：在木材表面刷有颜色的、不透明的油漆叫混油工艺，也叫混水工艺。

界面剂：在铲完墙之后、刮腻子之前，需要在墙壁上刷界面剂。界面剂可以去除原墙体或铲完墙皮后的墙体表面的浮灰尘土等，同时增加后期墙面找平的石膏或腻子等材料的结合牢度，让墙面涂刷更均匀持久。

薄贴：与传统的瓷砖铺贴方式不同，传统的贴法需要的水泥多且厚。薄贴则是使用专门的胶黏剂，薄贴胶黏剂厚度不能超过 5mm，且需要墙面找平，因此墙面厚度未必变薄，可能还会比贴砖厚。薄贴很少产生空鼓，非常牢固。薄贴比普通贴砖费劲，花钱多。

干缩湿胀：木材吸收水分减小或增大体积和尺寸。

水泥自流平：一种半液态找平材料。在施工时将水泥自流态散铺在地面之后，工人用专用刮板刮平，辅助流淌，将低洼区填平，再进行消泡处理，最后凝结固化，厚度为 0.5~1cm。

石膏板：一种有较好的吸音、隔声和防火效果的面板，常用于吊顶面板。

纸面石膏板：一种以建筑石膏为主要原料，掺入适量添加剂与纤维做板芯，以特制的板纸为护面，经过加工制成的板材。

胶合板：又称夹板，将一定规格的单板组合叠成规定的层数（胶合板的层数应为奇数，按层数可分为三夹板、五夹板、七夹板、九夹板，最常用的是三夹板和五夹板；按厚度分为2.7mm、3.0mm、3.5mm、4.0mm、5.0mm、5.5mm、6.0mm、7.0mm、8.0mm、9.0mm，通常也叫3厘板、5厘板等），每一层的木纹相互交错，最后再经过高温加热后制成的一种带有天然木材质感的人造板材。胶合板的主要特点是易于加工、板材幅面大、板面平整、适应性强、不易吸湿变形、可避免木材开裂变形等。

千思板：一种环保型绿色建材。千思板由热固性树脂与植物纤维混合而成，面层由特殊树脂经EBC双电子束曲线加工而成。其特点是抗撞击、易清洗、防潮防火和耐腐蚀，是室内外装饰的理想材料。

铝塑板：采用铝合金板经喷涂或烤漆加工而成，具有极强的耐火、耐湿、耐腐蚀和耐光照等性能，且色彩多样，特别适用于恒热恒湿、日晒雨淋的环境。铝塑板多用于室内厅房、卫生间、浴室、公共场所的走廊和天棚及间壁墙体装饰等。

装饰线条：家居装饰工程中层次面的点缀材料，又是面与面之间的收口材料，对装饰效果、装饰风格和装饰质量起到画龙点睛的作用。装饰线条主要有木线条、石膏线条、金属线条和复合材料线条等。

装饰角线：各种材质的原材料经过加工而制成的一种可直接安装在装饰表面的线型材料，其主要用途是装饰精细部位制作的收口、封闭门窗框套内部结构。

石膏线：用石膏材质做成的一些装饰线条和装饰花，是装修中普遍选用的装饰材料。石膏线多以欧式的艺术风格展现出各种花形和线条。

波导线：又称波打线，也叫花边或边线，用在地面周边或者过道玄关等地方，如用于墙边四周做装饰线，或用于地面以划分区域。用在地面上的叫波导线，用在墙上的叫腰线。

门槛石：又叫过门石，一般是用在两个空间的连接位置。虽然进门处的门槛石在脚下似乎没有太多的存在感，但是在视觉上却起着分割和过渡空间的作用，门槛石安装在卫生间和厨房门口还有挡水的作用。

隔断：将室内空间半分隔的屏风和帷幕等。

实木地板：由天然木材加工而成的地板。实木地板具有原始、古朴、高贵和自然宜人的特性，以及保温、吸音、保暖、柔和、脚感好等优点。目前市场上销售的主要有柚木、柞木、楸木、水曲柳和桦木等材质的实木地板。

复合木地板：分为强化地板和实木复合地板，主要是指强化地板。强化地板是将废旧木制品打磨成屑，然后经高温高压成型，具有很强的防水性能，是一种密度极高的复合板结构；强化地板表面三氧化二铝涂层的合成处理，增强了产品的耐磨性、阻燃性和耐久性，再印上各种木纹，酷似实木地板，具有耐磨、耐高温、耐腐蚀的特点，不易变形，易于保养，铺设方便，价格也比实木地板低很多。复合木地板又被称为"绿色地板"，一般具有10~15年的使用寿命。

电线：通常客厅布设7条线路，包括插座电源线（4~6mm²铜线）、照明线（2.5mm²铜线）、空调线（4mm²铜线）、电视线（馈线）、音响线（1.5mm²铜线）、电话线（4芯护套线）、对讲器或门铃线（可选用4芯护套线，备用2芯）。卧室设5条线路，包括插座电源线、照明线、空调线、电视线、电话线。书房设6条线路，包括插座电源线、照明线、电视线、电话线、网线、空调线。餐厅设 3 条线路，包括插座电源线、照明线、空调线。厨房设 2 条线路，包括插座电源线（4mm² 铜线）、照明线。卫生间设 3 条线路，包括插座电源线（4~6mm² 铜线）、照明线、电话线。

强电：家里的 220V 交流电，如电灯、电源插座。选强电箱和布线的时候，一定要规划好，也要跟施工工人沟通好。如果强电箱不合适，则需要更换。

弱电：家里的信息线路，如电话线、网线、视频和音频线等。需要注意的是，强弱电要求电线管不得同底盒，交叉地方需要包锡纸做屏蔽处理。

暗线：包在电线管里，埋入线槽的强弱电线。

漏电：电线线路破皮、损伤或者开关无防护引起的现象，如短路。

防水：主要包括厨房、卫生间和阳台等容易受潮或漏水的地方要做好防水。防水做不好会导致渗漏和发霉等问题，严重影响生活。防水涂料选柔性灰浆或丙烯酸酯比较好，目前 90% 的防水材料都选择柔性灰浆。

闭水试验：主要用来测试防水效果。一般情况下，防水刷完干燥后就可以开始做闭水试验了，水深不应小于 30mm，蓄水时间 24~48h 为宜；水面无明显下降，楼下查看无渗漏为合格。

打压试验：水路施工完成后，用水管打压试验检测水管连接或 PP–R 水管的融接是否合格，有没有跑、冒、滴、漏的情况。使用专门的打压泵，保持 0.6~0.8MPa 恒压 0.5h，通常掉压不超过 0.05MPa，才能算验收合格。

屋面补漏：为解除屋面漏水而进行的修缮项目，如屋面查补、整修、重补防水层等。

存水弯：卫生间排水管上或者是卫生器具内部设置的有一定高度的水柱，又称水封。存水弯正常使用时应充满水，这样就可以把地漏与下水道的空气隔开，防止下水道里面的异味反出，同时可防止废水、废物和细菌等通过下水道直接传到家中。

不锈钢：一种干净、明亮、耐用的金属材料。

磨砂玻璃：又称毛玻璃，由平板玻璃表面用机械喷砂或手工研磨等方法制成。磨砂玻璃表面粗糙，能透光但不透明，多用于卫生间和浴室等门窗。

清玻：透明玻璃，厚度为 2~12mm，透光度很高，耐酸能力强，不耐碱。

钢化玻璃：将平板玻璃加热到一定温度后迅速冷却，或用化学方法进行钢化处理制成的玻璃。经钢化处理的玻璃透明性能不受影响，抗冲击、抗弯、耐温和急变性能会大大加强，强度比平板玻璃高 4~6 倍；而且破碎后碎片不带尖锐的棱角，安全性能好。钢化玻璃不能切割磨削，边角不能受撞击。

激光玻璃：也叫光栅玻璃，是玻璃经特殊处理后制成的，其背面能出现全息或其他光栅。在光线照射下，激光玻璃能产生艳丽的光彩，且随光线角度不同会有变化。激光玻璃成本高，装饰性强。

中空玻璃：用两层以上的平板玻璃将四周封严，中间充入干燥气体即为中空玻璃。这种玻璃具有良好的保温、绝热、隔音和吸声等性能，在居室中多用于窗户。

彩玻：在原料中加入金属氧化物可生产出透明的彩色玻璃，适用于建筑物外墙面的门窗装饰等。

玻化抛光砖：由陶土与石英砂等烧制而成，然后用磨具打磨光亮，表面如镜面般透亮光滑，砖面与砖体成一色，砖体坚实、耐磨、吸水率低，铺设出的效果能与天然大理石相媲美。

玻璃砖：用高温将玻璃软化，压入模型中制成，具有耐压、抗冲击、耐腐蚀、隔音、隔热、防火、透明度高、装饰效果好等特点，被誉为"透光墙壁"，常用于室内隔断。

压花玻璃：又称为花纹玻璃，其表面凹凸不平，可使光线呈现不规则的折射，因此具有透光不透视的特点。

夹丝玻璃：在玻璃成型过程中将金属丝或丝网直接压入玻璃板中而制成的平板玻璃。

马赛克：专业名称为陶瓷锦砖，采用优质瓷土，经磨细、脱水和干燥等工序后焙烧而成，具有质地坚实、经久耐用、花色繁多等特点。

天然花岗石：一种天然石材。天然花岗石具有结构细密、性质坚硬、耐酸、耐腐、耐磨、吸水性小、抗压强度高、耐冻性强、耐久性好（一般耐用年限为 75~200 年）的特点，其缺点是自重大、硬度大、质脆、耐火性差。天然花岗石一般用于各类建筑物的地面装饰，需经过放射性检测合格才可使用，否则会对人造成危害。

天然大理石：一种天然石材。天然大理石具有花纹繁多、色泽鲜艳、石质细腻、抗压性强、吸水率小、耐腐蚀、耐磨、耐久性好、不变形等特点。但它硬度较低，抗风能力差，不宜用于建筑物外墙面和其他露天部位的装饰，需经过放射性检测合格后才能使用。

踢板：又称踢面板，是楼梯踏步的竖板。

踏板：又称踏面板，是楼梯踏步的横板。

踢脚线：室内墙脚与楼面或地板面交接处的墙面装修用线脚，又称踢脚板、裙脚。因为墙体下端易被脚踢导致损坏，或被扫把和拖把等弄脏，所以用踢脚线保。踢脚线一般用瓷砖、石材和木板进行铺贴。

挂镜线：又称"画镜线"，是钉在居室四周墙壁上部的水平木条，用于悬挂镜框或画幅等。

"七通一平"：路通、上水通、雨污水通、电力通、通信通、煤气通、热力通和土地平整。

"三通一平"：通常是指施工现场达到路通、水通、电通和场地平整。

木装饰线条：选用质硬、材质较好的木材，经过干燥处理后用机械加工而成。在室内装饰中，木装饰线条主要起固定、连接和加强装饰面的作用。

木结构变形：因木材尚未风干或者接缝方法不对，底层潮湿或漏水而引起的木结构鼓胀、翘起和开裂现象。

渗水：水从屋面、墙面或地面的细小缝隙中透过的现象。渗水主要是由没有做防潮、防水处理，或防潮、防水处理不合格引起的。

建筑五金：用金属材料制成建筑所用的小型零配件和连接件，如合页、拉手、纱窗和元钉等。

地面找平：铺实木地板要打龙骨，不需要找平；铺复合地板不打龙骨，但需要对地面进行找平，否则踩上去会响，还会有空鼓、裂缝和起翘等问题，影响脚感。找平有 3 种方法，分别为水泥砂浆找平、石膏找平和自流平水泥找平，找平后的误差要控制在 5mm 内。

开敞空间：侧界面开启的较大的空间。开敞空间是外向性的，私密性较小，强调与周围环境的交流和渗透，讲究对景和借景，要求与大自然或周围空间融合。

封闭空间：用限定性比较高的实体物体，如承重墙、轻体隔墙等围合起来的，无论是视觉、听觉，还是周边气候等都有较强隔离性的空间称为封闭空间。其具有较强的领域感、安全感和私密性，与周围的流动性较差。

动态空间：能引导人们从动态的角度去感受周边事物，利用线、图案和音乐等信息，形成引人流动的一种空间其方向性比较明确，且空间组织灵动。

静态空间：能引导人们恢复安静状态，对时间和空间变化感受较为舒缓的一种空间形式。

流动空间：空间与空间之间采用家具、植物等物体进行分隔，形成一种敞开的、流动性极强的空间。

凹入空间：在室内某一面墙或角落布局凹入的空间。

下沉空间：室内地面局部下沉，可限定出一个范围比较明确的空间。

地台空间：室内地面局部抬高，通过抬高面的边缘而划分出的空间。